JN160096

ノンテクトニック断層研究会 編著

ノンテクトニック断層

識別方法と事例

横田修一郎
永田　秀尚
横山　俊治
田近　　淳
野崎　　保

近未来社

Nontectonic Faults : identification and case studies

Edited by Research group for nontectonic faults

(Shuichro Yokota, Hidehisa Nagata, Shunji Yokoyama, Jun Tajika and Tamotsu Nozaki)

published by Kinmiraisha

Nagoya (2015)

まえがき

社会とのかかわりが深い応用地質学や環境地質学にとって，地表直下の地質構成や地質構造を把握することは地域の表層地質特性を理解するために重要であるが，そのような場所にみられる断層には構造運動（テクトニックな運動）以外の要因によるものが混在していることがある．たとえば重力下で進行する地すべり運動のすべり面や地震動による斜面の地割れ，火山性の地盤隆起に伴うクラック群といったようなものである．この種の断層の存在は古くから知られていたものの，形成の要因や機構を追求して体系的に整理されることはなかった．しかし，最近になって，そのような断層はnontectonic faultと呼ばれるようになってきた．「ノンテクトニック断層」はこの日本語訳であり，テクトニックな運動以外の要因による非構造性の断層を意味する．

「ノンテクトニック断層」の形成要因は多岐にわたるが，概念としては分かりやすい．しかし，現実に自然露頭や切土法面に現れた断層の一部を前にしてそれがテクトニックかノンテクトニックかと問われれば，判断に迷うことが少なくない．これは，断層の形態や構造に基づいて形成の機構や過程を特定してゆく方法や，識別のための具体的方法や基準が確立されておらず，複数の可能性の中から試行錯誤的に解を見いださねばならないためである．識別手法の確立には形成機構や過程にまで踏み込んで検討する必要があり，このことが重要課題として浮かび上がってきた．

こうしたことを背景に，われわれはノンテクトニック断層に関する研究グループを組織し，わが国各地の事例を収集して検討を重ねてきた．本書はこれまで学会などで公表してきた内容をもとにその後の資料などを含めて整理したものである．資料整理から編集作業を経て原稿に仕上げるまでに10年近く要したが，これはノンテクトニック断層にかかわる研究と検討作業がいまだに進行中であることを意味している．多岐にわたるノンテクトニック断層の形成過程や機構の解明，普遍的な識別方法確立までの道のりは遠いが，本書をそうした目標への第1段階としたい．

本書の構成は，第1～2章にノンテクトニック断層の概要とその形成要因や形成場所をもとにした識別方法について述べ，第3～6章に要因別に整理した断層の事例を示す．ノンテクトニック断層の理解には各地の事例をみることが効果的と考えられる．ただし，現実には要因が複合している場合が多いため，これらの事例を参考にしても，それぞれの場所に応じた注意が必要である．実際，われわれの間でも意見が一致しない事例もある．第7章には簡単なまとめと課題を記した．

なお，本書の編集の最終段階には，原子力発電所の審査において“活断層か地すべりか？”の議論がマスメディアを介して広く伝えられた．専門家でも解釈が分かれる事態に不信感をさらに醸成させた方もいらっしゃるかもしれないが，それは同時にこの問題の社会的深刻さを示している．われわれがかかわってきたテーマが今日の学問上の大きな盲点であり，研究者，技術者を問わず地質関係者にとって大きな課題であることを改めて認識した次第である．本書に掲載した多くの事例を通じてこのような課題解決に少なからず貢献できると信じている．

2014年12月

編著者 一同

＊

本書は構造地質学・地形学・地すべり学などにある程度習熟した読者を対象にしたが，分野が多岐にわたり，それぞれの用語の定義もさまざまである．簡単な解説は脚注や用語解説のコラムに示したが十分とはいえないかもしれない．必要な場合には巻末にまとめた文献のほか，下記に示すような事典・教科書を参考にしていただきたい．

地学団体研究会 編，1996,『新版 地学事典』．平凡社．
狩野謙一・村田明広，1998,『構造地質学』．朝倉書店．
金川久一，2001，現代地球科学入門シリーズ10『地球のテクトニクスII 構造地質学』．共立出版．
（社）日本地すべり学会　地すべりに関する地形地質用語委員会 編，2004,『地すべり－地形地質的認識と用語－』．（社）日本地すべり学会．
松倉公憲，2008,『地形変化の科学－風化と侵食－』．朝倉書店．

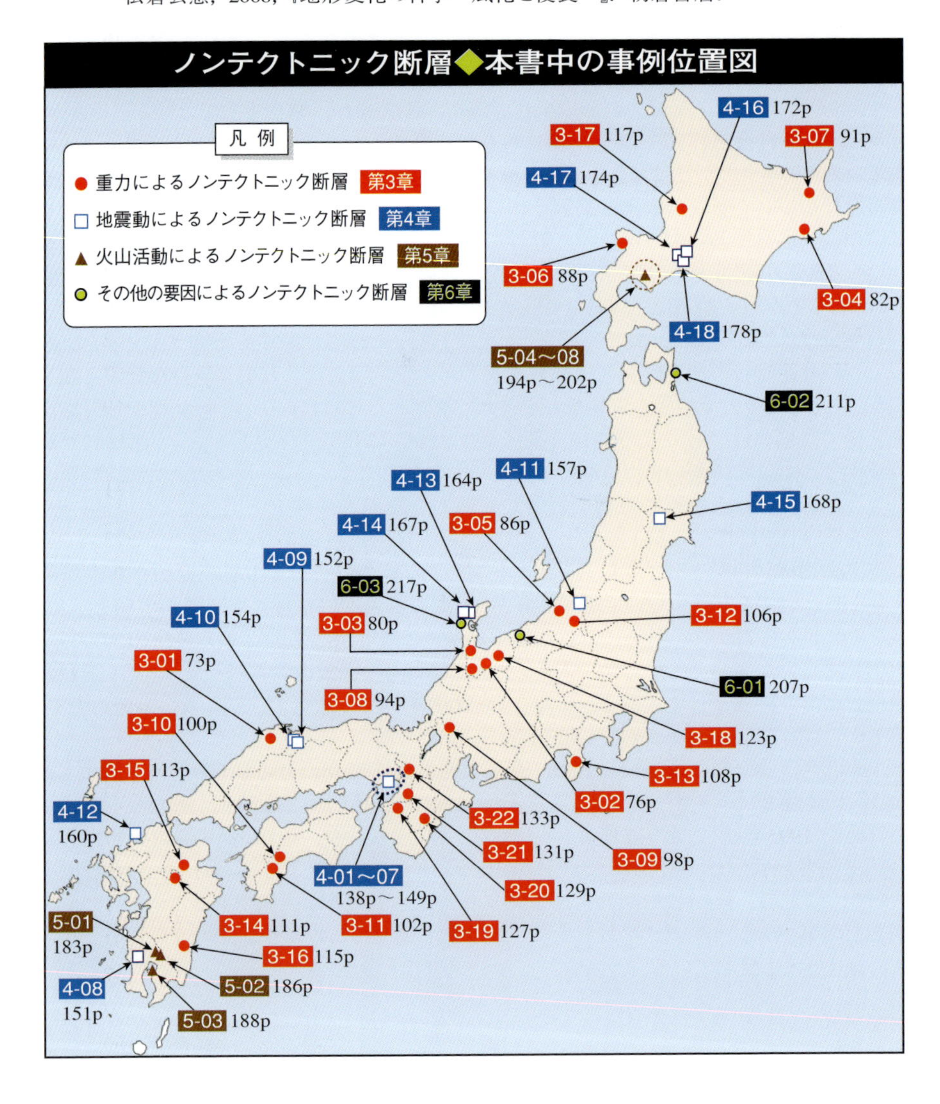

目　次

第 1 章

ノンテクトニック断層とその研究

第1章 扉写真

千島弧の雁行隆起帯の一つである知床半島には，NE-SW 方向に延びる火山列の中軸に高角度の正断層からなる断層帯が分布する．この写真はその中部，三ツ峰付近の地溝（グラーベン）で，羅臼岳断層系（活断層研究会 編，1991）の一部である．伊藤陽司撮影

（田近 淳）

1.1　ノンテクトニック断層とは

(1) テクトニックな断層とノンテクトニックな断層

「断層」という語はさまざまな分野で使われているが，地質学分野に限れば，断層（fault）は“岩石の破壊によって生ずる不連続面のうち，面に平行な変位のあるもの”『新版 地学事典』（地学団体研究会 編，1996），あるいは“A discrete surface or zone of discrete surfaces separating two rock masses across which one mass has slid past the other.”『Glossary of Geology（5th edition）』（Klaus et al. ed., 2005）といった表現がなされている．いずれも，面やゾーンを持った構造を意味するが，それがどのようにして形成されたかは問われておらず，したがって，必ずしもテクトニックな運動（構造運動）によると限定されたものではない．このため，「断層」にはテクトニック以外の要因によって形成されたものも含まれることになる．

そのような断層の存在は，地質関係者の一部には漠然とながらも古くから知られていたが，一般には「断層＝テクトニックな運動による破断面」という先入観が広く浸透し，それらが整理されたり，テキストなどに取り上げられたりすることはなかった．しかし，最近になってこうした断層を体系的に整理しようという機運が高まり，Lettis et al.（1998）はこれをnontectonic fault（ノンテクトニック断層）と総称した．この語は欧米では未だ一般的になっていないようであるが，「テクトニックでない断層」，すなわちテクトニックな運動以外の要因で形成された非構造性の断層という意味である．

ノンテクトニック断層とテクトニックな断層との関係を，それらの形成場所を考慮して描けば，図1.1のようなものであろう．前者は地表あるいは地下浅部に現れるのが特徴であるが，なかでも大きな地形起伏の一部をなす斜面やその山稜部，さらに火山活動域や

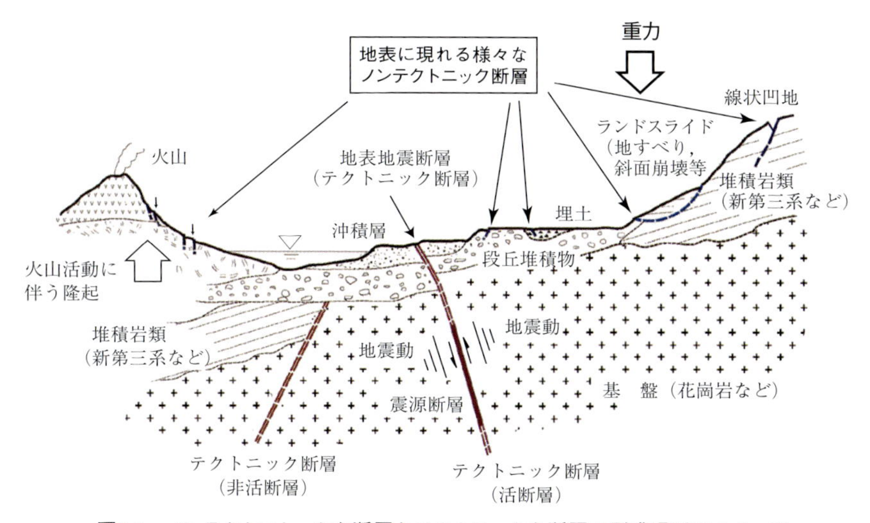

図1.1　ノンテクトニトックな断層とテクトニックな断層の形成場所のイメージ

軟質な表層堆積物の分布域，侵食・削剥の激しい地域などに現れる傾向があり，いずれにおいても重力が大きく関与して形成されることが多い．さらに重力の影響に加えて地震動が関与することもある．

地質学が芽生えた西ヨーロッパでは，地表に見られる断層の多くは古い地質時代に地下深部において形成され，その後の削剥によって地表に現れたものである．これに対して，わが国のように第四紀テクトニクスが活発な変動帯では，地表近くの第四紀堆積物中でもテクトニックな断層が形成されることがある．断層が地表近くで形成された場合，形成の要因と過程がノンテクトニック／テクトニックのいずれであってもその形態に大きな違いはない．したがって，そのような断層の形成を理解しようとすれば，周辺の地形や地質構造などに特徴の違いを見いだして，いずれであるかを見極める必要がある．さらにノンテクトニック断層であれば，具体的な要因を特定してゆく必要がある．

ノンテクトニック断層の現れ方とその要因として，Lettis et al.（1998）は①landslide phenomena（広義の地すべり），②stress release faults（応力解放による断層），③subsidence and collapse structures（地盤沈下と陥没関連構造），④volcanic-related faults（火山活動に関連した断層）に大きく分け，それぞれ以下のようなものを挙げている．

① 広義の地すべり：Diapirs structures（ダイアピル構造），Gravity glide and gravity spread features（重力滑動とスプレッディング），Faults in areas affected by glaciation（氷河作用を受けた地帯の断層）

② 応力解放による断層

③ 地盤沈下と陥没関連構造：Salt dissolution collapse structures（岩塩溶解による空洞の崩壊），Limestone dissolution collapse structures（石灰岩溶解による空洞の崩壊）

④ 火山活動に関連した断層：Caldera collapse structures（カルデラ壁の崩壊にかかわる構造），Dike-related faults（岩脈形成に関連した断層）

こうした現象や要因は一部を除いてはわが国のノンテクトニック断層形成にも共通する．ただし，わが国では沖積平野と軟弱地盤の分布が広いこと，かつ降水量が多いことを考慮すれば，たとえば圧密など，上記以外の現象や要因も考えうる．

わが国では「ノンテクトニック断層」と呼ぶべき断層の存在は古くから知られていたが，その取り扱いは一貫せず，研究者・技術者が関心を示すことはまれであった．しかし1995年兵庫県南部地震を契機に活断層にかかわる調査が全国的に展開されるようになり，トレンチ壁面などに現れた断片的な断層変位から活断層を評価するにあたって，断層の形成機構や過程を他の構造と合わせて明確にしてゆく必要性が高まってきた．また，地震時の地表地震断層を震源断層と関係づける場合でも，ノンテクトニック断層にかかわる地表変状が困難さをもたらしているとの認識（遠田，2014）から，ノンテクトニック断層を認識・識別してゆくことがますます重要となりつつある．

さらに，地すべり技術者・研究者にとっても，地すべり面はノンテクトニックな断層面であることが認識され，テクトニックなものを含む他のさまざまな断層と識別してゆくことが重要視されるようになってきた．こうした立場は火山活動に伴って生じた多様な断層群に関しても同様である．

⑵ ノンテクトニック断層の基本概念

上に述べたように，「ノンテクトニック断層」の要因はある程度推定できる．要因は多岐にわたり，さまざまな機構と過程が考えられるが，いずれであってもテクトニックな運動以外で形成されれば，それはノンテクトニック断層といえる．

このように，「テクトニックな運動以外の要因で形成された断層」といえば，その概念や定義は一見明確であるが，現実に見られる断層がノンテクトニック断層であることを識別・認定するのは必ずしも容易ではない．その理由のひとつは「ノンテクトニック断層」という区分名称は正断層や逆断層といった断層運動後の形態に基づいたものではなく，「テクトニック以外による」という形成にいたる要因と過程に基づいているためである．それゆえ，識別に際しては個々の断層をそれぞれの形成段階まで遡って「テクトニックでないこと」が確認できなければならない．

また，一般に「断層」には大きさに関する規定がないことから，その長さは露頭内の数10cmから延長数100km以上のものまで含まれ，またそれらが小断層やクラックの集合体であることもある．その場合，「断層」のどの範囲に対して「ノンテクトニック」あるいは「テクトニック」と呼ぶかという問題もある．さらに露頭などで見られるものは断層の一部であり，断片から断層全体の形成要因や過程について言及するのは容易ではないこともある．

このように考えてゆくと，通常のテクトニックな断層についても構造運動の中でどのようにして形成されるのかを詳細に検討することも必要となってくる．テクトニックな断層は構造応力が岩石・地層を破断・変位させたものであるが，地震時の瞬間的な変位だけでなく，その後の余効的な変位も含むであろう．さらに主断層周辺で副次的に形成される断層もテクトニックな断層といえる．

⑶ ノンテクトニック断層研究の意義とその重要性

ノンテクトニック断層は構造運動の追求という純地質学的な立場では必ずしも関心を引くものではなかったし，地すべりの分野でもテクトニックな断層との違いに関心を示す研究者・技術者はこれまで少なかったようである．一方，社会とのかかわりが深い応用地質学や環境地質学の立場ではノンテクトニック断層とその要因の把握が極めて重要である．個々の断層の出現が構造運動以外の要因によるのであれば，その要因と形成過程の見極めが地域の表層地質特性の理解に大いに資するためである（横田，2013a）．これに活断層問題が加わってノンテクトニック断層研究の社会的重要性が急に高まってきた．そこで，以下ではノンテクトニック断層の研究の意義として，活断層および斜面とのかかわりについて述べる．

ノンテクトニック断層と活断層

断層が第四系あるいは更新統を変位させているからといってそれがすべて活断層であるわけではない．重要な構造物を中心に，その断層が活断層かどうかという判定結果が与える社会的影響は大きい．

「活断層」という用語の定義は“極めて近き時代まで地殻運動を繰り返した断層であり，今後もなお活動すべき可能性の大いなる断層”（多田，1927）まで遡る．この場合の「極めて近き時代」は一般的には第四紀*（活断層研究会 編，1981）であるが，日本周辺が現在と同じ応力場であると考えられる数十万年前以降（国土地理院，都市圏活断層図ウェブページ）あるいは広範囲に地形面として把握しやすい12万年前以降も用いられている．また，過去に繰り返し活動してきたという「繰り返しの活動性」が将来の活動への根拠となっている．この定義の中には断層がテクトニックか否か，あるいは地震との関係については含まれていないが，今日では一般的には活断層はテクトニックで，かつ大きな地震を起こす断層（起震断層，seismogenic fault**）を含むと認識されている．

わが国の活断層調査では，まずフォトリニアメント***の判読を含め広域的な地形・地質構造の特徴から活動性の可能性のある断層を抽出する．次の段階としてトレンチやボーリングも含めた調査に基づいて活断層の存在の有無を判定する．その結果，活断層の可能性が高ければ，さらに詳細な調査によって延長（規模）・活動性を評価してゆくというのが一般的な方法である．しかしながら，現実にはフォトリニアメントが確認されても組織地形である場合も少なくないし，断層破砕帯や第四系の変位などが断片的に確認されても活断層であることの明確な根拠を得にくいこともある．たとえば，シャープな貫入面や急傾斜した不整合面，軟質な熱水変質帯も断層面のように見えることがある．

Lettis et al.（1998）は活断層評価におけるノンテクトニック断層識別の重要性とその困難性を指摘し，ノンテクトニック断層は地盤変形を生じることはあるが，地震と地盤振動を生じる可能性は少なく，そのような意味で，non-seismogenic fault（非起震断層）とも呼んでいる．ノンテクトニック断層は前述したようにテクトニックな断層と形態的に類似しているが，形成過程とともに将来活動する潜在的な危険性という点では大いに異なっており，さらに難しい問題として，テクトニックな断層が起震性のものであっても，部分的には地震を発生させる能力のない非起震性の断層を二次的に含む可能性を述べている．たとえば，テクトニックな活断層でも，逆断層のバックスラストのように主断層の活動に伴ってのみ（受動的に）活動する断層も存在する（図1.2）．

* 地質時代の「第四紀」は2009年に国際層序委員会において定義が変更され，更新世のGelasian（ジェラシアン）以降（約258万年前以降）となった．本書では，とくに断りのない限り，これにしたがうこととする．

** Lettis et al . (1998)はseismogenic faultをMw ≧ 5.0の地震を引き起こすものとしている．

*** フォト・リニアメント（airphoto lineament）あるいは線状模様は空中写真あるいは衛星画像から抽出される微地形ないし小地形（たとえば鞍部・谷・小崖・傾斜変換線など）のほぼ直線的な配列．

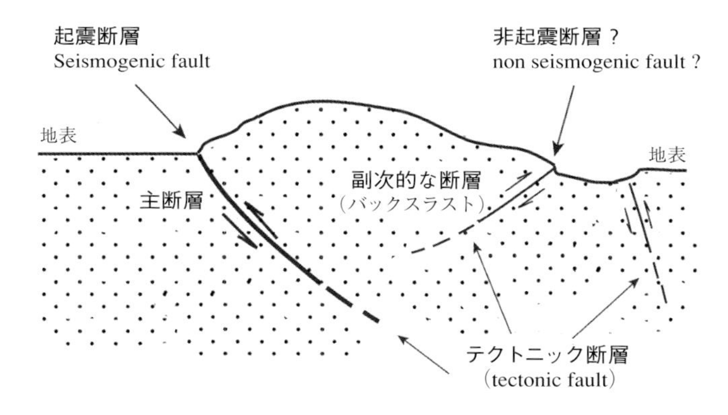

図1.2 起震断層と非起震断層，主断層と副次的な断層の模式図

ノンテクトニック断層と斜面問題

地すべりのすべり面は通常ノンテクトニック断層であるが，これを扱う斜面地質の分野でもノンテクトニック断層とテクトニック断層の識別が重要視されるようになってきた．斜面の一部が重力下で変形する場合に既存の断層面や破砕帯が力学的弱面として利用されることは古くから指摘されてきたし，最近では地すべりに至っていない重力変形体においても破砕が進んでいる例が指摘されている（山崎・千木良，2009；脇坂ほか，2012; Chigira et al., 2013；Wakizaka, 2013）．これは，山地の微地形とその内部構造が航空レーザー計測や高品質ボーリング，孔壁画像などの組み合わせで把握できるようになった結果によるものであり，千木良（2010）はこれを“衣服の透視と良く切れるメス，内視鏡の普及”にたとえた．

横山（1995）はテクトニックな断層の一部がすべり面に転化した例を示している（**事例3-19**）．また，山体内では純粋なテクトニック断層とそれから転化したノンテクトニック断層が混在しているであろうから，斜面の不安定化が時間とともにどのように進行し，最終的な地すべりに至るのか（あるいは至らないのか）を知るためには，精密な計測とともに，テクトニックな構造に上書きされるノンテクトニック構造の変化が明らかにされる必要がある．現実問題として，ボーリングコア観察などに基づいた識別によってすべり面を確定できなければ，地すべり対策工はその必要性も含めて策定できない．

1.2　ノンテクトニック断層の形成場所とその要因

一般に断層の形成は地球の構成物質と場との相互関係による．ノンテクトニック断層の場合，形成要因は多岐にわたるが，大半は重力が関与している．それらは重力が局所的な剪断応力や引張応力を発生させ，地表直下の構成物を破断させたものであるが，この応力状態の出現には地形起伏，すなわち地表の凹凸がかかわっている．このため，破断をもたらす応力状態の出現範囲は平面的にも深度的にも局所的と考えられる．さらに，一般に深部にゆくにつれて上載荷重による圧力は増大するが差応力は相対的に小さくなることも考慮すれば，ノンテクトニック断層の形成は地表直下あるいは地下浅部に限られ，地下深部では形成される可能性は低くなる．また，地表直下で形成されても地下深部にゆくにつれて不明瞭になったり，途中で消滅したりすることも予想される．このように，地形起伏がかかわる応力状態によって破断が起きる場合，ノンテクトニック断層の形成される範囲は空間的に限定される．これに対して，テクトニックな断層はプレート運動などに起因する構造応力（tectonic stress）によって形成されることから，その形成場所はある程度深い場所であろう．ただし，両者の形成範囲は互いにオーバーラップしている(図 1.3)．

そこで，以下ではノンテクトニック断層が形成されうる深度がどの程度の範囲にあり，そこではどのような応力状態や構成物の力学的特徴があるのかについて簡単に考察する．地形起伏は重力に加えて，地震動の増幅や火山活動に伴う急速な地形変化ともかかわることから，それらとの関係についても触れる．

(1) ノンテクトニック断層の形成深度

ノンテクトニック断層が形成されうる「地下浅部」の具体的な範囲は深度1,000m 前後までと考えてよいであろう．たとえば，地表近くの応力解放に起因するシーティング節理

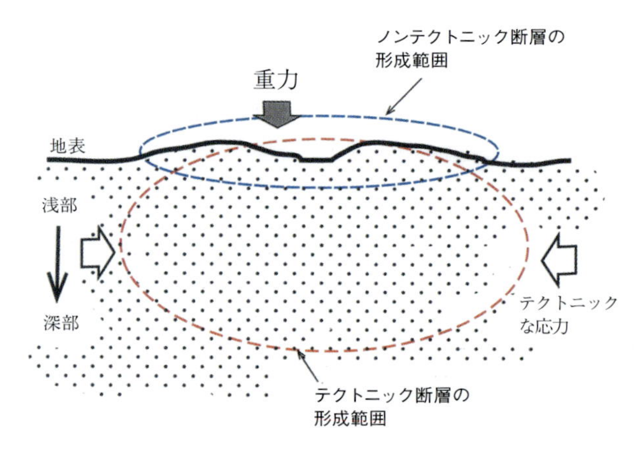

図1.3　テクトニック断層およびノンテクトニック断層の形成範囲

の花崗岩中での出現深度は岐阜県東濃で深度400m程度まで（丸山ほか，2006），岡山県万成でのボーリングコアでは深度750m程度（孔底）まで確認されている（Fujita, 2009）．また，地すべりが形成されうる最大深度としては，2008年中国汶川地震時に発生した史上最大規模の大光包（Daguangbao）地すべりの深度約600m（Chigira et al., 2010）が参考になる．現実に深度1,000m以浅では重力に起因する変形現象が目立ち，とくに深度300m前後以浅ではわが国でも地すべり面がしばしば認められている．たとえば1911年に発生した長野県稗田山崩れの滑落崖や1858年飛越地震で崩壊した富山県大鳶崩れの滑落崖は高さ300m以上に達し，この深度でのすべり面形成を示唆しているし，山形県銅山川地すべりではすべり面深度が最大180mに達することが確認されている（山科ほか, 2004）．深度100m級の地すべりは日本の各地に見られ，さらに浅い地すべりになると，その数は膨大となる．

(2) 地形起伏の影響

重力に起因する地下浅部の応力状態と地質構造の形成には地表の凹凸が大きく影響する．ただし，この凹凸は地球の大きさに比較してはるかに小さく，したがって，凹凸の存在による影響範囲も深度的に限定されると考えられる．図1.4はこのような地表の凹凸が水平距離に対してどの程度の大きさかを見るため，中部地方の東西地形断面図を描いたものであり，縮尺の異なる3種類のもの（東西が100km，10km，1km）を示している．

図1.4 (a) は水平方向に100kmをとった断面図である．わが国でも最大級の起伏を持つ北アルプスの東西断面であるが（地球の曲率は考慮していない），この縮尺では水平距離に対する凹凸はごくわずかである．したがって，この縮尺では地表の凹凸がもたらす応力状態の変化は無視しうるものであり，もし，そのような変化がこの範囲内に生じるとすれば，それはテクトニックな原因によるものであろう．(b) は水平10kmの地形断面図である．この縮尺では水平距離に対する地表の凹凸は明瞭であり，無視できない大きさとなる．このため，図中の範囲内にも凹凸に影響された応力状態の変化が生じ，ノンテクトニック断層が形成される可能性がある．実際，図中の烏帽子岳では重力性断層による線状凹地が形成されており，この縮尺では表現可能である．さらに (c) は水平1kmの地形断面図である．この縮尺では地すべり地形が明瞭に表現されており，多くのノンテクトニック断層の議論ができるのはこの前後の縮尺であることがわかる．

このように，小縮尺の地形断面図では水平距離に対する地表の凹凸はわずかであり，地下の地質構造の議論では無視しうるが，大縮尺の地形断面図で見ると山体や河谷の凹凸が相対的に大きくなり，図示範囲の応力状態や地質構造の議論では地形の凹凸が無視できないものであることがわかる．

重力がもたらす斜面の応力状態

図1.4 (c) の縮尺での地表の凹凸がもたらす応力状態の傾向を見るため，重力下におかれた斜面モデルにおいて斜面表層の応力状態を2次元有限要素法を用いて計算した．力学的に均質な弾性体からなる高さ150mの斜面（傾斜角60°）の結果を図1.5に示す．図

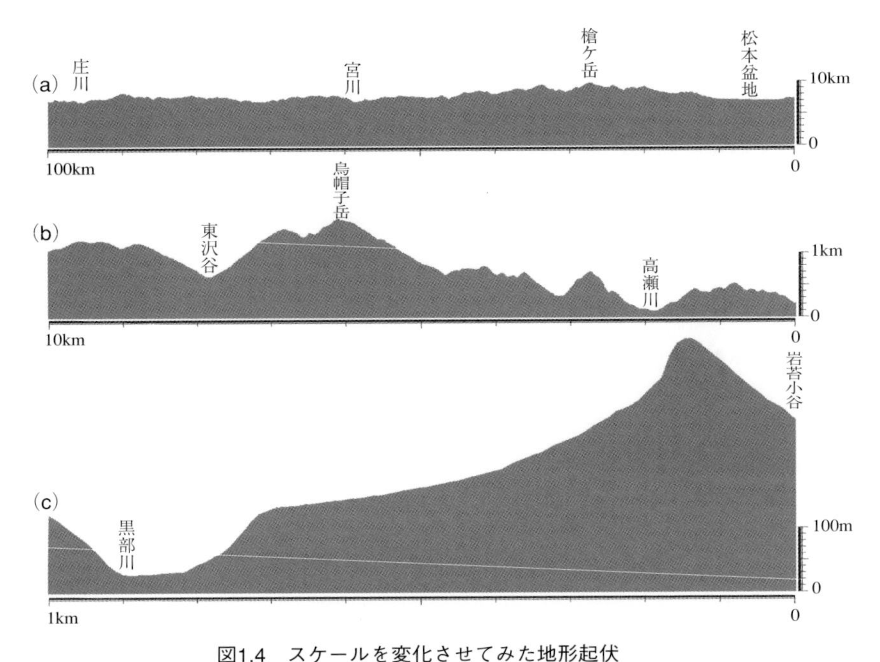

図1.4　スケールを変化させてみた地形起伏

国土地理院基盤地図情報（数値標高モデル10mメッシュ）を用いて作成

(a) 水平100kmスケールの地形断面．北緯36° 20′，ほぼ槍ヶ岳を通る東西横断
(b) 水平10kmスケールの地形断面．山稜部に線状凹地が発達する北アルプス烏帽子岳付近を通る東西横断
(c) 水平1kmスケールの地形断面．黒部川源流の明瞭な地すべり地を通る東西横断．

には主応力軸方向(a)と同応力値のコンター(b)を示している．これらに基づけば，斜面表層の応力状態に関する特徴として以下の点が挙げられる．

① 最大圧縮主応力 σ_1 の方向は斜面にほぼ平行する．

② 最小圧縮主応力 σ_3 の値は斜面の近傍では非常に小さい．

③ 斜面の下端では応力集中が発生する．図には示されないが，応力集中の程度は斜面傾斜角が低角になるにつれて小さくなる．

④ 上記の応力集中部以外の最大圧縮主応力 σ_1 の値は斜面長に比例する．

要約すれば，計算結果は，重力下では斜面表層部は常に斜面に沿ってその上部から下方向に圧縮されていることを示している．用いるパラメータの値や計算手法によって結果は多少異なるが，傾向には大差がない．ここでは斜面構成物を均質と仮定したが，力学的異方性のある場合や不均質な場合，あるいは除荷のような時間的変化を伴う場合には結果も多少異なったものになる．斜面表層部では応力値は全般に低いことから，わずかな条件の違いによって最小主応力 σ_3 の値は容易に負（引張）になりうる．また，これに地震動が加われば，瞬間的な応力値は大きく変化する．破壊が生じれば主応力軸の転換も

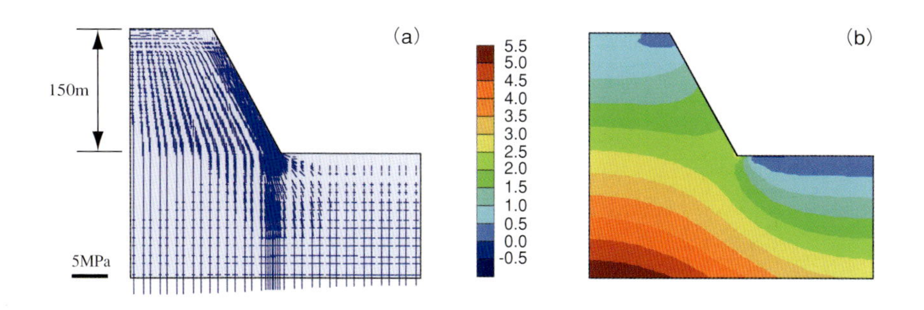

図1.5　重力下におかれた急斜面内部の応力状態（静的状態）
（a）主応力軸（σ_1，σ_3）方向，十字の長い線が σ_3．
（b）最大圧縮主応力 σ_1 の等値線．単位はMPa．
単位体積重量，ヤング率，ポアソン比はそれぞれ，20kN/m^3，1.6GPa，0.22 とした．また，左右端でX軸方向，下端でY軸方向の変位を拘束した状態で，平面応力状態を仮定した．

容易に起こりうる．

斜面内で重力に起因したノンテクトニック断層が発生するには剪断応力が構成物の強度を上回ることが必要である．地表直下の構成物は軟質な第四系～新第三系あるいは風化した岩石・岩盤が多くを占め，それらの力学的強度は概して小さい．また，構成物の荷重による封圧は深度1,000mで約25MPa，100mでは約2.5MPaと小さい．したがって剪断破壊が発生し，断層が形成される可能性がある．しかし，構成物の強度は通常深度とともに増大することから，深くなると剪断破壊は次第に発生しにくくなる．

侵食・削剥による除荷を受ければ，斜面にほぼ直交する最小主応力 σ_3 の値が負（引張）となってシーティング節理やそれに類似した正断層が生じやすくなる．一方，斜面の脚部では局所的な応力集中による破壊が生じる可能性もある．

以上のような応力状態の検討結果からも，地形起伏が大きい場合には，斜面直下では重力に起因したノンテクトニック断層の形成が十分考えられる．本書では第2章(2.1)においてさらに詳細を検討し，第3章にて事例を示す．

地形による地震動の増幅

重力以外にノンテクトニック断層を発生させる外力として考えられるのが地震動（地震による慣性力）である．上に述べたように起伏が大きければ，重力だけで断層が発生する可能性があるが，さらに地震動が加われば，ノンテクトニック断層は容易に発生しうる．

地震動が地形に大きく依存し，とくに凸地形～尾根部で大きくなることは古くから知られていた．諸戸（1925）は1923年大正関東大地震直後に神奈川県下の山地を調査し，地震動による崩壊の特徴として，“崩壊地ハ低処ヨリ高処ニ多ク特ニ峯筋ハ芝草剥離シテ苑モ篩ニ掛ケタル如キ状態ヲ呈ス故ニ高処ハ震動激甚ナリシコトヲ知ルヲ得べシ”，あるいは“地震ニ因ル崩壊地ハ峯及山腹ノ凸出部ニ多ク水害ニ因ル崩壊地ハ山腹ノ凹地ニ多シ”などを挙げている．地震動による斜面崩壊発生が凸斜面に多いことはこれ以降の地震時でも多数の指摘がある（たとえば，千葉県東方沖地震斜面崩壊調査グループ，1990；伏島，1997；雨宮・田近，1999；横田・島根大学鳥取県西部地震災害調査団，2001など）．

こうした地震動の地形依存性については理論面および計測面でもいくつかの研究がなされている．たとえば，1971年のカリフォルニア州San Fernando地震の余震時に地震動計測が詳しく行われ，山稜と谷底での比較によって地震動の周期や加速度，速度，変位の大きな違いが示された（Davis and West, 1973）．また，落合ほか（1995）は1995年兵庫県南部地震による斜面崩壊をシミュレートすることで，崩壊が発生するには単純な入力地震動の約3倍の加速度が必要であることを示した．

増幅された地震動によって斜面表層の移動体が斜面本体から完全に分離してしまえば，斜面崩壊や落石（たとえば横山・菊山，1998；横山ほか，2002），あるいは射出（大八木，2004a）といった斜面変動となり，形成された破壊面はいずれもノンテクトニック断層である．重要なのは，地震動による斜面変動では運動が途中で停止して，ノンテクトニック断層として残りやすいことである．本書では第2章（2.2）で地震動に起因したノンテクトニック断層について詳述するとともに，第4章でその事例を示す．

(3) 火山活動による急速な地形の変化

火山活動によるノンテクトニック断層の形成も急速な地形変化が影響したものとみることができる．地表の凹凸が重力に起因した応力状態を変化させるとすれば，急速な地形変化はノンテクトニック断層を形成させやすくする．火山活動は一般に10^1年オーダーという短期間の活動で$10^{1\sim2}$mオーダーの地形変化を引き起こす．この速度はプレート運動の速度に比べて著しく大きい*．さらに，火山地帯に広く分布する火山噴出物の多くは強度が低いのも特徴である．したがって，火山地帯ではノンテクトニック断層が出現しやすい．

具体的には，マグマの移動に伴う隆起・沈降に関連した断層，火山噴出物の運動や変形に伴う断層がある．火山性地震による地震動もこうしたノンテクトニック断層に関与することもあるであろう．時間のオーダーは異なるが，火山体の荷重沈下による断層の形成も知られている．本書では第2章（2.3）でもう少し詳しく火山活動に関連するノンテクトニック断層を扱い，第5章で事例を示す．

---

* 人工的な地形改変の速度も同様に大きい．掘削・切土がすべりやリバウンド（☞ 2.1.(3)）を起こすのはこのためである．

⑷ ノンテクトニック断層発生場としての変動帯

以上述べたように，ノンテクトニック断層は関連した構造とともに起伏に富む地形で形成されやすい．一般に収束変動帯（日本列島のような沈み込み変動帯とヒマラヤのような衝突帯）においては隆起速度が大きく，かつそれに対応して侵食・削剥速度も大きいため，起伏の大きな山地と河谷が形成されやすい．さらにこのような変動帯では概して地震活動が活発であり，沈み込み変動帯ではさらに火山活動も活発である．わが国はこのようなことに加え，降水量の多さを伴う湿潤変動帯（吉川，1985）であることがノンテクトニック断層の形成されやすい条件をもたらしているといえる．

変動帯では当然テクトニックな断層も密に発達しているから，両者は密接に関連しながら発達してきたといってよい．もちろん，ノンテクトニック断層や構造の形成は現在の変動帯に限られるわけではない．起伏が小さくても構成物質の強度が小さければ断層は形成されやすくなる．海底地すべりがその例であろう．また，現在は安定化している古い変動帯の「古傷」を利用したノンテクトニック断層も考えうる．さらに人工的な地形改変によるノンテクトニック断層はいたるところで発生しうる．

1.3　ノンテクトニック断層識別のための着目点

露頭などで現れた断層について，観察に基づいてテクトニックかノンテクトニックかを判定するのは容易ではない．また，たとえノンテクトニック断層と判定できても，形成要因は特定できない場合もある．その理由のひとつは，断層の形成要因に対応した構造的特徴をすべての場合に見いだすのが困難なためである．断層岩を採取して研磨片や薄片を詳細に検討すれば可能かもしれないが，肉眼観察だけでは難しい．もうひとつの理由は，テクトニックな断層として形成されても，地表近くではその後にノンテクトニック断層に転化することもありうるためである．

ノンテクトニック断層判定の困難さは，逆にみれば，テクトニックな断層でも形態的特徴からそれを判定するのは困難であることを意味している．それにもかかわらず，このことがこれまであまり問題視されなかったのは，ノンテクトニックな断層や構造に関心をもたない多くの地質学関係者にとっては，「断層はテクトニックである」ことが自明の理となっていたためでもあろう．

ノンテクトニック断層が重力や地震動，火山活動などによって地表付近で生じたであろうことを考えると，断層の空間的広がりや形成深度，活動の反復性を反映した形態的特徴に着目すれば，それを識別できる可能性がある．こうした要因または形成場所ごとの識別方法は第2章にて詳述するが，以下では，識別に際しての着目点や問題点を概説する．

空間的広がりと連続性

ノンテクトニック断層やそれにかかわる構造の出現範囲は平面的にも局所的である．1つの構造の広がりは平面的にはほぼ10km四方を上回らない（ただし海底地すべりは1オーダー大きい）．これは，ノンテクトニックな断層の形成にかかわる応力状態の空間的広がりが局所的なためである．これに対して，テクトニックな断層の場合，中央構造線のように1,000kmオーダーの連続性を持つものもある．活断層の最小活動単元とみなされる活動セグメントも，日本の陸上部でみれば最長66kmに達する（石狩低地東縁断層の馬追活動セグメント；産業技術総合研究所活断層データベース）．両者を比較すると，断層の空間的広がりにはその上限において明確な違いがある．

ただし，現地での判断において難しいのは，そして多くの場合に遭遇するのは，むしろ広がりの下限であろう．実際に地震時に出現した「地表地震断層」は多くの場合長さ10km未満であり，変位の連続性は100mに満たないこともある．短い断層については，それが派生的なものも含めて地下の震源断層の変位を反映した地表地震断層であるのか，地震動に起因した斜面変動としての段差なのか，あるいは長期的な重力変形の結果なのかなどを，周辺の地形・地質状態を基に慎重に検討する必要がある．

形成深度を反映した破砕帯の特徴

ノンテクトニック断層の形成場は基本的に地表付近あるいは地下浅部であり，小さい封圧下である．このような場所で形成された破砕帯は，深部で形成されたものとは異なり，間隙に富むという特徴を持つ．ガウジに沿って鉱物脈が形成されたりするのは特異な環境に限られる．しかしながら，実際にはそれほど単純ではなく，当初テクトニックに形成された断層面や節理面がノンテクトニック断層に転化した場合，あるいはテクトニックな断層が地表近くで著しく風化を受けた場合には識別が難しい．脆性剪断帯における複合面構造（Rutter et al., 1986）の発達状況にも違いがありそうである．

ノンテクトニックな変形に伴う物質変化についての研究は緒についたばかりであり（たとえば，田近，1995，2004a；山崎・千木良，2009，2010），今後，さまざまな場合における構造と物質変化の解明が必要である．なお，地表地震断層も同様な環境下で活動したものであることに注意が必要である．

また，上記の形成深度はあくまで形成時のものであり，侵食・削剥の激しいわが国では形成当初よりはるかに浅い深度に古いノンテクトニック断層が現れることもある（逆もある）．したがって，形成深度と現在の深度とが必ずしも同一ではないことにも注意が必要である．

活動の反復性

テクトニックな断層のなかでも活断層の場合，認定基準として変位の累積性，すなわち活動の反復性が挙げられる（多田，1927；活断層研究会 編，1980，1991）．これに対して，ノンテクトニック断層の場合，たとえ第四系を変位させていても，一般には変位の累積性は認められないことから，こうした変位の累積性によって示される活動の反復性が識別のための指標になりうる．

ただし，反復性の有無は絶対的な条件ではなく，活断層に近接したノンテクトニック断層の中には変位の累積性が認められるものがあるし，地すべり面や火山性の断層，地震動による断層でも反復性が認められることがある．これらの事例は後述する（**事例4-18，5-15**）．

このように，対象とする断層がノンテクトニック断層であることの判定，あるいはそれがテクトニックかノンテクトニックかの識別は一筋縄ではいかないが，いくつかの要因ごとに形成過程を慎重に検討してゆけば，判定ならびに識別はある程度可能であろう．また，テクトニックかノンテクトニックかがすでに明確になっているものについて，それぞれの特徴を項目ごとに整理してゆくことも必要であり，これまでにいくつかの試みが提案されている（たとえば千木良，2013；表2.1）．ただし，多岐にわたる要因のそれぞれによって着目点が異なるであろうし，その特徴も地形的な位置，露頭規模での形状，顕微鏡下での組織などさまざまなスケールと視点からみることが必要である．

実際には本書に後述する事例も参考にして，いろいろな要因，地形・地質的位置ごとに慎重に検討し，認定・識別していただきたい．

用語解説 1　断層に関する用語

ノンテクトニック断層の議論では「断層」にかかわる用語が必要となるが，それらの定義や使用の仕方は研究者や機関によって微妙に異なっていることがある．純粋な理学的視点と現在の社会を念頭においた場合とでは取り扱いや視点は異なるであろうし，概念からくる定義と判定基準を考慮した場合とでもそれらが異なるのは当然であろう．そこで，本書での主な用語の使用法について以下にまとめた．

断層（fault）：岩石の破壊によって生じる不連続面のうち面に平行な変位のあるもの．「断層」には大きさに関する規定はないため，同じ「断層」でも，延長数 10km 以上で厚い破砕帯を伴った断層と，その一部をなす「ヒゲのような」断層もある．ここでは長さを数 cm 以上のものとし，ガウジ（gouge）や粘土シームの有無は問わない．

テクトニック断層（tectonic fault）：構造運動の一環として形成された断層をいう．プレート運動から派生した構造応力（tectonic stress）を主体として形成された断層であるが，重力が関与していることもある．地震との関係で見れば，地震発生時の断層運動に加えて，その後の余効的な運動によるものも含まれる．

ノンテクトニック断層（nontectonic fault）：テクトニックな応力以外の外力によって形成された断層をいう．

活断層（active fault）：“極めて近き時代まで地殻運動を繰返した断層であり，今後もなお活動すべき可能性の大いなる断層”（多田，1927）．「極めて近き時代」をいつからとするかについては機関や研究者によって異なっているが，本書では「第四紀」の定義変更にかかわらず，活断層研究会 編（1991）にしたがって約 200 万年前としておく．また，活断層はある程度の規模を持ったものに対して使用すべきことから，亀裂にわずかに粘土シームを挟むようなものに対して「活断層」と呼ぶことは避ける．

地表地震断層（surface earthquake fault）：地震時に地表に出現した断層であるが，地下の断層変位の直接的な延長部と考えられるものだけに限定するのか，付随して形成されたものも含むかによって意見が分かれる．これまでは後者であったが，今日では前者の方とする研究者が大半であろうし，ノンテクトニック断層にかかわる議論の中で扱うことを考慮して，本書では前者としておく．

震源断層（earthquake source fault）：瞬間的な変位によって地震動を発生させる断層であり，地震動の発震機構解析から推定される，一種の破壊面モデル．

起震断層（seismogenic fault）：“まとまって 1 つの地震を発生させる可能性が高い断層グループ”（松田，1990）．瞬間的な変位によって地震動を発生させる能力を持った断層という意味であるが，厳密には地表近くの地すべりや斜面崩壊でも運動時には振動が発生することから，ここでは被害を生じるような規模の地震（Lettis et al，1998 では Mw ≧ 5.0 としている）と地震動を発生させるような断層．

非起震断層（non-seismogenic fault）：被害を生じるような規模の地震と地震動を発生させる能力のない断層．テクトニックな断層であっても主断層の活動に対して副次的に形成された小規模な断層の場合には，非起震断層であることもある．

第 2 章

形成要因からみた
ノンテクトニック断層とその識別

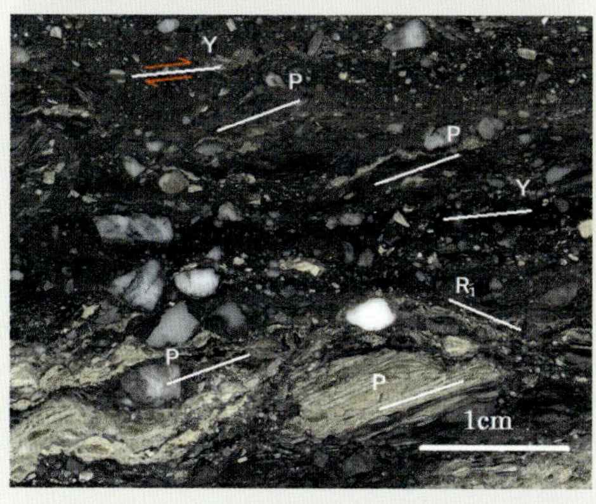

ノンテクトニック断層の形成要因は多岐にわたり，さまざまな形成の機構や過程は地質学とその周辺の広範な分野にかかわっている．このため，本章では関連分野の知識や経験をも取り入れ，ノンテクトニック断層の形態や現れ方などの特徴を形成要因別に概観する．それらに基づいて対象とする断層がノンテクトニック断層かどうかを判定し，ノンテクトニック断層とテクトニック断層を識別してゆく方法を考察する．

形成要因に基づいた区分としては，①重力が大きく関与して形成される断層，②地震時の振動（地震動）や③火山活動に関連して現れる断層などをとりあげる．これらのノンテクトニック断層は要因に対応して形成場所や現れ方にも特徴がある．

要因にはこれら以外にもいくつか考えうるが，本書では，そのうちわが国の自然環境下で形成事例の多いもの，および事例は多くなくても比較的形成されやすいと考えられるものをとりあげた．後者には広い意味で風化作用に伴うものや，非火山性の陥没にかかわるもの，堆積作用にかかわるものがある．また，規模の大きな断層の中にはテクトニックな運動で形成された後に重力が大きく影響してノンテクニックな断層に転化したと推定されるものもあり，大規模断層の取り扱いでは重要と思われることから，これについても形成の機構と過程の面から考察した．なお，海外では多い氷河作用にかかわる断層についてはふれていない．

第2章 扉写真

秩父帯中に構造的に発達する付加体のスラストが地すべり面に転化した部分の，樹脂固定されたボーリングコアの切断標本に見られる剪断構造（山根ほか，2013）．どちらも上が地表面方向．P：P面構造，R_1：R_1剪断面，Y：Y剪断面．Rutter et al.(1986) による複合面構造．

（上）σタイプの非対称構造と複合面構造から正断層センスが推定される．地すべり面（Y）はノンテクトニックな正断層であることを示す．

（下）この地すべりのすべり面より下位の断層内部の複合面構造の配置からは，逆断層センスが推定され，地すべり粘土内部の剪断センスとは逆になっている．テクトニックな断層の構造が残存している．

（山根 誠）

2.1 重力によるノンテクトニック断層

地球上の凹凸，すなわち地形起伏は地域によって大きく異なるが，こうした凹凸が形成されているところには必ず斜面も存在する．斜面の一部は不安定化することがあり，場合によっては集団的に（マスmassとして）斜面下方に向かって移動する．こうした運動は構造運動（テクトニクス）とは異なり，下方に作用する重力が外力となることから，広く「斜面変動」または「斜面運動」，ないし「集団移動」と呼ばれている．これらはslope movements（Varnes，1978）やmass movementsの日本語訳である（日本応用地質学会編，1999）．これらとほぼ同義でlandslides（広義の地すべり）も用いられることから，ここではこの語も使用する．

地形起伏の形成は地盤の隆起・沈降だけでなく，豊富な降水量に起因する河谷の侵食・削剥にもよるところが大きく，それらのいずれもが顕著なわが国では重力に起因した斜面変動が各地で日常的に発生している．ここでは，重力が大きく関与したノンテクニック断層（重力性ノンテクトニック断層）として，地すべり（狭義）などの斜面変動による断層（地すべり性ノンテクトニック断層）のほか，多重山稜形成に関係する断層，バレーバルジング現象に関係する断層，軟質な第四紀層中に形成される断層をとりあげる．なお，これらのうち多重山稜形成やバレーバルジング現象は斜面変動の一部と見ることもできるが，形成場所などに特徴があることから，地すべりなどとは別に取り扱う．

(1) 斜面変動によって形成される断層

斜面変動は運動のタイプや構成物によって多数の現象に分けることができる（☞用語解説２）が，よく知られた用語としては，地すべり（狭義），斜面崩壊，土石流，落石などが含まれる．それらの運動の中で形成される地すべり面はノンテクトニック断層である．

地すべり面として形成されるノンテクトニック断層とその特徴

地すべり地形分布図（たとえば，防災科学技術研究所ウェブページ）に示されるように，わが国には多数の地すべり地が存在しており，それらに対応した地すべり面は山地や丘陵内部のいたるところに存在する．地すべりの規模はさまざまであるが，斜面長が数km以上，比高が数100mに達するものもある．

地すべりは斜面構成物の一部が重力下で移動する現象である．この場合の地すべり面は地すべり移動体と不動域との境界をなし，地表近くで形成されたことが明確なノンテクトニック断層である．このような地すべり移動体の下底などのすべり面などを「地すべり性ノンテクトニック断層」と呼ぶこととする．移動体におけるそれらの形態と現れ方，変位の特徴は図2.1に示すようなものとなる．地すべり面は通常湾曲しているため，斜面（地表面）との構造的関係や姿勢（attitude）は移動体の中でも頭部，中央部，側部，末端部によって異なっている．また，それぞれの場所における応力状態は図2.2のようになる（永田ほか，2004）．

地すべり性ノンテクトニック断層は以下のような特徴を持つ．

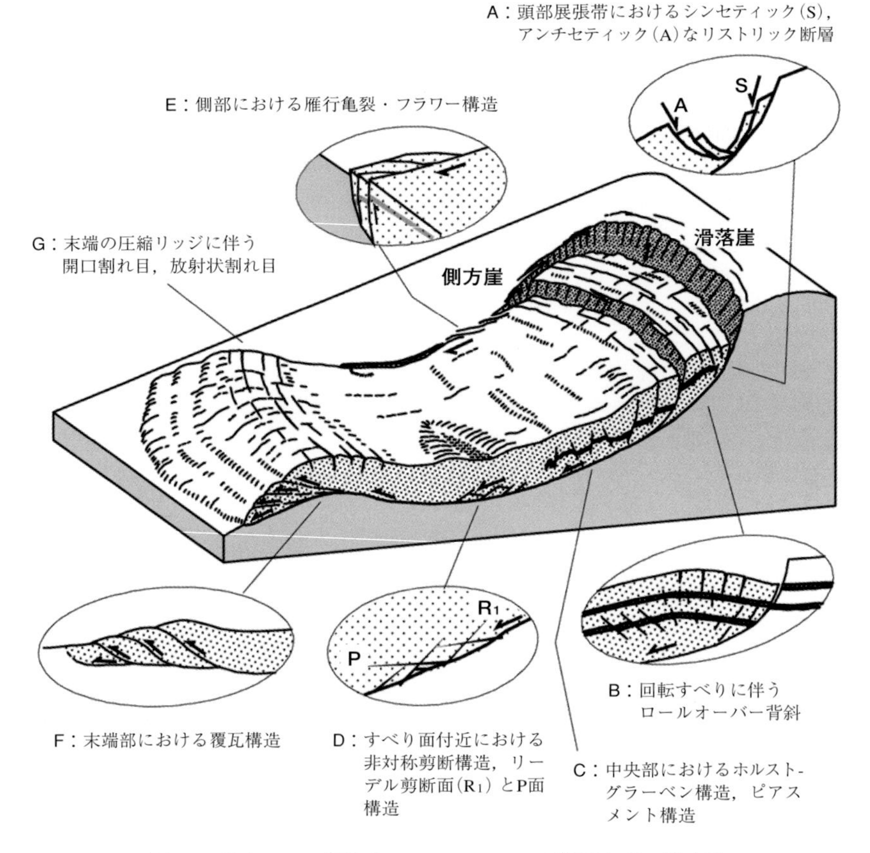

図2.1　地すべりに関連するノンテクトニック断層などの模式図

〔移動体頭部〕

地すべり移動体の頭部は通常展張帯になるが，すべり面形成時の破壊様式は運動の主成分が並進(translational)か回転(rotational)かによって異なっている．

並進すべりでは，頭部展張帯のすべり面は高角度の開口クラックとして現れることが多い．地すべり移動量が大きくなると，分離崖と移動体との間に陥没凹地が形成され，その底面に地すべり面が露出する場合がある．また互いに向き合って傾斜する地すべり性ノンテクトニック断層群が形成される場合には，くさび状ブロックが落ち込んで凹地が形成される．

回転すべりでは，地すべり面は下方に凸の円弧となるため，頭部展張帯ではすべり面がリストリック(listric)*正断層となり，運動に伴って移動体は山側に傾斜する．複数の

＊ 断層面が下方に凸になるような湾曲した断層．

リストリック正断層がほぼ平行に形成されて断層群をなすことも多く，リストリック断層に挟まれた移動体がくさび状を呈して落ち込み，凹地をなすこともある．谷向きに傾斜したリストリック断層はシンセティック（synthetic）断層，凹地に向かって山側に傾斜した副次的な地すべり面はアンチセティック（antithetic）な断層である（図2.1のA）．地すべり移動体が体積変化を伴わないで下方に移動すると，頭部にロールオーバー背斜（rollover anti-cline，Cloos, H.,1928; Cloos, E., 1968）が形成される（図2.1のB）．

〔移動体中央部〕

並進すべり，あるいは回転と並進の複合したすべりでは，移動体中央部の地すべり面は低角度の正断層となり，面の傾斜角は斜面のそれに近いことが多い．一方，回転すべりでは頭部を含む移動体の上部は高角度の正断層になるが，下部では傾斜角が次第に緩くなる．すべり面付近に脆性的な剪断帯が形成される（図2.1のD）ほか，移動体内部では，全般に引張応力が卓越することによるブロック化（ホルスト-グラーベン構造やピアスメント構造，図2.1のC）や破砕が生じることがある．また，土塊内の運動速度の差に起因する剪断面（＝断層）も形成されることがある．

〔移動体側部〕

移動体の側部ではすべり面は高角度の横ずれ断層になるが，その面は湾曲または屈曲して移動体中央部のすべり面に連続する．側面崖の一部や側方崖（大八木，2004）はこの断層の延長部となり，横ずれ成分が卓越することが多い．

なお，側部のすべり面は1枚の断層面になるとは限らず，フラワー（花弁）構造を形成することもある（図2.1のE）．逆断層成分を持つ部分では断層の配置によっては地表面に圧縮リッジや横ずれ凹地（一種のノンテクトニックなプルアパート盆地）が形成される．

〔移動体末端部〕

並進すべりの場合，末端まで低角度の正断層であるが，回転成分を伴う場合にはすべり面が低角度の逆断層となって地表に向かって切り上がってくる．そこでは移動体が背斜構造を形成することがあるし，主すべり面から分岐して地表に切り上がる副次的なすべり面が逆断層型をなして複数現れることもあり，その場合はノンテクトニックな覆瓦構造（たとえば，加藤・横山，1992，の覆瓦重複すべり）といえる（図2.1のF）．また，末端は空間的に開放されていることも多く，移動体が下方や側面に広がりやすい．その場合，縦断方向ないし横断方向に引張亀裂が生じ（図2.1のG），一部は変位を持つことがある．これらの引張亀裂が滑落崖に進展して，移動体末端部に二次的な新しい地すべりを発生させることもある．

形成場の条件からみた地すべり面（地すべり性ノンテクトニック断層）の特徴

形成場の条件からみた地すべり面などの特徴は以下のようにまとめられる．これらは地すべり性ノンテクトニック断層を認定する際に参考となる．

① 地すべりの運動様式・規模は斜面の傾斜・比高・形状などの地形特性に大きく規制される．地すべり面もそれらの特徴に対応したものとなる．

② 地すべり移動は地表付近の封圧が小さい応力条件下での変形現象であり，地すべ

り面は既存の断層面や節理面，層理面など，新たな割れ目に転化しやすい力学的弱面に支配されている．

③ 重力に起因した変形現象であるので，移動体の運動に伴う剪断変位は上盤が低い位置に向かって移動するセンスを持っている．

④ 地すべり面では剪断破壊が主要な破壊様式になるが，移動体内部では既存割れ目に沿った引張破壊が主体になり，それによって破砕を伴う細粒化，割れ目の開口が進行する．

⑤ 地すべり面より上の移動体のみが運動することに伴って破砕される．したがって移動体と不動域での破砕度のコントラストが発生する．いいかえれば，地すべり面というノンテクトニック断層をはさんで上下で非対称の破砕帯が形成される．

⑥ 風化現象は地すべりの発生を規制するとともに，一旦地すべりが発生すると地すべり面の上盤側で加速されるという二面性を持つ．その結果，移動体の破壊を促進したり，運動様式を変化させたりする．

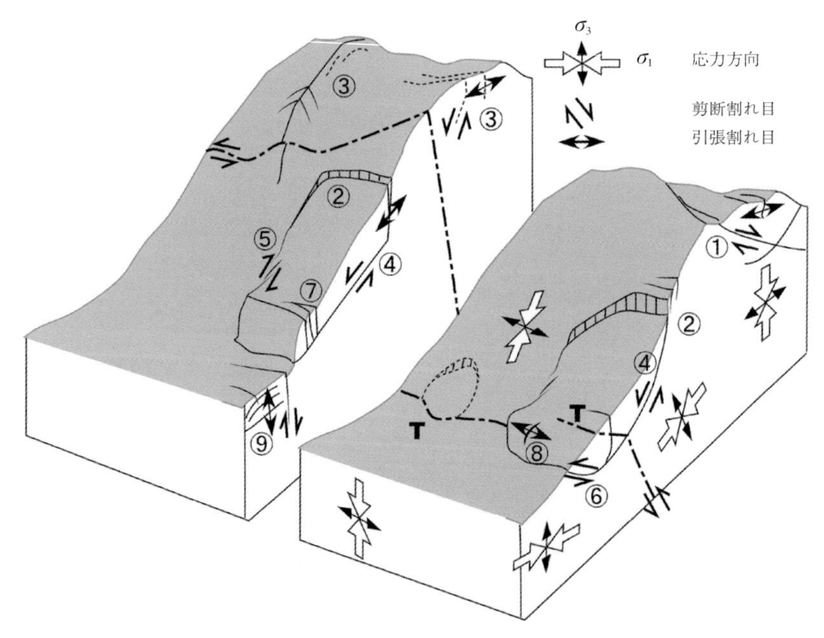

図2.2　斜面における応力状態とノンテクトニック構造　永田ほか（2004）を一部改変

左：並進すべり，右：回転すべり．

①線状凹地・小崖，②滑落崖・分離崖，③斜面上方の引張亀裂，小断層，④地すべりのすべり面，⑤移動体側部の横ずれ断層，⑥移動体末端の逆断層，⑦⑧移動体末端の引張亀裂・断層，⑨バレーバルジングに伴うシーティング節理・谷背斜・断層．T（一点鎖線）はテクトニックな断層をあらわし，地すべりによる変形・変位を示す．

地すべり面（地すべり性ノンテクトニック断層）の識別方法

地すべりと地すべり面に関する上記の特徴を基にして，露頭やトレンチ壁面に現れた断層がテクトニックかノンテクトニックかを識別する方法を考えてみる．ここでは段階的にステップ1，2，3として説明する．

〔ステップ1：地すべり地形との位置関係の検討〕

まず，対象とする断層の地すべり地形（輪郭構造，大八木，2004）との対応関係を検討する．対応が認められる場合，それは地すべり面である可能性が高い．ただし，対応が認められても，それが同時に断層変位地形にも対応していたり，断層変位地形の延長線上にあったりする場合には，テクトニック断層である可能性も残る．

次に断層面と地表面との位置的関係および断層面の姿勢を検討する．この検討には，ボーリング孔の孔壁観察結果を利用することもできる．高角度の断層面が移動体の中央部にあるような場合にはそれはテクトニックな断層の可能性がある．逆に移動体の頭部や側部にあればノンテクトニック断層の可能性がある．

〔ステップ2：断層両側の岩盤の破砕・劣化状況の検討〕

断層面を境とした上盤と下盤との間で破砕・劣化程度にコントラストがあり，上下の非対称性が確認できれば，断層面は地すべり面（ノンテクトニック断層）である可能性が高い．その際には岩石の酸化程度が急変しているかどうかも判断材料となりうる．

付加体地域の地すべりでは破砕岩と非破砕岩との境界よりも1～2m上位にすべり面が存在することが多い．また，規模の大きな岩盤地すべりでは移動体と非変動域との間での岩盤状態の違いが認められない場合が少なくない．このため，メランジュを含むテクトニックな破砕とノンテクトニックな破砕とを区別することは難しい．ただし，その場合でも移動体を構成する岩盤は既存の割れ目や弱面に沿って開口していることが多く，さらに開口割れ目はしばしば流入粘土によって充填されていることから，割れ目の開口や流入粘土の存在も地すべり性ノンテクトニック断層であることの判断材料となる．

〔ステップ3：地すべり面の微細構造の検討〕

テクトニックな断層の微細破断面は露頭でもしばしば観察できるが，すべり面のそれは断層ガウジを切断・研磨した面で観察しないと難しい．通常，破砕や粘土化の進んだ軟質層としてしか認識できない場合でも，固化して切断・研磨すると，詳細な観察が可能になる（土木研究所土砂管理研究グループ地すべりチーム，2012；☞第２章扉写真）．

テクトニックな断層破砕帯ではしばしばP面構造*が明瞭で，R剪断面が発達しているのに対して，地すべり面の断層ガウジでは，複合面構造自体が明瞭でないこともある．ただし，岡山県成羽層群の地すべりでは，R_1剪断面ではなく，P面構造が発達しているのが研磨片の観察で記載された（井上ほか，2001）．また，石川県甚之助谷地すべりでは流れ盤構造の地すべり面でP面構造が，末端の山向きに傾斜するすべり面においてR_1剪断面が卓越することが報告されている（土木研究所ほか，2013）．一方，テクトニックな断

* 脆性剪断帯における複合面構造．図2.1のD参照．リーデル剪断面RにはR_1とR_2があるが，R_2はほとんどあらわれない．

表2.1　斜面に形成される重力性ノンテクトニック断層と地下深部でのテクトニックな断層との違い　千木良(2013)

構造的特徴	“ノンテクトニック”	テクトニック
開口割れ目	発達	なし
面構造(P.Y.R)	弱い	発達
“ジグソーパズル”	発達	弱い
岩片の外形	ギザギザ	シャープ
破砕帯の縁	漸移的	一般的にシャープ
面構造に沿う引き裂き	発達	弱い
岩片の摩耗	せん断とともに増加	あり

層破砕帯であっても，複合面構造が見られない場合もある．四国東部中央構造線活断層系の中で，第四系土柱層に衝上した白亜系和泉層群の断層ガウジがその事例で，破砕状況は地すべりの断層ガウジのそれと酷似している（Kato and Yokoyama，2014）．形成場の深度が大きく異なれば断層岩の構造に差異が現れるが，浅所で形成されたテクトニックな断層とすべり面との間では断層ガウジに明瞭な差異が現れないのかもしれない．また日本ではこれまでに報告例がないが，ヒマラヤや台湾などでは高速の地すべりに伴ってすべり面にシュードタキライト*が形成された例が報告されている（Masch and Preuss, 1977; Lin et al, 2001）．

テクトニック断層と，地すべり面を主としたノンテクトニック断層との特徴の違いについては千木良(2013)のまとめがある(表2.1)．また，日本地すべり学会 編（2013）では地すべり面の特徴をまとめているので，これらも参考となる．しかし現況では，対象とする断層がテクトニックなものではなくノンテクトニックな地すべり面であることを構造的特徴のみから一義的に認定することは困難である．これは，テクトニックかノンテクトニックかの違いが断層の破砕構造に差異を生じるかどうかが不明なためである．

小規模な斜面崩壊などによるノンテクトニック断層

すでに述べたように，斜面の安定性は，そこに生じる応力と構成物質の強度との兼ね合いで決まる．これは土質力学・岩盤力学が取り組んできた課題でもある．斜面がモール-クーロンの破壊基準（$\tau = c + \sigma \tan \phi$，ここに$\tau$：剪断応力，$c$：粘着力，$\sigma$：垂直応力，$\phi$：内部摩擦角）にしたがう均質な物質で構成される場合，斜面の安定度は，安全率$Fs = T/S$（ここにT：駆動力，S：抵抗力）であらわされる．この安全率を最小にする面が最も危険なすべり面ということになるが，それは縦断的にも横断的にも，粘着力のみがはたらく場合（$\phi = 0$）に円弧，内部摩擦角のみがはたらく場合（$c = 0$）に直線となることが，変分法によって明らかにされている(鵜飼，1985，平野・石井，1989)．

＊ 部分的な溶融を伴う強い粉砕による断層岩

円弧ないし楕円弧のすべり面が斜面上に形成されるということは，土や，力学的にそれと同等視できる岩盤にリストリック断層が生じる根拠ともなっている．つまり，リストリック正断層は地すべり性ノンテクトニック断層の証拠のひとつといえる．

経験的には，断層の現れた場所やその形状，形態に関して，主要部に以下のような特徴が見いだされれば，ノンテクトニック断層の可能性を検討すべきである．

① 正断層であること
② 断層面が周辺のクラックも含めて開口したものを含んでいること
③ 断層面が地下深部にゆくにつれて不明瞭となり，消滅していること
④ 断層の形成範囲が人工地盤（盛土・埋土）内に限定されたものであること
⑤ 断層の形成範囲が特定の人工構造物の周辺に限定されたものであること

ただし，これらすべての特徴が特定の断層で確認できることはほとんどないし，1つの項目，たとえば「正断層であること」だけでノンテクトニックであると認定できるわけではないという点には注意が必要である．

(2) 多重山稜形成に関係する断層

多重山稜・線状凹地

尾根の頂上付近に存在する溝状の地形を線状凹地（linear depression）あるいは山上凹地（ridge top depression）と呼ぶ（図2.3）．線状凹地の両側の尾根に着目した場合には二重山稜（double ridges）あるいは多重山稜（multiple ridges）といわれる．線状凹地が山腹に存在する場合，主尾根側に傾斜した崖を山向き小崖（uphill-facing scarplet）あるいは逆向き小崖（antislope scarplet）と呼ぶ．線状凹地は，かつては周氷河環境下で形成されたものと解釈されていたが（小林，1955），今日では重力性断層の運動による変位地形と考えられており（八木，1981），斜面全体の重力変形の一部として捉えられるべきものである．線状凹地の一部には活断層による可能性が指摘されたものが存在するが（たとえば上本，1978），ほとんどは重力性ノンテクトニック断層に起因すると考えてよい．そして，山向き小崖やその地下への延長部が「重力性ノンテクトニック断層」に該当する．

図2.3 典型的な線状凹地－二重山稜 南アルプス，大崖頭山南

1.2(2)で述べたように，尾根部では地震動が増幅されるため，地震動によって形成されたと考えられる凹地やクラックもあり（Nakata，1976；伏島，1997；加藤・横山，2010)，既存の線状凹地が地震時に拡大したものもある（八木，1996；納谷ほか，1997；大丸ほか，2011)．このことから線状凹地の発生や進展には地震動の寄与も大きいものと考えられ，むしろ地震動を線状凹地形成のより大きな要因と考える見方もある（横山ほか，2013)．一方，金田・河野（2013）は根尾谷断層系周辺の線状凹地分布について詳査し，その分布頻度には地震動よりも断層が活動することによって生じる地殻の歪の影響が大きいことを示した．

八木（1981）は広範囲にわたる空中写真から抽出した線状凹地の地形的特徴をまとめ，第四紀の隆起量の大きい山地で線状凹地の発達が良好であること，高標高部に多いが，それ以外にも形成されていること，稜線付近に現れやすいことなどを指摘している．永田ほか（2006）は20万分の1地勢図「岐阜」図幅範囲内の2万5千分の1地形図判読によって線状凹地を抽出し，その特徴および構成地質との関係についてGISを用いて考察した．これによれば，線状凹地の出現は標高900～1,000mに頻度のピークがあり（図2.4)，範囲内の標高分布の変曲点と概ね一致する．これはこの標高に古い地形面があることを示唆し，線状凹地の形成が古い地形面の開析に伴う斜面変動と関係した可能性を示している．また，その大半は地すべり地形と関連があり，滑落崖の後背割れ目と解釈されるものが多い．布施・横山(2004）は，2万5千分の1地形図の判読によって，四国地方で384箇所の線状凹地を抽出した（図2.5)．線状凹地は，標高100mから出現しはじめ，標高400mを越えるとその数が増大し，600～700m領域と800m～900m領域

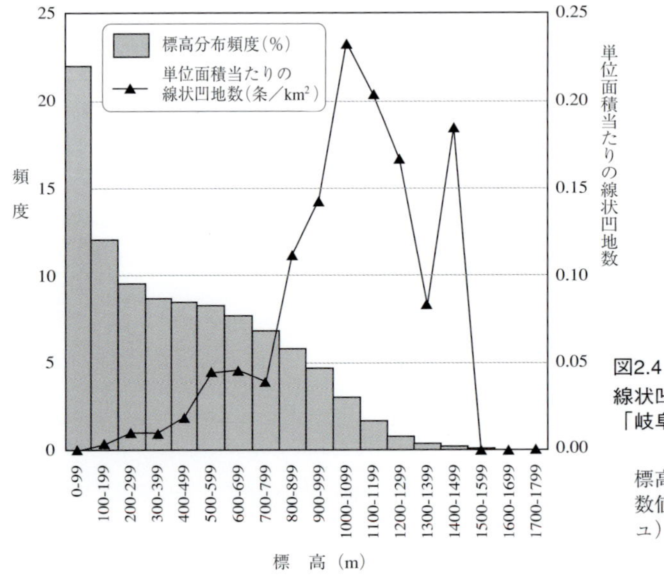

図2.4
線状凹地の分布標高と「岐阜」地域の標高分布
永田ほか（2006）
標高分布は国土地理院数値地図（250mメッシュ）から作成．

でその数が44箇所と最も多くなっている（図2.6）．さらに標高が高くなると，数が減少してゆくが，それはその標高領域の面積が狭くなるからで，単位面積当たりで比較すると，標高が高くなるとともに線状凹地の数は増加する傾向がある．空中写真判読では，2万5千分の1地形図による検出が難しい小規模の線状凹地も検出されている（脇田ほか，2007；青矢・横山，2009など）．さらに現地踏査では，幅が数10cmしかないような線状凹地も多数検出されている（横山・横山，2004など）．

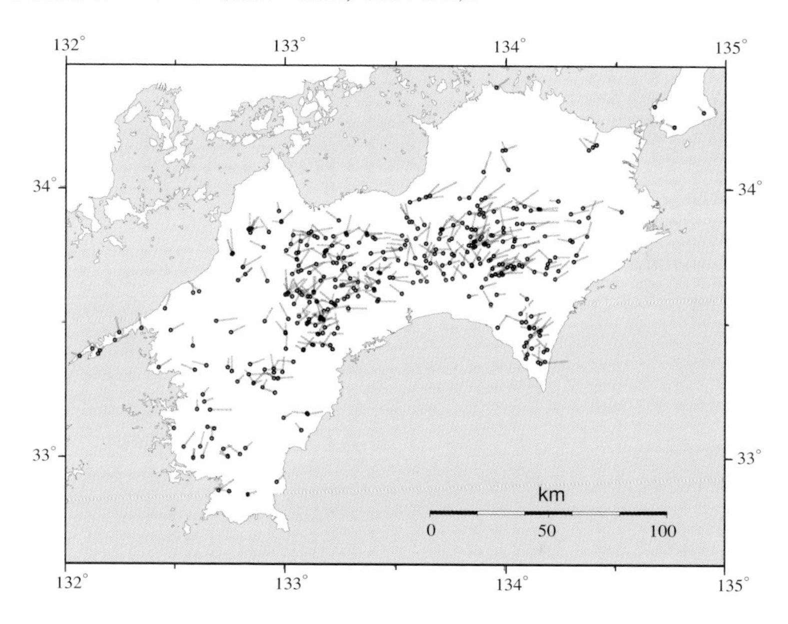

図2.5　四国地方の線状凹地の分布　布施・横山（2004）
黒丸は線状凹地の位置．そこから伸びる直線は線状凹地の延びの方向を示す．

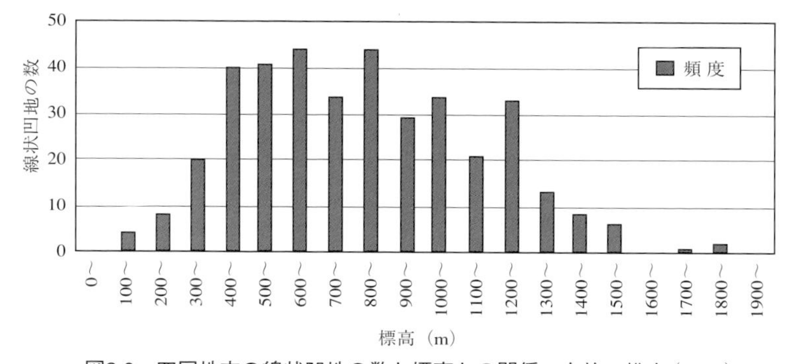

図2.6　四国地方の線状凹地の数と標高との関係　布施・横山（2004）

地質的には，花崗岩のような塊状の岩盤よりも堆積岩や変成岩のような層状岩盤で線状凹地が発達しやすい傾向がある（八木，1981）．目代（2003）は各地の山体重力変形地形を比較し，構成地質（堆積岩か深成岩か）によって山向き小崖の出現位置や山上凹地の形態が異なることを示した．四国で線状凹地の数と地質帯との関係をみると，計測した総数，単位面積当たりの分布密度ともに三波川帯が最も多い．計測した総数では四万十帯が続き，単位面積当たりの分布密度では秩父帯が続いている（布施・横山，2004）．外帯付加体からなる地域で多発し，花崗岩や正常堆積物起源の和泉層群にはほとんど発達していない．線状凹地と稜線の延び方向との関係について，四国では稜線と平行あるいは準平行なものが多い．これは外帯付加体の一般的な岩相の分布方向から考えて，層理や片理などの面構造，さらには岩相に平行な断層に，線状凹地が構造規制を受けた結果と考えられる．赤石山脈では砂岩より相対的に強度の小さい頁岩で，力学的に弱い層理面直交方向の引張によって凹地が形成されやすいことが報告されている（松岡，1985）．

線状凹地は崩壊や地すべりの先駆的現象と考えられ，線状凹地がそれらの斜面変動へどのように進展するかが課題である．最近はレーザー計測による1～2mDEMといった高精度地形図の判読・解析と現地調査・分析により，重力性断層の挙動や線状凹地の発達史が明らかになりつつある（たとえば西井・池田，2013；小嶋ほか，2013）．凹地のみが単独で存在するわけではなく，下方斜面の膨らみを伴っていることを詳細地形図から判読できることもあり，そのような例によって線状凹地が重力変形に伴うノンテクトニック正断層の一部であることはますます明らかになりつつある．

ところで，空中写真判読によって活断層を認定する場合，しばしばこのような重力性断層も含められてきた．表2.2には『新編 日本の活断層』（活断層研究会 編，1991）に記述されたそのような重力性断層のリストを示す．なお，表には「火山性活断層」もリストアップしてあるが，火山体の成長や破壊にかかわる重力性断層との厳密な区別が難しいためここに含めた．火山性のものを除いた明らかな重力性断層は日高山脈・飛騨山脈・赤石山脈などの高山地域で認定されている．中田・今泉 編（2002）では活断層の定義が『新編 日本の活断層』と異なるため，それらの多くは活断層に認定されていないが，ここにリストアップしたものの一部は「推定活断層」と記されている．またこのほかに，活断層として認定されているが，実際には重力性断層と考えられるものもある．たとえば，長野県と新潟県の県境をなす関田山地には複数の線状凹地や山向き小崖が発達している（図2.7）．これらは『新編 日本の活断層』では黒倉山断層群や黒岩山断層といった「活断層」と認定され，両者とも確実度Ⅰであり，前者は活動度A～Bと判定されている*．これに対して，古谷・渡辺（1994）や釜井（2001）は線状凹地・小崖地形・地すべりといった斜面変動地形の組み合わせであると考えている（図2.8）．近傍に長野盆地西縁断層帯や十日町断層帯があることを考慮し，テクトニックなものである可能性ないし

* 産総研活断層データベースには表示されているが，中田・今泉編（2002）では活断層とされていない．

表2.2 『新編 日本の活断層』に示された重力性・火山性活断層

1/20万図幅名	断層名	記載内容	中田・今泉編(2002)による判定
知床岬	羅臼岳断層系	「重力性開口」	推定活断層
北見		石狩岳・チトカニウシ山付近に重力性低断層崖（図記載なし）	
夕張岳	トッタベツ岳断層	正断層　約1.5万年前	
	ポロシリ岳東カール断層	小地溝　約3万年前以降	
	ポロシリ岳断層	正断層	
	松籟山断層	重力性断層の可能性	
	芦別岳断層	重力性断層の可能性	
室蘭	有珠火山断層群	火山活動に伴って生成，成長（有珠）	
尻屋崎	海向山断層	火山活動または地すべりによる変位の可能性（恵山）	
弘前	湯ノ沢断層	岩木火山の荷重沈下による	
	岳断層	岩木火山の荷重沈下による	
秋田	前森山断層	火山性地殻変動の可能性（前森山）	
新庄	栗駒山山頂断層	火山体周辺の逆向き低断層崖（栗駒）	一部推定活断層
	鬼首断層	火山体周辺の逆向き低断層崖（鬼首）	推定活断層
酒田	鳥海火山中腹断層群	火山に認められる特有の断層（鳥海）	推定活断層
仙台	古屋敷	崩壊地形の可能性	活断層
日光	湯本塩原断層群	火山性正断層群（塩原）	推定活断層
高田		飯縄·黒姫·妙高火山山麓に荷重沈下による向斜構造	
長野	双子池・雨池断層	火山活動に関連して形成（蓼科）	
	八子ヶ峰断層	火山活動に関連して形成（蓼科）　地溝	
	鷹山断層	火山活動に関連して形成（蓼科）	
	霧ヶ峰断層群	火山活動に関連して形成（蓼科）	一部推定活断層
	姥ヶ原断層	火山活動に関連して形成（浅間）	推定活断層
	トーミ断層	火山活動に関連して形成（浅間）	推定活断層
	三方ヶ峰断層	火山活動に関連して形成（浅間）	推定活断層
	滝原断層	火山活動に関連して形成（浅間）	一部推定活断層
甲府	赤石岳南斜面断層	重力性	
	鳳凰山断層	一部重力性断層の可能性	
	千頭星山断層	重力性断層の可能性	
	櫛形山断層群	重力性断層の可能性	推定活断層
		重力性活断層を仙丈ヶ岳・北荒川岳・蝙蝠岳・小河内岳・荒川岳・聖岳・笠森山・御池山・茶臼岳・上河内岳・光岳・戸草付近・青薙山・七面山に図示	
富山	朝日岳南斜面断層群	重力性断層と考えられる	
	鉢岳西斜面断層	重力性断層と考えられる	
	天狗岳西斜面断層群	重力性断層と考えられる	
	大明神山西斜面断層	重力性断層と考えられる	
		他に烏帽子山・僧ヶ岳·毛勝山・猫又山	
高山	一ノ越断層	重力性の可能性	
	野口五郎岳-烏帽子岳断層群	重力性	
	赤牛岳北斜面断層	重力性の可能性	
	蝶ヶ岳-大滝山断層群	重力性　他に鷲羽岳・燕岳・樅沢岳・西穂高岳	
		他に　短いものを図示	
西郷		島後西側の多くのリニアメントは地すべりによる	
岡山及び丸亀	中央構造線活断層系	低角衝上は二次的な変形の可能性	
唐津	釘山触断層群	地すべりに伴う滑落崖の可能性	
鹿児島	新島(燃島)断層群	火山性活断層（桜島）	推定活断層
	松浦	火山性活断層（桜島）	
	高千穂峰断層系	マグマの上昇による開口割れ目	推定活断層
開聞岳	鬼門平断層	「火山性活断層」	一部推定活断層
	小浜	「火山性活断層」	
	清見岳北方	「火山性活断層」	
	清見岳東方	「火山性活断層」	
	新永吉-松ヶ窪	「火山性活断層」	推定活断層
	物袋	「火山性活断層」	

地震動の寄与についても留意しなければならないが，活断層地形とされた山頂部の地形の少なくとも一部は重力性断層や地すべり性ノンテクトニック断層である可能性が高い．

図2.7
関田峠付近の線状凹地

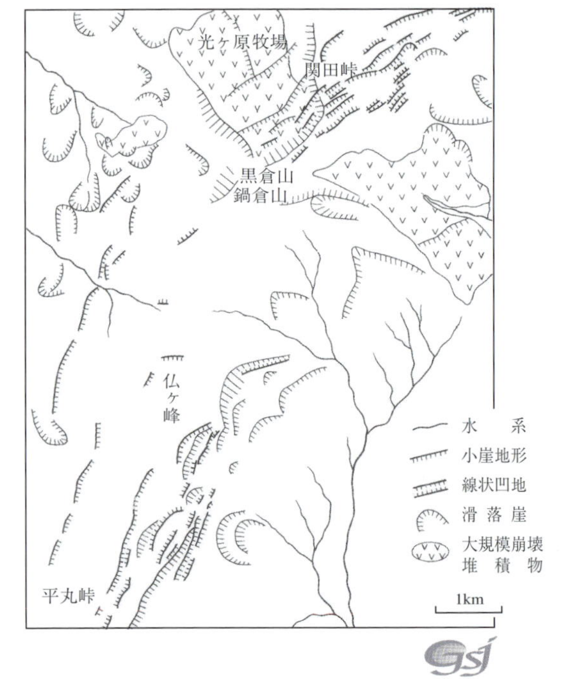

図2.8
関田山系平丸峠・鍋倉山周辺の変位地形と地すべり堆積物の分布
釜井（2001）の第65図
（5万分の1地質図幅「飯山」）

識別における着目点と課題

線状凹地は，テクトニック断層（活断層）に起因したリニアメントなどと同様に，地形判読によってまず抽出される．これら成因の異なるリニアメントの違いを表2.3にまとめた．以下に示すように，地形的位置や長さ，周辺の地形的特徴を考慮すれば，線状凹地の識別はそれほど困難なものではない．

〔位置〕

テクトニックな構造に対応するリニアメントは，破砕帯や両側の構成岩石の差に起因する削剥されやすさの違いを反映したものとなり，尾根や谷を切断して発達することが多い．これに対して，線状凹地は出現する地形的位置が尾根付近にほぼ限定される．また線状凹地は標高の高い位置に認められることが多いが，その形成は岩盤の強度とも密接にかかわっているので，強度の小さい，いわゆる軟岩からなる地山などでは200～300mといった低標高部でも出現することがある．

〔長さ〕

図2.9(a)は前述した20万分の1「岐阜」の範囲の2万5千分の1地形図で判読した線状凹地のトレース長の頻度分布であり，その頻度ピークは200～400mにある．線状凹地の発達の良い北アルプス・南アルプスなどでは延長の長いものもあるが，頻度分布に大き

表2.3 さまざまな「リニアメント」の特徴

	活断層のリニアメント	線状凹地のリニアメント	非活断層のリニアメント	線状凹地と間違えやすいリニアメント
位置	地形に関係しない	尾根付近に限定される	地形に関係しない	尾根付近にあって混同しやすい
方向性	地形に関係しない	尾根にほぼ平行	地形に関係しない	地形に関係しない
延長	より長い（kmオーダー）	より短い（100mオーダー）	さまざま（100m～kmオーダー）	より短い（10m～100mオーダー）
形状	直線～緩やかな曲線（横ずれ断層） 直線～複雑なトレース（逆断層）	直線～弧	直線～弧	直線～弧 しばしばジグザグ
集合性	平行･雁行･分岐がある	同方向の凹地が平行することがある 分岐がある	平行するものがある	分岐がある 尾根地形から離れて連続することがある
関連する地形	「断層変位地形」 三角末端面・断層崖・撓曲崖・尾根谷の屈曲 段丘面などの基準面，谷や尾根の配列に系統的な変位を与える	「斜面変形地形」 凹地より下部斜面のふくらみ・地すべり地形	段丘面などの基準面，谷や尾根の配列に系統的な変位が確認できない	
機構	剪断（正断層は少ない）	引張（正断層が多い）	組織（差別削剥）地形	人工地形（登山道・作業路など）

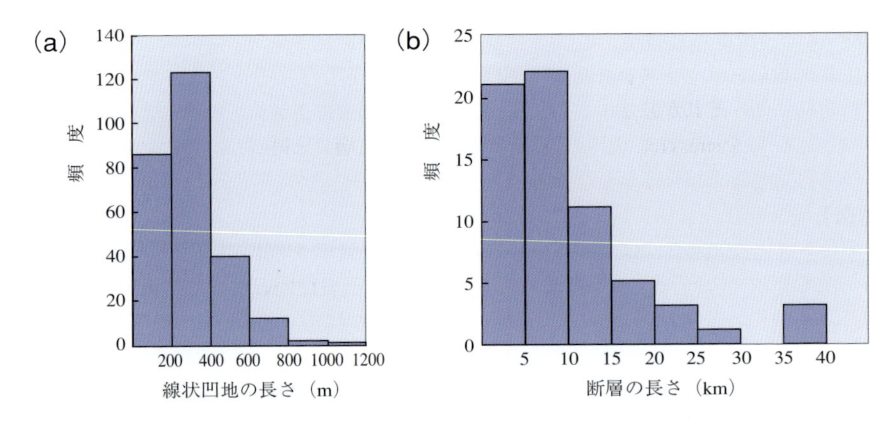

図2.9　20万分の1「岐阜」図幅内の線状凹地・活断層長さの頻度分布

（a）2万5千分の1地形図から判読した線状凹地の長さの頻度分布．
GIS化は岐阜大小嶋研究室による．

（b）20万分の1「岐阜」における断層長さの頻度分布．
活断層研究会 編（1991）の資料から図化．

な違いはない．なお，延長200m以下の線状凹地や，複数の短い凹地の組み合わせは地形図で十分認識できないので，実際はより短いものも多い．一方，図2.9(b)には『新編日本の活断層』（活断層研究会 編，1991）で示された同図幅範囲内の活断層の延長頻度分布（表から作成）を示すが，最頻値は5～10kmである．活断層の場合にはセグメンテーションという問題もあるものの，あきらかに延長において1オーダーの明瞭な差がある．

〔関連する地形〕

テクトニックな断層変位に関連する地形には断層崖・撓曲崖，尾根や谷の系統的な屈曲，三角末端面などがあるが，ノンテクトニック断層に起因した線状凹地に伴う微地形は「斜面変動（地すべり）地形」である．後者は滑落崖と移動体がセットになった典型的な地すべり地形である場合も少なくないが，山体重力変形の初期的な段階（サギング）では山腹斜面に膨らみが見られる程度で，非変動斜面との区別が困難なこともある．このような斜面変動は地山の深い緩みによると考えられており，把握には弾性波探査・空中電磁波探査などの調査手法が有効である（田邊ほか，2000；斉藤，2004；河戸ほか，2014）．

このように，対応する地形が両者で異なることは識別のための手がかりになりうる．しかし，実際には地すべり地形は日本のかなりの地域で形成されており，地すべり地を通過する活断層も少なくない．また地形判読によって変形地形を認定しようとする場合には，表2.3に示したように，活断層でもなく重力性ノンテクトニック断層でもないリニアメントの存在にも留意しなければならない．

(3) バレーバルジングに伴って形成される断層

山地や丘陵地において急速な河谷の削剥が直下の岩盤のリバウンド（rebound：反発）を引き起こし，それが原因となって小規模な断層を発生させる場合がある．Lettis et al.（1998）はこれをstress release fault（応力解放による断層）と呼び，ノンテクトニック断層の一形態と見なしている．また，ダム基礎や長大法面などで大規模掘削を行うと，急速な応力解放を生じ，少なからずリバウンドが生じる（野崎・田川，2004）

ヨーロッパアルプスやヒマラヤあるいは北米・南米などの山岳地域での谷の形成は氷河が主役をなしているが，わが国のように第四紀の隆起速度が大きな変動帯では，降水量の多さも関与して急速な削剥・侵食が深い河谷を形成することになる．この場合，図2.10に示すように，谷底を構成していた岩盤が削剥・除荷されることによって，谷底岩盤がリバウンドする．一般に新第三紀以降の堆積岩の場合はこのような変形が大きくなると層面断層を伴った背斜構造が形成されるが，両翼部に互いに逆傾斜の高角度断層が生じる場合もある（**事例3-12**）．また，谷壁斜面で発生する地すべりなどの斜面変動が谷底を押し上げてバルジングが生じることも知られている（大八木・大石，1971）．

バレーバルジング（valley bulging）とは，文字通り谷底が盛り上がる現象であり，川筋に沿って馬の背状に盛り上がった構造はvalley anticline（谷背斜）と呼ばれている．こうした現象は，すでに19世紀末から英国南部において多くの観察事例があり，周氷河作用および河川の侵食に伴う重力作用によるものであるとされている（Hutchinson，1991）．Hutchinsonはここで，単に谷底のバルジング現象だけではなく，谷壁斜面の変形現象も含めた包括的な用語としてsuperficial valley disturbancesという用語を用いている．

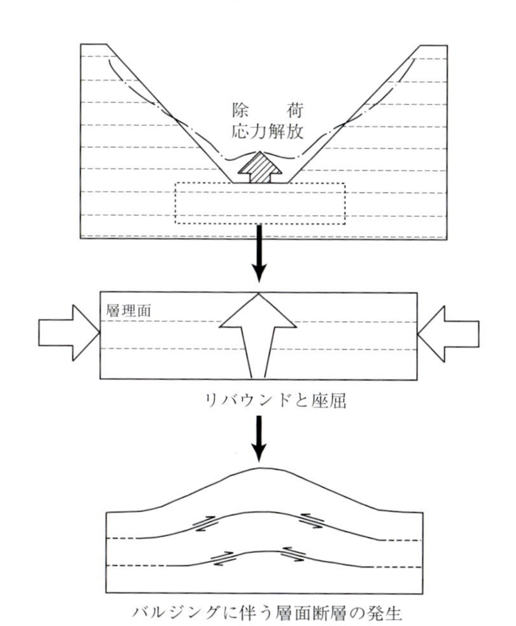

図2.10
谷底のリバウンドとバレーバルジングの発生機構
野崎・田川（2004）

図 2.11 はHutchinson によって描かれた模式図であり，さまざまな地質条件に応じた浅層部の変形現象が表現されている．1.は脆性的で強度の大きいコンピテント層 (R) と強度が小さく塑性的な変形様式を示すインコンピテント層 (S) が互層する場合である．(a) (i) のケースは応力差が小さく (low $\sigma_1 - \sigma_3$)，引張破壊によって地表に近い岩盤が跳ね上がる現象である．こうした現象は実際にわが国でもダムの基礎掘削時に観察事例がある（佐藤，2003）．(a) (ii) のケースは，(a) (i) よりも拘束圧の大きい場合であり，理論的には共

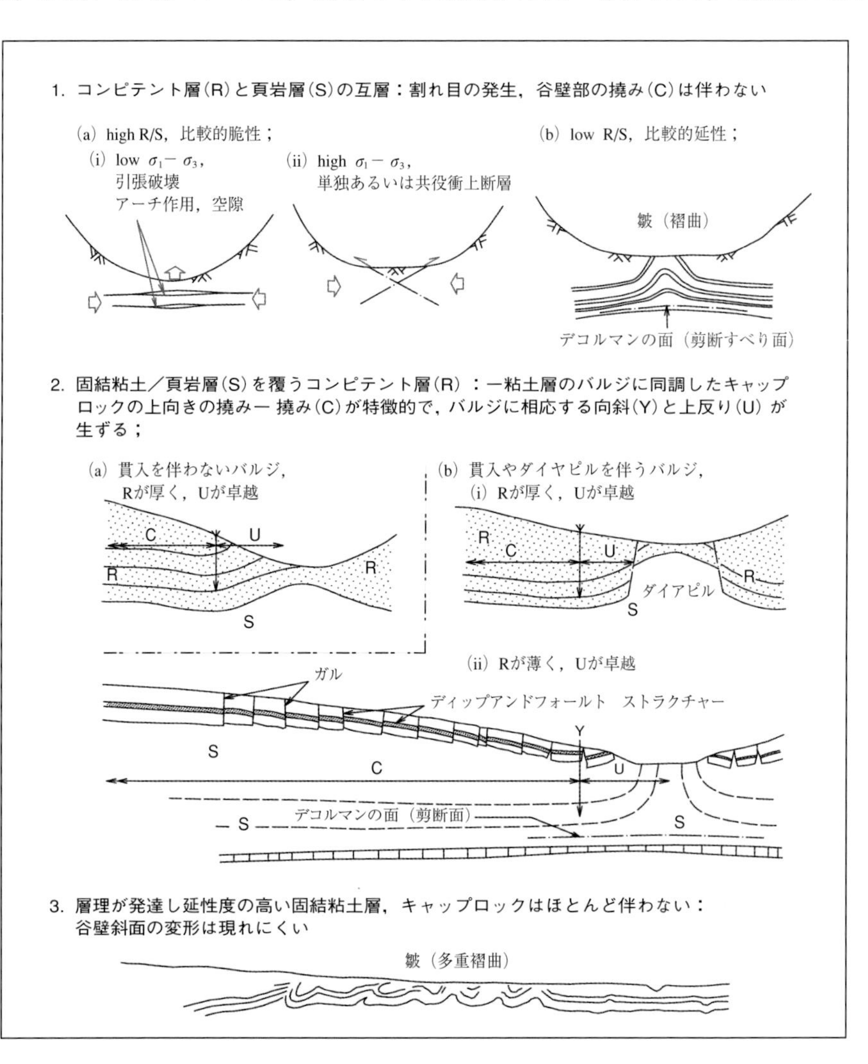

図2.11　イギリスの前周氷河地域におけるさまざまな浅層部変形様式
Hutchinson（1991に加筆）

役断層あるいはその一方だけが生じることになるが，確かな事例はないようである．(b)は延性度較差が小さく（low R/S）全体として塑性的に変形をして谷背斜が形成される．この際に図では谷背斜の底面に沿って剪断面（デコルマンの面）が形成されるように表現されているが，実際にはこれ以外にもフレキシュラルスリップと称される層面断層が形成される（**事例3-12**）．2.は塑性的な地層をコンピテント層が覆っているケースである．(a)はコンピテント層が厚く，バルジングが生じているが貫入や断層を生じていない．(b)(i)は(a)がさらに進行した場合であり，両側に断層を伴った地塁（ホルスト）状の構造が形成される．(b)(ii)は相対的にコンピテント層が薄い場合であって，谷底に背斜構造が形成される．これが典型的なバレーバルジングである．また，その底面には水平に近い断層面（デコルマンの面）が形成され，谷壁斜面のコンピテント層にはガル（gull）と呼ばれる開口クラックが生じ，傾動することによってディップアンドフォールト ストラクチャー（dip and fault structure）と呼ばれる谷側へのドミノ倒しのような構造が形成される．3.は全体が塑性的な地層の場合であり，斜面全体が流動的なクリープ変形によって多くの皺（多重褶曲）が形成される．この場合は，顕著な断層あるいは剪断面は生じない．

なお，英国の場合は第四紀のテクトニクスが不活発で，こうした現象は周氷河作用や重力作用あるいは河川侵食に伴う応力解放に起因するという解釈が通説である．しかしながら，わが国のような第四紀テクトニクスが顕著な地域においては，単純な応力解放や重力作用だけではなく，それに加えて岩盤内に貯えられた造構的な残留歪も同時に解放されるものと考えられる．

識別における留意点

わが国においてはバレーバルジングに関する認識が未だ低く，その事例報告自体がごく少数であり，それに伴う断層について公表されているのは，本書に記述した事例のみである（**事例3-12**）．しかし，このような現象は，わが国でも新第三紀～前期更新世の堆積岩類分布地域のみならず，中生代後期～古第三紀の堆積岩類や弱変成岩類の分布地域などにも生じている可能性が高い．さらに，上記のようなsuperficial valley disturbancesとしての広義の意味でのバレーバルジング現象は，深成岩，火山岩といった塊状硬質岩の分布地域にも，大なり小なり普遍的に生じているはずである．したがって，断層自体の識別に先立って，まず河床部およびその周辺地域を含めた全体的な地質構造を把握し，断層を含めたテクトニックな構造とノンテクトニックな変形現象を識別する必要がある．そこで以下のような現象が現れていれば，バレーバルジングを疑ってみる必要がある．ただし，わが国の場合はこうしたノンテクトニックな構造は，被覆層に覆われていることが多いために地表観察のみでは把握できない場合がある．また，これまではボーリング調査や横坑調査を行ってさえ，そうした認識がなかったために見逃されてきたものも多いと考えられる．

① 周辺一帯の地質構造に対して，河床部から下部谷壁斜面にかけての地質構造が不調和であること．

② 旧河床を含めて河床沿いに基盤の構造に膨らみが生じ，谷背斜やドーム構造などが生じていること．

③ 岩種によらず河床部周辺に低角度な割れ目（シーティング節理）や層面断層が目立つこと．

④ ダムなどの調査においては，河床下の岩盤透水性（ルジオン値）が深部まで異常に高いこと．

⑤ 谷を挟んで両岸の小断層群の落ちの方向が互いに逆向きで，山側落ちであること．

(4) 軟質な第四紀堆積物中の断層

第四紀の堆積物中に断層が認められ，断層面に沿って累積的な変位が確認できれば，定義の上からは，それは活断層あるいはその一部である可能性が高い．しかしながら，短絡的にそれを活断層（テクトニックな断層）と断定できるわけではない．

図2.12は軟質な第四紀堆積物中に形成されるノンテクトニック断層の代表的なタイプである．(a)，(b)は基盤の凹凸に対応して堆積物が圧密されてゆく過程のものであり，基盤を薄く覆っている場合に現れやすい（**事例3-14**など）．(c)はこうした堆積物の侵食されやすさに対応して，小規模な開析谷の谷壁斜面に沿って現れるものである（**事例3-16**など）．さらに，(d)は形態からあきらかに堆積時の断層であり，形成には小規模な堆積域で火山活動などに関連した外力の関与などが考えられる（**事例3-15**など）．

第四紀堆積物中にノンテクトニック断層が現れやすい理由を挙げれば，以下のようなものである．

① 第四紀堆積物は一般に軟質・低強度であり，かつ強度のばらつきが大きいことから，わずかな引張応力や剪断応力によって破断・変位しやすいこと．

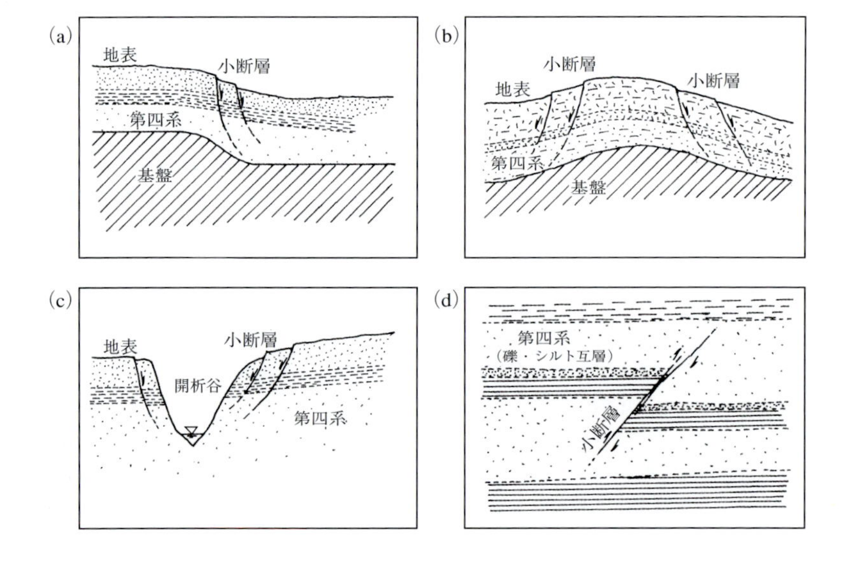

図2.12　第四紀の軟質な堆積物中におけるノンテクトニック断層の形成概念図

② 堆積物自身の荷重による封圧は小さいが，堆積物上面となる地表面は侵食などによる凹凸が大きいため，重力下では局所的に不均質な応力状態（偏圧）が現れやすいこと．
③ 堆積物の基底面も不規則で凹凸を持つことが多く，重力下での圧密・固化過程においてはこれが境界条件となって堆積物中に変形・破断を生じやすいこと．
④ 堆積物は間隙率が高いだけでなく，層相の組み合わせによっては高透水性／難透水性のコントラストをもたらすことがある．このため，地下水位の変動が有効応力の頻繁な変化をもたらし，堆積物中に破断を生じやすいこと．

識別における留意点

現実に小断層がこのような軟質堆積物の掘削露頭やトレンチ壁面に現れた場合，以下に該当するものが一つでもあれば，それはノンテクトニック断層の可能性が高いといえよう．具体的な着目点は次のような項目である．

〔断層の現れる地形的位置〕

重力性ノンテクトニック断層の場合，応力状態は地形の凹凸と大きくかかわることから，断層の現れた地形的位置に着目する必要がある．とくに急斜面の表層部かどうか，凸型斜面をなしているかどうかは重要である．断層面の広がりが大きい場合には最初に破断した部分の地形的位置が検討対象となる．また，断層面が一見逆断層状を呈していても，全体として湾曲した地すべり性ノンテクトニック断層の末端部のこともある．なお，こうした場合も重力がもたらす斜面表層部の応力状態（図 2.2）が重要となる．

〔小断層面の連続性〕

軟質堆積物中では変位の小さな断層が多いが，露頭やトレンチ壁面ではそれらの連続性を確認することが重要である．急傾斜した明瞭な小断層面が見えても，下方にゆくとリストリック正断層になっていたり，不明瞭になっていたりすることがある．このような場合，ノンテクトニック断層の可能性が高い．また，一連に堆積した地層のなかでも一部の地層中にのみ小断層が現れて変位し，直上または直下の地層中には断層が認められないこともある．このような場合，破断・変位の発生時期は堆積時ないし堆積直後の固化過程であり，スランピングなどによる破断・変位によってもたらされたノンテクトニック断層の可能性がある．火山地域における局所的な湖成堆積物などではこうした不安定化が容易に発生し，テクトニック断層に類似した断層が現れることも少なくない．

〔小断層の見られる層相・岩相〕

砂層・泥層が互層をなす場合，軟質で粒径の揃ったルーズな砂層では泥層に比較して内部摩擦角は大きくても粘着力（cohesive strength）がゼロに近いことから，わずかな剪断応力でも容易に破断する．このような理由から，小断層やクラックが低強度の特定の層相に限って現れることがあり，その場合には低強度層内でのみ発生した剪断破壊によるノンテクトニック断層と考えてよいであろう．なお，こうした小断層やクラックが砂層の下位の泥層との境界面での局所的なすべりに起因することもあり，このような関係が確認されれば，地すべり性ノンテクトニック断層と判断できる．ただし，ノンテクトニックな要因でも変位量が大きければ，岩相・層相にかかわらず地層を連続的に変位させるであろうから，その場合，テクトニック断層との識別は困難なこともある．とくに，主要な断層周辺に形成されるさまざまな小断層・クラックとの識別は困難なことが多い．

〔地下水位の変動経緯〕

地下水位が急速に変動してきたかどうかも検討項目である．平野や扇状地を構成する第四紀の堆積物ではその大半は地下水によって飽和または飽和に近い状態にあるし，堆積物は間隙率が全般に高く，砂層／泥層が透水性の大きなコントラストを有していることもある．このため，地下水面の変動に対応して，堆積物中の各所で間隙水圧・有効応力が変化し，それに起因して破断を生じる可能性がある．中国の西安にてかつて広範囲に地割れ（断層）が現れたが，これは上水道の大量取水に伴う地下水位の急激な低下が原因と考えられた（松田ほか，1986）．

このような地下水位の急速な変化は当然ながら過去にあったことは十分考えられるし，さらに，過去の地震時に地盤の液状化とともに，急速な水位変化と間隙水圧変化を経験した箇所も多いであろう．これらに伴ってノンテクトニックな小断層が形成される場合もあるため，斜面やトレンチ壁面の軟質な堆積物に現れた小断層の形成についてはこうした面からの検討も必要である．

〔堆積物底面の凹凸〕

断層面が現れた場合，その下方延長部において堆積物底面が凹凸しているかどうかも重要な検討項目である．第四紀堆積物は広範囲の沈降域に堆積したものだけでなく，局所的な沈降域の堆積物や，より局地的な地表流によって河道やチャネルを埋積した堆積物も少なくない．このため，堆積物の底面は必ずしも平坦ではなく，凹凸を伴うことが多い．

この場合，断層変位のセンスがその堆積物の底面（あるいは下位の堆積物や基盤の上面）の凹凸に調和したものかどうかがポイントとなる．もし，そうであれば，圧密・固化過程にて物質移動が底面（あるいは基盤の上面など）の凹凸に支配され，その変形に伴った剪断力による破断面（ノンテクトニック断層）である可能性が高い．掘田（1986）は凹凸を持った基盤上での軟質堆積物の圧密過程を検討し，圧密による褶曲の形成とその部分的破断によってノンテクトニックな断層が発生する可能性を指摘している．

〔小断層面の形状と断層面を境とした変形・破砕の非対称性（地すべり性ノンテクトニック断層の可能性）〕

軟質な堆積物に限らず，低角度の断層面を境にした上盤の変形・破砕が顕著であれば，すなわち破砕に関する上下の非対称性があれば，それは地すべり移動によるものの可能性が高く，その断層は地すべり性ノンテクトニック断層であると見なしてよい．なお，わが国の第四紀テクトニクスの激しさと削剥・堆積速度の大きさからみれば，重力下で不安定化する場所は第四紀の期間中でも移り変わってゆくと考えられることから，このような特徴を持つノンテクトニック断層であっても，必ずしも現在の地すべりに対応した断層ではないこともある．これについては2.1（1）に詳述した．

2.2　地震動によるノンテクトニック断層

(1) 地表地震断層とその定義

震源が浅く，規模が大きい地震が発生した場合，地表面に食い違い（断層）の現れることがあり，平野や丘陵に現れたケースはわが国では多数知られている．1891年の濃尾地震（M7.9）時には鉛直変位が最大約6mの断層が出現し，今日でも「水鳥断層」として保存されているし，1927年北丹後地震（M7.3）では水田の畦道が最大約2.7m水平方向に左横ずれのセンスで変位し，「郷村断層」として天然記念物に指定された．

最近では1995年の兵庫県南部地震時に淡路島西部にて顕著な断層が現れ，当時活断層とされていた野島断層の一部が地表に現れたものと解釈された（産業技術総合研究所，2002）．また，2008年岩手・宮城内陸地震でもそれらしいものが現れたのをはじめ（鈴木ほか，2008；日本応用地質学会平成20年岩手・宮城内陸地震調査団，2009など），2011年東北地方太平洋沖地震に関連してその約1ヶ月後に福島県浜通りで発生した地震（M7.0）でも既存の井戸沢断層に沿って長さ約11km，湯ノ岳断層に沿って長さ約16kmにわたり断層が出現したことが知られている（たとえば石山ほか，2011；小荒井ほか，2011；杉戸ほか，2011；粟田ほか，2011など）．

これら地震時に地表に現れた断層は「地震断層」と呼ばれることがあるが，「地表地震断層（surface earthquake fault）」の方がより正確である．「地表地震断層」は概念としては分かりやすく，地表に目視でも明瞭に認められるようなくい違いがほぼ線状に延びるものであり，いいかえれば，顕著な鉛直または水平の変位を伴った断層といえる．

しかしながら，「地表地震断層」の厳密な定義となると，時代とともに変化し，今日でも厳密な定義が確定しているとは言い難い．また，地震時に生じる道路や畑の地割れや段差も地表の食い違い（断層）であるが，それらの中から地表地震断層を特定することは難しい．『新編 日本の活断層』（活断層研究会 編，1991）によれば，当初は1891年濃尾地震時に地表に現れたものおよびそれ以降の地震時に確認されたもののみが「地震断層」と呼ばれたが，その後，過去の記録から地表に断層の形成されたことが明らかで，かつ痕跡の残っている場合にも「地震断層」と呼ばれるようになったようである．

一方，地震の発生は地下の断層運動による破壊現象であるとされ，地震をもたらした断層は「震源断層（earthquake source fault）」と呼ばれている．この場合の「断層」という用語の使用に関しては，尾池（2001）によれば，それまで目に見えるものに対してのみであった「断層」を，変位と方向から推定できるものまで拡大して使用されるようになったことによる．震源断層を1枚の長方形の面として表現されることが多いが，これは一種の破壊面のモデルというべきものである．

前述の地表地震断層はこの震源断層とかかわることになるが，活断層研究会 編（1991）では“地表地震断層とは多くの場合，地震学的に認められる震源断層の延長が地表に達したものと考えてよい”と説明している．これには過去150年間に日本の内陸で観察された19の地表地震断層がリストに挙げられているが，明治以降に現れた地表地震断層のうちのいくつかは“地震学的に推定された地下の震源断層の性質と一致していて，その地震の震源での断層運動が地表まで届いたものであることが確かなものである”としている．ただし，これに加えて，“同じリストに挙げたその他の地表地震断層のなかには，地すべりか地震動によって二次的に生じたものも含まれているかもしれない．”と注記している．

その後，鈴木・渡辺（2006）は，2004年新潟県中越地震時の地表変状を詳述した中で，変動地形学的視点で確認された地表地震断層は地下深部の断層変位を反映したものであると断定的に解釈している．もっともこれには同時に，道路面の変形でも建設時の切土／盛土境界に近接した変形は不同沈下の可能性があることなど，紛らわしいものも現れたことを記している．彼らは上記を踏まえ，地表地震断層の認定に際して，“震源断層の変位に伴う地殻変動を反映した地表地震断層が認められてはじめて活断層が地震を起こしたことが結論される．”とし，地表地震断層もそのようなものに限定すべきことを主張している．

「地表地震断層」が地下の断層運動とどのように連続しているのかを直接確認することはできないが，個々の地震発生時には破断した断層面（nodal plane）の方向と変位センスは発震機構から推定できるので，地表に現れた断層がそれらの方向，センスと一致すれば，地震という破壊現象を生じさせた震源断層の動きが地表に及んだと考えることは可能である．しかしながら，地下深部の高い封圧下で岩盤中に生じる破断面＝断層面が弾性的性質を含めた力学性の大きく異なる軟質堆積物中にそのままの形態で現れるとは考えにくく，面の傾斜角や変位が異なるであろうことは十分考えうる．また，斜面上に現れた断層の場合，地下からの変位と地震動による断層（振動による断層）が複合している可能性があり，それらを分離して理解する必要がある．

1927年北丹後地震時に現れた地表地震断層に関しては．当時の膨大な資料が岡田・松田（1997）によって整理され，「1927年北丹後地震の地震断層」にまとめられている．これによれば，郷村断層も含め，雁行状のものなども記載されているが，亀裂帯の一部については，“副次的なものか不同沈下ないし液状化によるものであろう”との解釈を付記している．上記の北丹後地震時に現れた生野内断層や1854年伊賀上野地震時に斜面裾部に現れた断層（横田ほか，1976）など，それに該当すると思われるものは少なくない．

このように，これまでは震源断層の変位が反映したかどうかが明確でないものも含めて，地震時に現れたものは「（地表）地震断層」と呼ばれてきた．しかし，それらの断層のうち，震源断層の延長にあたり，その変位も対応すると判断される断層に限って地表地震断層と呼ぶべきである．それ以外の断層は地震動か重力によるノンテクトニック断層である（図2.13）．

(2) 地震動が原因で生じたノンテクトニック断層

上に述べたように，地震時に地表に生じた断層の中には，地下の震源断層の変位に連続したものではなく，あきらかに地震動によって形成されたと考えられるものがある．発生年代順にこれらを概観する．

1978年伊豆大島近海地震では，横ずれを主体とした根木の田断層，稲取－大峰山断層，浅間山（せんげんやま）断層の3つの地表地震断層が現れた．このうち後二者に関して村井ほか

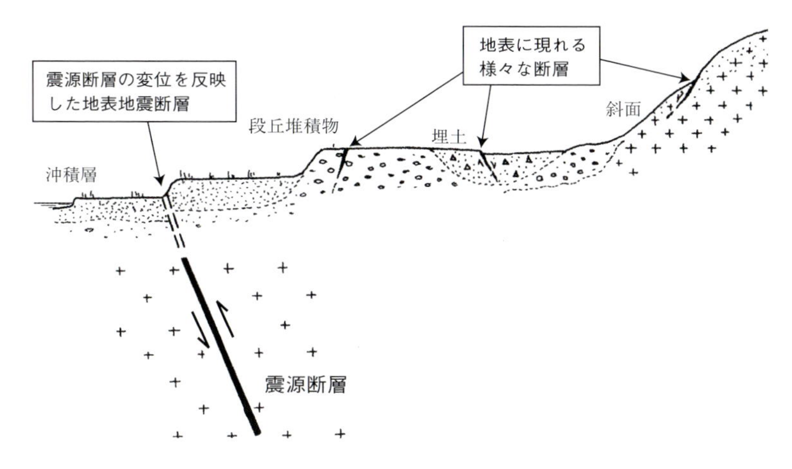

図2.13　震源断層の変位を反映した地表地震断層と地表に現れるその他の断層

震源断層は観測・解析によるモデル．地表地震断層はその延長上にあり，震源断層に調和的なもの，その他の地表に現れるさまざまな断層には地震動によるノンテクトニック断層が含まれる．

図2.14　浅間山断層

1978年伊豆大島近海地震の際，概ね赤で示した位置に「断層」が現れた（村井ほか，1978）．道路，ゴルフ場のある緩斜面は大きな地すべり移動体表面で，断層の現れた斜面は地すべりの左側崖に見える．

（1978）は地すべりに伴う可能性を指摘した．またTsuneishi et al.（1978）は稲取－大峰山断層を既存の断層が再活動した派生断層とし，浅間山断層（図2.14）を地すべりによるものとした．地表地震断層と地すべりによる断層が識別された早い時期の報告例であるが，記載が少なく，地すべりの視点からの検討が必要である．

1982年浦河沖地震では北海道静内町（現在新ひだか町）入舟町の海成段丘崖が崩壊した．崩壊を調査した加藤ほか（1983）は，その背後の段丘面が階段状に開口・変位していることを発見した（図2.15）．基盤の新第三系中には正断層が発達し，それらのいくつかは段丘礫層まで変位させている．地震動によって形成され，あるいは押し広げられた割れ目によってこの崩壊が発生したものと考えられた．なお，背後の階段状の地形は，浦河沖地震以前の地震によって背斜に伴って生じた割れ目を利用して形成されたものと推定された．

地震動による斜面の割れ目が「断層」として認識されたのは，1987年千葉県東方沖地震の際に常総台地の侵食崖に多発した崩壊の記載のなかである（千葉県東方沖地震斜面崩壊調査グループ，1990）．彼らは，斜面方向に正断層によってずり下がり，底面に向かってすべり面が発生していない崩壊について「正断層型崩壊」と呼んだ．同様の崩壊は1993年～1994年の北海道三大地震の際にも認められた（田近・石丸，1995；地すべり学会北海道支部 編，1997）．

1994年北海道東方沖地震は千島海溝に沈み込む太平洋プレート内での地震である．この地震で北海道の太平洋岸，根室市長節（ちょうぼし）の海成段丘面において「大規模地震断層」の出現（図2.16）が報道されたが，田近・石丸（1995）はそれが地震時に再活動したかもしれない岩盤すべり頭部の分離崖・溝状凹地に相当する可能性を指摘した．

1995年兵庫県南部地震では淡路島に野島断層が顕著な地表地震断層として現れた（中田・岡田 編，1999）．一方，この断層に沿った斜面を調査した伏島（1997）は，見い

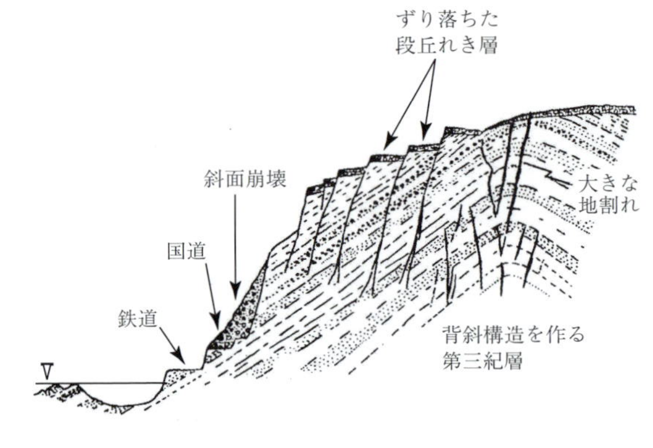

図2.15
1982年浦河沖地震の際に新ひだか町で見られた階段状正断層
加藤ほか（1983）

図2.16
1994年北海道東方沖地震で「地震断層」とされた岩盤すべり分離崖　石丸 聡撮影
根室市長節．

だされた小崖や地割れの一部が地震断層そのものではなく，地震動によって引き起こされた斜面変動の結果であると解釈した．また，神戸市側から大阪市にかけて多数の「断層」が現れたが，これらはいずれも地震動に伴うノンテクトニック断層である．本書では第４章（4.1）でこれらを扱った．

山間部に発生した2000年鳥取県西部地震は顕著な変動地形が知られていない地域で発生した地震であったが，斜面崩壊や地割れが多数出現した．そうした中で，伏島ほか（2001）は詳細な調査によって地表地震断層を指摘している．この調査では人工構造物の破壊や変位も網羅し，記載にあたって地表面で確認された地震断層，地震による地すべり・崩壊，地震断層による人工構造物の破壊，複合的あるいは成因不明といった区分を設けて変状の記載が行われている．ノンテクトニック断層を識別する視点を含む研究といえる．一方，断層は基盤と谷埋堆積物との境界付近や盛土に多く確認され，地震動による不同沈下が推定される（横田・加古，2001；横田・島根大学鳥取県西部地震災害調査団，2001）．これらについては第４章（4.3）でとりあげる．

2003年に宮城県北部で発生した地震はN-S走向W傾斜の逆断層が活動したものである．地表地震断層は確認されなかったが，地震動に伴って低角度の層理面に沿う割れ目より上盤側の岩盤がずれ動いたことが確認されている（橋本ほか，2004）．地震時における同様な層面すべりは，2004年新潟県中越地震，2007年能登半島地震（**事例4-14**），2007年新潟県中越沖地震において事例が報告されている（野崎，2008）．

2004年新潟県中越地震では震源域の東部に相当する魚沼市小平尾（おびろう）地区に地表地震断層が出現した（鈴木ほか，2004；丸山ほか，2005）．一方，液状化に伴う地盤沈下の結果として生じた段差を地震断層と誤認したケースもある（第４章（4.4））．

2005年福岡県西方沖地震では玄界島山頂部に現れた断層群が地震動によるものである可能性が報告されている（加藤・横山，2010，**事例4-12**）．福岡市の海の中道では，埋土の液状化を伴う側方流動が生じたほか，市内の歩道ブロックが地震動によって共役断層的に変位を起こした（図2.17，2.18）．

2007年能登半島地震では複数の箇所で「地震断層」が報告されたが，これらは地すべり側部の横ずれや圧密沈下に伴うものであることが明らかとなった．本書では第４章（4.6），第６章（6.2）でこれらについて述べる．

2008年岩手・宮城内陸地震ではこれまで明瞭な断層変位地形が知られていなかった箇所で「地震断層」が出現した（たとえば鈴木ほか，2008）．一方，向山・江川（2009）は，地震前後に取得されたDEMデータを数値地形画像マッチングによって比較し，地表面の変位を解析した．その結果，地震に伴って広範囲で地表面に変位が見られ，その変位量やベクトルの異なる領域の境が「断層」となって現れたものと考えた．荒砥沢と冷沢右岸の２つの大崩壊地を結ぶ「断層」（図2.19）は地表地震断層と解釈されたが（たとえば丸山ほか，2009），地形などの影響で最終的に輪郭構造を形成しえなかった未完の地すべりである可能性もある（Mukoyama，2011）．

2011年東北地方太平洋沖地震はMw 9.0のプレート境界型巨大地震で，東北日本は太平洋側を中心に広範囲で海洋側への移動と沈下が生じた．同時に，合成開口レーダーの干渉画像から，地震前後で火山体が5～15cmのオーダーで沈下したことが明らかになった（Takada and Fukushima, 2013）．この観測結果に対する現地での確認はなされていないが，おそらく困難であろう．火山体の重力的な沈下は古くから知られており，それに伴う断層も認められている（たとえば岩木山；鈴木，1968）ことから，上記の観測結果は火山体の沈下が一部は地震動で生じることを示唆しており，もし断層が存在すればそれは地震

図2.17
2005年福岡県西方沖地震で発生した液状化・側方流動
海の中道海浜公園の東部で幅2m，深さ0.5mの頭部開口亀裂が発生し，土塊が池の方向に移動した．亀裂内部には噴砂が充填されている（一部は泥質）．頭部亀裂に沿っては池側が20～30cm低下しているが，歩道縁石沿いは逆向きの小さい変位を示している．なお，地質は砂を主とする盛土．

図2.18
2005年福岡県西方沖地震で発生した歩道敷ブロックの変形
福岡市総合図書館北．歩道敷ブロックが共役キンク状に変形している．NW-SE方向に押される地震動によるものと解釈される．

図2.19　2008年岩手宮城内陸地震で現れた「地表地震断層」
荒砥沢崩壊地北の道路北側．南向きに撮影．主崖の高さは1.5m前後で山向き．これに対向して谷向きの小崖が連続する．地表地震断層かどうかは慎重に検討する必要がある（本文参照）．

性ではあるがノンテクトニックなものであるといえよう．この地震に誘発されたとみられる翌日の長野県北部地震による地表地震断層が報告されたが（松多ほか，2011など），これはその後の調査によって地すべりによる変位であることが明らかにされている（中埜ほか，2013）．

(3) 識別の考え方

震源断層に直結していると考えられている地表地震断層（テクトニック断層）と，地震動によるノンテクトニック断層との識別が課題である．両者の識別は難しい場合があり，しばしば議論になってきた．地震動をもたらした震源断層とこれらの断層との関係を概念として描けば，図2.13のようになるであろう．震源断層の直上（延長上）のもの以外は重力下で地震動が大きく関与して形成されたノンテクトニック断層である可能性が高い．このようなノンテクトニック断層の場合，規模が大きければ地盤変形を生じるが，一般には再び地震を生じる可能性はないことから，非起震断層ということになる．

地震動によって斜面変動が発生するとき，地震動のさまざまな特性が影響すると考えられる．たとえば継続時間，振幅，周波数特性，振動の卓越方向といったものである．また，当然，斜面の3次元的な形状も斜面変動の発生場を規制する（浅野ほか，2006）．斜面形状と地震動の大きさ，継続時間などに関して不安定化の関係を示せば，図2.20のようなものであろう（田近，2004b）．

形成要因がノンテクトニックであると推定される個々の断層を注意深くみると，それぞれの場所の地形的・地質的特性を反映しており，このことは応用地質学的に重要である．逆に形成場所のこれらの特性がわかれば，識別のヒントを得ることができる．

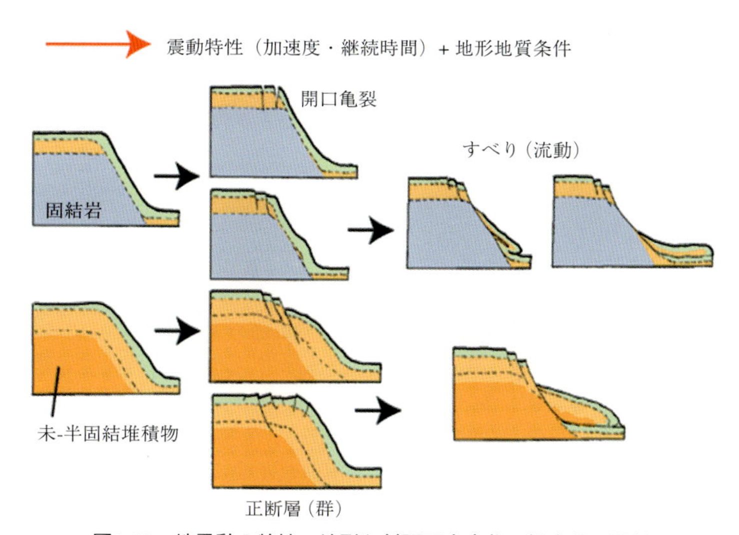

図2.20 地震動の特性・地形と斜面不安定化の概念的な関係

(4) 識別における留意点

地表地震断層の検証

地表地震断層の調査は1995年兵庫県南部地震以降活発に実施されるようになったが，ノンテクトニック断層かどうかの検証抜きには正確を期しがたい．永田ほか（2007）は能登半島地震における地震断層論議のなかで，人工構造物の変位をただちに地下の変位とみなすことの危険性を指摘した．人工地層（楡井ほか，1995による．ただし，ここでは道路舗装などの構造物も含む広義のもの）は形成年代も生成機構もさまざまで，それぞれ物性や地震動に対する応答も異なる複合体であることから，それらの挙動の理解なしに地表付近の変形は扱えないからである．同様の指摘は1995年兵庫県南部地震の際にもなされている（服部，1998a, b, 1999；服部ほか，2005）．

また，上述した合成開口レーダーの干渉画像や数値地形画像マッチングによる解析結果は，地すべり（広義の）を顕在化させないかたちではあるが，地表近くの物質が移動したことを示している．しかし当然のことながら，この手法で地下の運動を捉えられるわけではないので，地表からどれくらいまでの深度が地震時の変動領域となったのか，また変動／非変動の境界は一連の面を形成したのか，という問題が残される．

形態的特徴

地震動によるノンテクトニック断層は盛土地盤と自然地盤との境界付近に段差としてしばしば現れる．一般に地震動によるノンテクトニック断層は深度5m程度までで消滅し，地表部では開口しているのが特徴である．横ずれ変位を持つものもあるが，そのことは本質ではない．地表部で開口していることと分布が地表部に限られることがテクトニックな断層との違いである．地表部ほど開口幅が広い亀裂は地表地震動が原因であることを示している．また，コンクリートやアスファルト表面がクラックに沿って剥がれ，さらには剥がれた破片が圧縮リッジを作っている例も地震動起源の証拠である（**事例4-11**）．圧縮リッジは，最初の揺れによる開口クラック形成後，次の揺れで開口クラックが閉じてコンクリート板やアスファルト板が衝突したことにより形成される．

発生場所

地震動起源の割れ目（ノンテクトニック断層や開口クラック）は山地でも低地でも発生するが，その発生場所に特徴がある．

〔山地〕

地震動起源の割れ目は段丘崖などの肩の部分で崖面の走向に平行に発達していたり，やせ尾根の頂部付近に発達することが多い．また斜面形としては平面形で尾根～直線型，縦断形で凸型～直線型斜面に多い（田近，2004bなど）．これは崖の肩や尾根の頂部などの凸部は地形効果で地震動が増幅されるからである．変位が大きくなると斜面の崩壊に至るが，地震動の特性や地質条件によって全体的な崩壊にまで達しない場合も多いことから，これらが開口クラックや断層として認識される（図2.21）．兵庫県南部地震でも野島地震断層の上盤側に当たる花崗岩山地の尾根に地震動起源のクラックが形成された

図2.21　山地における地震動起源の断層　岩手県一関市
2008年岩手・宮城内陸地震による．表土が両側へ剥落したほか，山向き小崖が形成された．

（伏島，1997，**事例4-07**）．

付加体山地である四国山地では尾根のいたるところに線状凹地が発達している．谷側への曲げ褶曲を伴う岩盤クリープに始まる重力変形に伴って形成された線状凹地は少なく，岩盤クリープを伴わない裂け目を起源とする線状凹地が多発している．この裂け目は地震動によるノンテクトニック断層にあたる．四国山地で裂け目起源の線状凹地が多発するのは，100年に一度程度の頻度で海溝型巨大地震が発生すること，それによって，四国山地の急峻な尾根では，地形効果で地震動が増幅しやすいことに起因している（横山，2013；**事例3-10，3-11**）．

〔低地と人工地盤〕

多くの人々が住む低地は宅地開発によって地形が改変され，人工地盤となっているところが多い．宅地開発は台地や丘陵にも及び，谷埋盛土地盤が広く形成されている．また，沿岸地域でも，港湾整備や人工島の建設で，埋立による人工地盤が広く形成されている．こうした地域では，市街地のいたるところで地震動によるノンテクトニック断層が発生する条件が揃っている．

これらの断層の方向や発生場所を規制している基本的な要因は，揺れの方向，すなわち地震動の卓越水平加速度方位と人工構造物の配置や構造形態である．1995年兵庫県南部地震では，震源から伝播してきたS波の振動方向に支配され，活断層の近傍では，結果的に断層トレースに直交する方向に揺れたことが墓石・灯籠の転倒方向（菊山ほか，1996；横山・菊山，1998）や木造家屋の転倒方向（松田・竹村，1998）から明らかにされている．

人工構造物の揺れの大きさは，構造物と地震動の卓越水平加速度方位との位置関係が大きく影響し，構造物の長軸方向が卓越水平加速度方位と高角度の位置関係になっていると，構造物の形態に依存して，慣性力によって破壊したり，倒壊したりする．ところが，構造物が一瞬にして破壊されない場合は，構造物の揺れが再び地盤に伝播し，開口クラックが形成される（横山ほか，1997）．これが地震動によるノンテクトニック断層である．たとえば，擁壁・ケーソンでは，それらの前傾とともに背後盛土中に開口クラックが生じている．埋設されている鉄管などの地中構造物も，その揺れが地盤に伝わり道路のアスファルトなどに連続性の良い開口クラックを発生させている．アスファルトやコンクリート舗装の場合は，それらと路床地盤との間で生じた剥離もクラック形成と密接に関係している．剥離も，慣性力による破壊とともに地震時の主要な破壊機構である．

地下水位の高さが地震動による破壊に影響しているのは明白で，兵庫県南部地震において破壊的な盛土地すべりが発生した3箇所のいずれの現場も，谷埋盛土の地下水排水が不十分であった（横山ほか，1995，図2.22，**事例4-06**）．地下水位がもともと高い沿岸の埋立地や人工島ではしばしば液状化が発生し，開口クラックに沿って噴砂が発生した．側方流動が発生する場合もある（**図2-17**）．台地や丘陵の谷埋盛土では，盛土地盤と自然地盤の境界，いわゆる切盛境界に沿って，しばしば開口クラックが発生した．また，自然地盤であっても花崗岩の近傍の谷埋堆積物中に発生している事例がある（☞第4章**4.1，4.2**）．これらの発生機構は剥離の機構と同じで，二つの物質の間の地震動に対する応答の違い，すなわち揺れ方の違いによるものであるが，盛土の層厚とも関係しているようである．

図2.22　谷埋盛土に発生した地震動起源の断層

1995年兵庫県南部地震の際に，宝塚ゴルフ場内の丘陵の谷埋盛土で発生した地震動によるノンテクトニック断層群．写真には，谷埋盛土の地震時地すべりによって現れた断層群（割れ目）の断面が写っている．崖は地すべりを発生させたすべり面（重力性ノンテクトニック断層）の断層面に相当する．この重力性ノンテクトニック断層の一部は地震動によるノンテクトニック断層から転化したものである．盛土は一種のキャップロック構造（二階建て構造）をもち，基岩の大阪層群との境界には軟質な谷底堆積物が排土されずに残っており，湧水も発生している．

低地ではさまざまな要因が絡み合って，地震時にノンテクトニック断層が発生しているが，主要な要因は地震動の卓越水平加速度方位なので，結果として，断層の走向は近傍の活断層と平行なものが卓越している（横山・菊山，1998）．

地震動によるノンテクトニック断層の特徴

上記を整理すると，地震動によるノンテクトニック断層は次のような特徴が識別の判断基準になる．

① 地震動が増幅する段丘崖の肩（遷急線付近）や，やせ尾根で発生していること．水平断面的には尾根型～直線型斜面，垂直断面では凸型～直線型の斜面に位置することが多い．

② 断層面の走向が斜面（遷急線）方向に規制されていること．

③ 断層は開口クラックを伴い，高角度の正断層が多いこと．また，複数の高角度の正断層が階段状断層群を作ることがある．

④ 地表あるいは地表直下のみの断層であり，断層の下端は変位量を減じて消滅すること．深部に向かって次第に低角度化し，その先で消滅することもある．

⑤ 低地や人工的な平地では盛土中に発生しやすく，とくに切盛土境界や基盤近傍の盛土中に生じていること．その分布はしばしば構造物の配置に規制されている．

⑥ 断層には砂脈や噴砂などの液状化痕跡や塑性変形を伴う場合があること．

2.3　火山活動によるノンテクトニック断層

(1) 火山性ノンテクトニック断層とは

火山の多いわが国では火山活動に伴って現れたノンテクトックな断層も少なくなく，有珠山をはじめとしていくつかの報告がある（廣瀬・田近，2002；田近ほか，2002など）．火山性ノンテクトニック断層の特徴を考える前に，火山性の断層とはどのようなものかを定義しておく必要がある．

活動的な火山地域においてもテクトニックな断層が存在することは伊豆半島地域をみれば明らかである．ただし，火山地域にある断層のすべてが火山性の断層というわけではない．ここでの火山性の断層とは，マグマの移動（噴火，貫入，逆流など）によって広域あるいは局所的な地殻変動が起こり，その結果生じた重力的不安定に伴って発生した断層あるいは割れ目（rupture）をさす．なお，マグマの移動は一般に地震を伴うから，火山性の断層が生じる時には地震動も関与しているだろう．

(2) 火山性ノンテクトニック断層の種類と要因

火山地域にみられる線状模様（airphoto lineament）の中には火山特有の地形（溶岩堤防；図2.23や溶岩末端崖など）もあるが，これらには地層や地形に変位が認められないので，周辺の地質調査を行うことで火山性の断層との区別が可能である．地層や地形の変位を伴う火山性の断層や割れ目には，次のようなものが考えられる．

① 火山性凹地（カルデラ）縁に沿うもの
② マグマの貫入に伴うもの
③ マグマの逆流（drain back）に伴うもの
④ 火山体の荷重沈下
⑤ 火砕物の溶結に伴う体積収縮による割れ目
⑥ 溶岩流の移動による表面の割れ目

図2.23
霧島火山御鉢の溶岩堤防
『新編 日本の活断層』（活断層研究会 編，1991）で確実度Iの断層とされた．

火山性凹地（カルデラ）縁に沿うもの

大規模火砕流を噴出するような巨大噴火が発生すると，地下から多量のマグマが放出されることによって陥没が起こり，カルデラを生じる．陥没に伴って多数の断層が生じ，それがカルデラ周辺などで認められる．カルデラを生じるような巨大噴火はひとつのカルデラで繰り返し発生するので，それらの断層には累積変位がみられることもある．鹿児島県始良（あいら）カルデラ周辺では，このような断層が多数確認されている（図2.24）．

図2.24　鹿児島市吉野町三船地区にみられる断層

断層の形態はすべてが正断層であるが，変位の量や変位の向きはまちまちで，カルデラの中心に向かって単純に落ち込んでいるわけではない．単位変位量は数100mに及ぶものもある．なお，火山体の山体崩壊によって生じる，いわゆる崩壊カルデラはこの範疇には入らない．

マグマの貫入に伴うもの

一般に知られている火山性断層のほとんどはマグマの貫入に伴うものである．アフリカやアイスランドの地溝帯など，プレート発散境界にみられるような大規模なものから，火山体に貫入した岩脈に伴う小規模なものまでバリエーションに富む．日本にはプレート発散境界はないので，ほとんどが火山体に貫入した岩脈によるものである．マグマの貫入に伴って地表付近に局所的に伸張場が生じ，それによって重力性の正断層が形成されるが，単なる伸張場の正断層と異なり，全体として周辺の隆起を伴うという性質を持つ．そのため，隆起の周辺域では一部に圧縮に伴う変形や逆断層がみられることもある．マグマの貫入に伴う実験も多数行われており，地表変位を貫入モデルで説明する試みも数多くなされている（たとえばMastin and Pollard, 1988）．本書では**事例5-03**として鹿児島湾内新島の例をとりあげる．また，有珠山の2000年噴火ではこのタイプの断層の形成過程が詳しく記録された（たとえば三浦・新井田，2002；廣瀬・田近，2002）．一つひとつの断層長は短いが，変位量は数mから20mに達しているという特徴が顕著である．

マグマの逆流に伴うもの

地表あるいは地表付近にまで達したマグマが逆流することによって局所的な地殻変動（沈降）が起こり，それに伴って断層（割れ目）が生じることがある．上昇してきたマグマの逆流は粘性の低い玄武岩質のマグマで顕著であるが，安山岩質のマグマであっても起こることがある．霧島火山の新燃岳の火口内では，1716～1717年の噴火によって生じた溶岩湖が中心に向かって階段状に落ち込んでいるのが認められる（図2.25）．連続性は悪いが，変位量が5m以上あるような割れ目が同心円状をなしている．

図2.25　霧島火山新燃岳火口内の溶岩湖にみられる階段状地形

火山体の荷重沈下

火山は地質時間的にみると短時間で山体を成長させる．そのため火山体の規模が大きくなると，その荷重によって荷重沈下を起こすことがあると考えられている（鈴木，1968）．荷重沈下に伴って，火山麓には火山体を取り囲むように環状または弧状の正断層崖，向斜谷状の沈降帯，背斜尾根状の隆起帯が生じるとされている（鈴木，2004）．鈴木（1968）はいくつかの火山における荷重沈下の特徴についてまとめ（表2.4），図2.26に示したような分類を行っている．これによれば火山体の荷重沈下には褶曲を形成するものと断層が発生するもの，両者が複合的に生じるものの3つのタイプが区別される．そのタイプを決める要素は軟質な地層（ここでは鮮新統）の厚さで，これが約200m以下であれば断層型の沈下が，また，約800m以上と厚い場合に褶曲型または複合型の沈下が生じている傾向がある．また，火山体の荷重沈下に伴う断層は，その長さが数kmから10数kmと短いにもかかわらず，総（垂直）変位量は数100m以上あることがわかる．鈴木（1968）は，荷重沈下に伴う変動は比較的緩慢であるとする一方で，飯縄山の荷重沈下に伴う山麓部の隆起速度を4mm/yearと見積もっている．火山体の荷重沈下に伴う断層の研究は上記以外ほとんどなされておらず，このタイプの断層については不明な点が多い．

火砕物の溶結に伴う体積収縮による割れ目

火砕物（降下火砕物，火砕流堆積物）が溶結する際に体積収縮が起こり，その上に載る火山灰・軽石・スコリアなどに割れ目や段差が生じる場合がある．北海道駒ケ岳の1929年の噴火の際には，火口原に堆積した軽石が溶結して階段状の断層が生じたことが知られている（Katsui and Komuro，1984）．これらの断裂は階段状で同心円的な分布をな

表2.4 火山体の荷重沈下の特徴 鈴木（1968）を和訳

火山名[1]	火山体の比高（H）（m）	火山体の基盤岩の種類と厚さ（m）[2]					荷重沈下のタイプ	沈下深さ（m）	脚部における背斜的な隆起帯				D[3]（km）
		更新統	鮮新統		中新統								
			上部	中下部	上部	下部			幅（km）	長さ（km）	最大隆起量（m）	隆起体積	
飯縄	1000	欠	300～400	800～1150	3300	?	褶曲	約100	2	12	160	1.9	5.5
古岩木	1200	0～50	欠	100～200	1000	1000～2400	断層	150～200	―	―	―	―	5.5
岩木	1400	古岩木と同じ．しかしこれは基盤岩の物理的性質が同じということを意味しない[4]					褶曲						7
古富士	2800	欠	欠	欠	5000～10000		断層	約250	―	―	―	―	18.5
Ardjuno（Ringgit）	2000	800～1700			1000～3000	?	褶曲		6	?	400	?	14
Merapi	2800	?	存在するが厚さ不明				褶曲		2.5	7	200	1.7	18.5
Soropati	1850		存在するが厚さ不明		?	?	褶曲		4	10	270	5.4	11
Old Ungaran	1700	3000					複合		4	40	300	24	19.5＊ 9＊＊
Tangkuban Prahu	1500	欠	700～2000				複合		6	25	300	22.5	17＊ 4＊＊

1）Tangkuban Prahuを除く火山はもともと円錐形の成層火山である．
2）本表に示した全て，またはほとんどの火山の基盤は第三紀あるいは第四紀の堆積岩である．
3）ここで，Dは主火山体の中心から脚部の変形地形までの距離．＊，＊＊は複合タイプの場合の褶曲，断層までのそれぞれの距離である．
4）岩木火山が沈下した際には，基盤はすでに古岩木火山の沈下によって擾乱されているため．

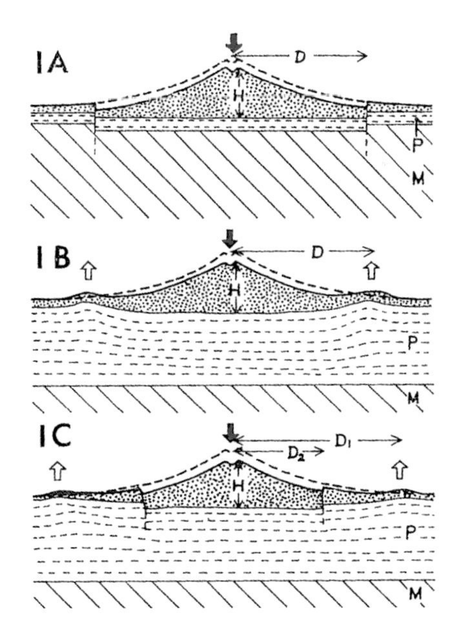

図2.26 火山体の荷重沈下の類型と関連地形 鈴木（1968）
Ⅰ，荷重沈下：ⅠA，断層型；ⅠB，褶曲型；ⅠC，複合型．
P：鮮新統，M：中新統．D，Hは表2.4参照．

している（図2.27，2.28）．個々の割れ目の連続性はよくないが，垂直の変位量は5mを超えるものもある．根本（1930）はこの噴火の10日後（6月27日）に駒ケ岳に登り，多数の亀裂を記述しているので，このような現象は，噴火の規模にもよるが，噴火から数日程度の間に比較的静かに進行するものと考えられる．

図2.27　東方上空からみた駒ケ岳の山頂部
Katsui and Komuro（1984）
Cが同心円状の割れ目．

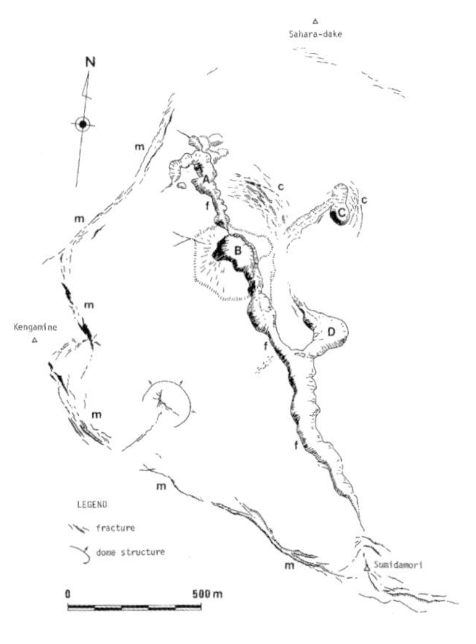

図2.28
駒ケ岳山頂部の火口と割れ目の分布
Katsui and Komuro（1984）

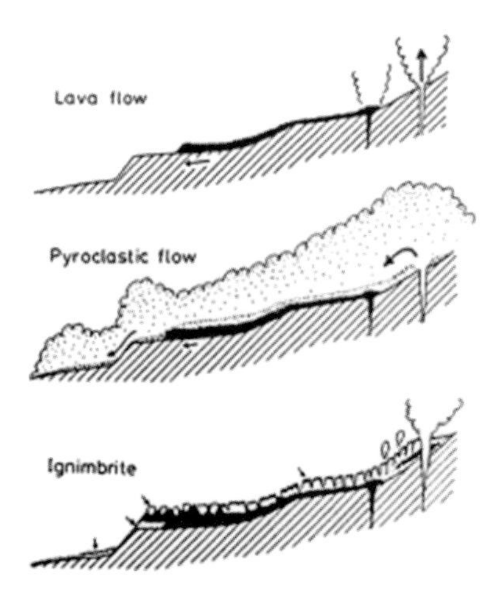

図2.29
溶岩の流下によってブロック化された火砕物の概念図　小林（1986）

溶岩流の移動による表面の割れ目

溶岩流の流下中にその表面を火砕流や厚い降下火砕物が覆うと，さらなる溶岩の流下によってこれらに断裂が生じ，段差ができる．小林（1986）は桜島火山の大正噴火（1914年）の際に，既に流下していた溶岩の上を火砕流が覆い，それが溶岩のさらなる流下に伴ってブロック化したことを示した（図 2.29）．同様の現象は三宅島 1983 年噴火でも発生したことが知られている（小林，1984）．

⑶ 識別における留意点

上記の記述を整理すると，火山性のノンテクトニック断層は次のような特徴が識別の判断基準になる．

① 重力に従っていること
② 連続性に乏しいこと
③ 地表付近で変位が大きいこと
④ 断層長に比べて単位変位量が大きいこと
⑤ 平行あるいは放射状・同心円状に密集していること

一般に火山性の断層には累積変位がないと考えられがちであるが，すでに述べたように火山性の断層にも累積変位が見られるものがあるので，累積変位は火山性ノンテクトニック断層識別の判断基準にはならない．Hackett et al.（1996）は，火山地域の断層の活動履歴を調査研究する際には，その火山の活動履歴もきちんと調べておく必要があることを強調している．

⑷ 発生する地震の大きさ

先に述べたように，マグマの移動は一般に地震を伴うから，火山性の断層が生じる時にも地震が発生しうる．Hackett et al.（1996）は，火山地域で起こる地震について整理している．それによれば，岩脈の貫入に伴う 19 例の地震のマグニチュードは，M3.0 から 5.5 の幅があり，その平均は M3.9 ± 0.8 となっている．また，火山体やカルデラ域で起こる 36 例の地震マグニチュードは M2.0 から 7.0 までの幅があり，その平均値は M4.5 ± 1.2 となっている．M7 クラスの地震はカルデラを形成する噴火（米アラスカ州カトマイカルデラ：1912）で発生している．以上の例から考えると，火山性の断層が生じる時に発生する地震の多くは，大きな被害を出す構造性の地震の規模よりも小さいことがわかる．

一方，Hackett et al.（1996）は，マグマの貫入がきっかけとなって生じたと考えられる 18 例の構造性地震のマグニチュードについても整理している．それによれば，M4.3 から M ＞ 8 の幅があり，その平均は M6.1 ± 1.0 となっている．これらの地震は，マグマの移動によって直接引き起こされる地震と異なり，非火山性の地域で起こる構造性の地震と同じような性質（本震−余震タイプ，似たような b 値*）を持つとされている．

---

* 地震の頻度 N とマグニチュード M との関係をあらわすグーテンベルグ-リヒター則の式 $\log10N = a - bM$ における b の値．片対数グラフにおける直線の傾き．

2.4　テクトニック断層から転化したノンテクトニック断層

(1) ノンテクトニック–ノンテクトニック反転構造

テクトニックな断層は破砕帯などの力学的な弱面を伴うことが多いので，地表付近ではこの弱面を利用した地すべり性ノンテクトニック断層が形成されることがある．たとえば横山（1995）は和泉層群中に見られる山向き傾斜の低角度断層が，山側（深部）では正断層センスを持つのに対し，ある深度より以浅では逆断層センスとなり，その変位量が次第に大きくなっている例を示している．すなわち断層上盤の岩盤が地表に向かってせり出している（**事例3-19**）．このことはもともと低角度の正断層としてテクトニックに形成されたものが，地表付近の岩盤クリープによって，一部ノンテクトニック逆断層として再活動したということを示す．また，山根ほか（2013）はもともと秩父帯中に構造的に発達する付加体のスラストがすべり面に転化したことを，慎重に採取され，樹脂固定されたボーリングコアの切断標本の剪断構造を観察することによって明らかにした（☞本章扉）．

構造地質学では，ある断層がセンスを変えて再活動することを反転（inversion）という（中村，1992）．伸張テクトニクス（正断層）から短縮テクトニクス（逆断層）への転換が正の反転（positive inversion），その逆が負の反転（negative inversion）といわれる．この考え方を敷衍するならば，既存のテクトニック断層がノンテクトニックに再活動した構造はテクトニック–ノンテクトニック反転構造ということができる．横山（1995）が「重力性インバージョン」と称した上記の構造は正の反転，山根ほか（2013）の例は負の反転に相当する．本書では第3章（3.5）にこのような例を示す．

(2) 山地／平野の境界をなす大規模低角度逆断層の二面性

(1) では比較的単純な反転構造について述べたが，実際にはさらに複雑なテクトニック–ノンテクトニック複合構造もある．第四紀テクトニクスが著しいわが国では，しばしばテクトニックな活断層が山地と平地との境界をなし，山地側の基盤岩と平地側の軟質な第四系とが逆断層で接していることがある．この場合，第四系は断層に沿って引きずられ，ドラッグ褶曲を形成しながら水平方向に短縮し，断層面は低角度化していることが多い（図2.30）．これがさらに進行すると断層面は水平近くになり，場合によっては見かけ上正断層状を呈することもある．

断層面の低角度化に伴って上盤の基盤岩は重力の作用でクリープ的に垂れ下がりながら第四系上に衝上してくる．基盤岩中の断層破砕帯の大半は以前に地下深部で形成されたもので，クリープ帯は断層運動による破砕を受けていない岩盤中にも広がっている．つまり，山地／平地境界をなす大規模低角度逆断層はその形成過程においてテクトニック／ノンテクトニックの二面性を有している．したがって，断層上盤の岩盤のゆるみが大きくなり，クリープ化した山地側の岩盤中に生じた破断面と低角度境界断層とが連結すると地すべりに発展する．とくに，地震時には低角度境界断層の変位センスと地すべりの運動センスとが一致しているので，容易に地すべりに移行する．その場合，低角度境界断層が当初のテクトニックな断層なのか，すべり面に転化した地すべり性ノンテクトニック断層なのかの判断は極めて難しい．強いていえば，地すべり地形（輪郭構造の有無）を判定のよりどころにすべきであろう．このタイプのテクトニック断層から地すべり性ノンテクトニック断層への移化は短縮場から伸張場への転換を意味しており，これも一種の反転である．

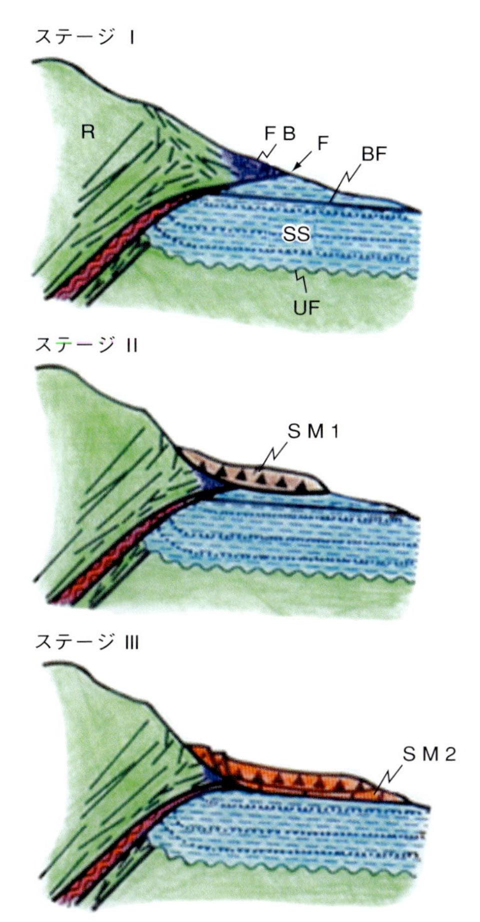

図2.30　山地／平野の境界をなす大規模な低角度逆断層の構造とそれと密接に関連する斜面変動を示す模式図　横山(1999)に加筆

ステージ I：上盤岩盤(R)のクリープと未固結堆積物(SS)の変形による断層面(F)の緩傾斜化と断層押出し角礫岩(FB)の変形および層面断層(BF)．UF：不整合面．

ステージ II：上盤のクリープ領域の地すべり化(SM1)

ステージ III：層面断層に沿う滑動(SM2)

2.5　その他の要因によるノンテクトニック断層

(1) 構成物の体積変化がもたらすノンテクトニック断層

地表近くにおける岩石・岩盤の風化過程

地下深部と違って，地表近くの岩石・岩盤は風化作用を受けやすい．岩石・岩盤が削剥によって地表に露出すれば，その時点から風化・劣化が急速に進行してゆく．また，削剥速度の相対的に小さい尾根部では長期にわたる風化作用によって厚い風化ゾーンが形成されてゆく．こうした風化は岩石が外気に触れたり，水と反応したりすることで進行してゆくが，それにはさまざまな物理的・化学的変化が含まれている．物理的・化学的変化の多くは体積変化を伴っており，それが岩石・岩盤を局所的に変形させ，場合によっては破壊する．このため，風化に伴う体積変化がノンテクトニック断層形成の要因となることがある．ただし，個々の変化は岩石タイプや置かれている場所，とくに地下水位との位置関係によって大きく異なる．

風化はさまざまなスケールで同時に進行し，個々の鉱物の風化から岩石（インタクトロック）レベルの風化，岩盤レベルの風化，さらに地下水位が大きく関与する広域的な尾根部の風化などがある．岩石ではそれを構成する鉱物粒子自身の変化と岩石組織の変化，岩盤ではすでに存在するクラックの開口や拡大，あるいは新たなクラックの発生などが生じ，その結果，岩石・岩盤のいずれにおいても体積増加とともに力学強度や弾性的性質は低下し，逆に透水性は増大してゆく．

岩石・鉱物レベルにおける風化過程には，酸化（oxidation）や水和（hydration），溶解（solution），粘土鉱物化（clay mineralization）といった化学変化が関わっている．岩石タイプによってどれが主に進行するかは異なる．また，これらの変化ともかかわって，粒子分離（grain disintegration），剥離（exfoliation），球状剥離（spheroidal scaling），膨潤（swelling），スレーキング（slaking）などの物理的現象も生じうる（表2.5）．

化学的変化は当然ながら体積変化を伴っているし，剥離や膨潤，スレーキングといった物理的変化も顕著な体積変化を伴っている．現実に泥岩などでは短期間にスレーキングに伴って微小クラックが無数に発生することがある．風化現象の現れ方とそれによる体積変化は，堆積岩などでは構成物の配列と方向がかかわることから，それ自体方向性があるが，火成岩ではいずれの方向にも進行し，球状剥離のような現象が現れる．

一方，風化鉱物の生成あるいは岩盤中のクラックの開口・拡大や新たなクラックの形

表2.5　地表近くの岩石で進行する主な風化現象

oxidation（酸化），hydration（水和）
solution（溶解），precipitation（析出）→ salt weathering（塩類風化）
clay mineralization（粘土鉱物化），swelling（膨潤）→ slaking（スレーキング）
exfoliation（剥離），shperoidal scaling（球状剥離，タマネギ状風化）
micro-cracking（鉱物粒子間および粒子内の微小クラック）
grain disintegration（粒子の分離，マサ状化）

成によって全体の体積が増加する．この場合，地表下でも少し深部であれば，まわりからの拘束が大きく，その結果，風化の進行は不均質なものになる．これに対して，地表近くで大きく開口したクラックは外部からの流入も含めて粘土質物質＝「流入粘土」によって埋められることもある．

風化・劣化に伴う岩石・岩盤の体積変化

風化に伴う体積変化を具体的に示したものは少ないが，千木良・中田（2013）は次のようないくつかの例を報告している．

① 花崗岩が球状風化する際に体積が約1.5倍になる（千木良，2002）．Folk and Patton（1982）もペグマタイト脈の変形から同様の推定値を示している．

② 白亜系和泉層群の砂岩では風化によって体積が20～30％増加し，開口割れ目が閉じることがある．

③ 新潟県の第四系灰爪層泥岩の溶解帯の上部で10～30％の体積増加が確認されている（千木良，1988）．

④ 青森県の中新統泊層の凝灰角礫岩では風化によって10～20％の体積増加が確認されている．

また加藤ほか（2011）は蛇紋岩中の蛇紋石やブルーサイトが，風化産物であるパイロオーライトに変化することで13～18％の体積増になることを示した．

岩石が著しく風化して軟質化していれば，含水状態の変化によって膨潤／収縮が顕著になるが，こうした変化も風化による体積変化である．風化に伴うこうした体積変化は局所的であろうし，前述したように強度低下を伴っていることから，風化・劣化の顕著な部分と風化が軽微なまわりとの間で力学的コントラストを生じ，局所的な応力を発生させたり，大きく変形したりすることになる．この現象の現れ方や形状は風化ゾーンの形状とまわりとの関係によってさまざまとなるであろう．

地表付近の岩石・岩盤は力学的に不均質なこともあるし，異方性の顕著なこともあり，それらは風化過程で顕在化する場合がある．とくに，熱水変質帯や古い断層破砕帯はまわりとの力学的コントラストが著しいことから，風化作用が加わることで特異な挙動をすることもある．さらに，こうした部分を第四系など軟質な地層が覆っていれば，下位の岩石・岩盤の風化の進行にともなって第四系も容易に変形することがある．**事例6-02**はそのような例であり，ここでは断層破砕帯などの風化に伴う体積増加（膨潤）によってそれを覆う第四系が変形し，一部に破断を生じたと考えられた（橋本ほか，2001）．三和ほか（2013），伊藤ほか（2013）は風化による体積増加が第四系の変状をもたらした可能性の地質学的考察と数値解析による考察を行っている．本書では**事例6-01，6-02**に膨張によると考えられているノンテクトニック断層を示した．

断層破砕帯部分が軟質で粘土鉱物などを含みやすいことを考えれば，地表近くで急速に風化が進行して体積が増加するとともに，掘削による上載荷重の減少が上位の堆積物を変位させることは十分考えうる．たとえば田村ほか（2007）は道路施工に伴う破砕帯の膨潤圧測定と隆起機構を議論している．したがってこのような膨潤に伴う変位には，風化に伴う体積増加と除荷によるリバウンドの両方が関与している可能性がある．

ところで，熱帯地方の火砕流起源の風化した堆積物など，含水比の高い地層の分布する地域に形成されるものにギルガイ（gilgai）と呼ばれる微地形があり（Klaus et al. ed., 2005），これに関連して平滑なクラックの現れることが知られている．これは，スメクタイトを含む粘土鉱物に富み，乾季に著しく収縮して大きなクラックが現れるものである．ただし，雨季には膨潤してクラックが閉じ，そうしたことが毎年反復されて，鏡肌に近い平滑な面ができる．これも風化に関係した一種のノンテクトニック断層である．

圧密による体積変化

膨張による体積増とは逆に，空隙が減少することによる体積減もノンテクトニック断層を生じることがある．この変化は地震動などによって急激に生じる場合，人工構造物の築造などによって，やや急速に生じる場合，地層の堆積過程に伴って緩速で生じる場合など，さまざまな速度で起きる．ただし圧密変形は地層構成物の粒子間で受け持たれる場合もあり，必ずしも地層を変位させる断層面が形成されるわけではない．

本書では，地震動によって生じた急速な圧密に関連したノンテクトニック断層の例を**事例4-09，4-10，4-11，6-03**に示した．

(2) 非火山性の陥没やダイアピルに伴う断層

石灰岩の溶食による空洞や古い坑道などの崩落・陥没によっても断層が生じる場合があり，Lettis et al.（1998）はこれをlimestone dissolution collapse structuresなどと呼んでいる．平面的には主として同心円状ないし多角形状で，中心側に低下する断層群が形成される．この場合，陥没現象に伴うものであるから重力性ノンテクトニック断層であることは明らかである．

石灰岩地形のひとつである凹地（ドリーネ）には，石灰岩の溶食によるもののほか，地下の石灰洞が陥没して生じるものがあり，「陥没ドリーネ」と呼ばれている．秋吉台や四国カルストでは豪雨や地震により小規模な陥没穴が生じることがある．また，非溶結〜弱溶結の火砕流堆積物よりなる台地上では石灰岩台地と同様の凹地が見られることがあり「シラスドリーネ」と呼ばれている（桑代，1961；今増，1993）．現実に南九州ではこれに起因して発生した大規模な陥没災害が知られている（藤本，1975）．このようなシラスドリーネは基盤上を流れる地下水流による地下侵食に起因すると考えられている（横山，2003）．陥没は花崗岩地域でも発生し，大阪府茨木市大岩では，大きなコアストーンを多量に含むマサ土からなる谷埋堆積物において，地下水流による地下侵食で，畑や水田がしばしば陥没している．福岡県小倉南区の貫山（ぬきやま）では，ドリーネ状の陥没凹地とともに，地中では100mを超える洞窟が形成されている（池田，1998）．これらについてノンテクトニック断層の観点からの記述はないが，陥没に伴って破断面が生じていることから，これらはノンテクトニック断層ということになる．

人工的な空洞の陥没としては，鉱山坑道やトンネル掘削時のものが知られている．たとえば栃木県の大谷石採掘場ではしばしば陥没が生じており，それに関連する地質構造や，力学的な機構の検討も行われている（安藤・岡，1967；横山ほか，1997；青木ほか，2005）．また，トンネル掘削によって地表面に陥没が生じたケースもしばしばある（たとえば谷井ほか，2003）．しかし，これらの陥没についてノンテクトニック断層の観点からの記述がほとんどなされていないのは自然の陥没と同様である．さらに，地下に埋設された水道管からの漏水が人工地層（埋土）を侵食して生じる陥没もしばしば生じているがこれも同様の状況にある．火山性の陥没も含め，これらはほとんど円形をなすことが知られているが，その説明は平野（2003）によってなされている．

また，諸外国では岩塩の移動によってダイアピル（diapir）を生じ，母岩に断層が形成される場合もある（Fossen, 2010；Hutchinson, 1991）．日本にも，化石的なものを含めて泥火山ないし泥ダイアピルの存在は報告されており（北海道新冠（にいかっぷ）：千木良・田中，1997，新潟県頸城丘陵：新谷・田中，2005，北海道歌越別：高橋ほか，2006，和歌山県田辺：宮田ほか，2009，北海道上幌延：酒井ほか，2010），砕屑岩脈の貫入やダイアピル内の破片化，流動が記載されている．一般に泥火山には径10m～数10mの環状の陥没地形（あるいは円形の池）や幅0.5km，長さ1.5kmもの大きなカルデラ様の陥没地形（新冠）がみられる．したがってこれに伴う断層も当然出現するものと思われるが，2003年十勝沖地震の際の新冠泥火山の挙動（田近ほか，2009）を除いて詳細な記載はなされていない．陥没に伴う断層と同様，これらも泥火山ないしダイアピルに伴うものであるから識別は可能である．ただし，すべてをノンテクトニック断層とみなしてよいかどうかについては検討の余地がある．

なお，わが国には第四紀の火砕流堆積物が各地に分布しているが，このうち，弱溶結で均質なものには上記と同様に断層面とそれに沿った薄い砕屑脈が形成されているものがある．とくに南九州の入戸火砕流堆積物（シラス）や中国地方の三瓶山起源の火砕流堆積物ではよく知られており，後者では幅0.3～0.5mmの泥岩脈である（島根地質百選編集委員会編，2013）．これらもノンテクトニック断層に伴うものと見なしてよいであろう．

⑶ 堆積過程におけるノンテクトニック断層

湖成・海成堆積物の層序学や堆積学の研究では，「乱堆積」とか「異常堆積」「層間異常」「スランプ相」といった用語で，古くから「正常」ではない堆積構造が記載されてきた．このような地層にはしばしば褶曲や断層がみられ，テクトニックなものなのか堆積時のものなのかの判別，また，このような「異常」が堆積盆のテクトニクスとどのようにかかわるのかという問題についても古くから議論されてきた．日本でも三梨・垣見（1964）が“深層地すべり型”の異常堆積では固結断層が発達することを述べているし，山内（1977）は乱堆積構造の分類肢として“断層型（楔状亜型，衝上断層状亜型）”を挙げている．これらの成因として考えられているのは，重力による水底地すべり（多くは地震動をトリガーとする），地震による液状化や堆積過程における密度逆転などで，これまで述べてきた陸上におけるノンテクトニック断層の成因と基本的には変わりない．水底地すべりのすべり面の形状や特性など不明な点も多いが，識別において陸上からの視点も参考になると考えられる．上記の問題についての考え方や経緯は，鎌田（1980）や1984年に行われた構造地質研究会・砕屑性堆積物研究会合同シンポジウムにおいてまとめられ（中村，1985；山本高，1985），最近では山本（2010）に詳しい．

地質学会におけるノンテクトニック構造セッションでも，未固結堆積物の変形はとりあげられてきた（たとえば，宮田・古木，2001；仁平・小川，2002）．また最近は海底地すべりにも関心が高まっている（たとえば川村，2010；Yamada et al. ed., 2012）．

水中の未固結堆積物の堆積過程におけるノンテクトニック断層の識別問題は，いわば活断層識別問題の先輩格といえる．**事例3-15**はそれに近いものであるが，残念ながら本書ではこれらの断層などをあまり詳しく扱うことができなかった．

2.6 断層と誤りやすい構造

地質体を切断する構造は断層だけではない（永田，1990）．貫入も不整合も切断関係にある．一般的にはこれらの関係を断層と見誤ることは少ないが，活断層の地形的なトレースの延長上にあったり，風化や変質が進行していたり，観察できる露頭の範囲が狭かったりすると誤認することがある．たまたま地表面に別の成因の小崖地形があるなどの要素が重なることで判断に迷う場合もある．また，実際は変位がないのに，ずれているように見える堆積構造もある．

1995年兵庫県南部地震の後，全国各地で活断層のトレンチ調査が始まったが，その際に少なからず議論の的となったのはチャネルなど河川堆積物の堆積構造と断層の区別である．活断層の最新活動期を探るトレンチ調査は，しばしば断層トレースが谷底低地を横切る場所が選ばれる．小規模な谷底ではチャネル充填堆積物と氾濫原堆積物が近接して入り混じり，チャネル壁を介して，礫層や砂・シルト層が食い違って，あたかも断層のように見えることがある（図2.31，2.32）．実際に地表地震断層が生じた場合には，小河川の流域では流路の変更や湛水など堆積環境の変動が起こるので（たとえば1999年台湾集集地震：松浦ほか，2000），断層の識別には堆積学的な視点も重要である（**事例3-17**）．

更新世に周氷河環境にあった東北地方以北では，クリオターベーション（cryoturbation）による表層の変形も考慮しておく必要がある．複数のソリフラクションローブ（soliflaction lobe）が重なるとその断面は覆瓦構造に類似した構造になるし，凍上による礫の再配列は一見礫層が断層によって食い違ったように見えることがある．小規模な露頭やボーリング調査では誤りやすいので注意が必要である．

天然の切断関係と同じか，またはそれ以上に注意しなければならないものとして，人工的な改変による切断関係が挙げられる．2013年に「立川断層帯の重点的調査研究」（文部科学省）の一環として大規模トレンチ調査が実施され，一般公開もなされた．そこで

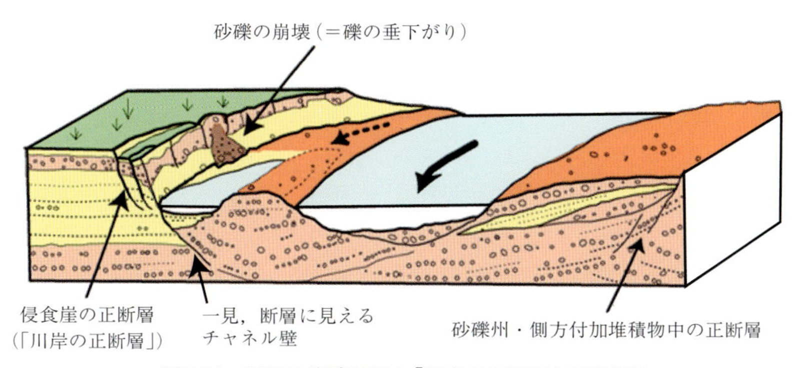

図2.31　河川の堆積環境と「川岸の正断層」の形成場

出現した列状に分布する白色粘土塊が立川断層の主断層帯であると当初考えられたが，その後，それは円柱状の人工構造物（造成杭）であることが明らかになった．また，礫層においても顕著な堆積構造の乱れが認められず，最終的にトレンチ調査によっては活断層の地質学的な証拠が見いだされなかった（東京大学地震研究所，2013）．このような事態に至って，表層地質を扱う研究者に「人工構造物」や「人工改変」を見分けるための経験や訓練が不足していることが指摘された（日本地質学会関東支部，2013）．切断関係ではないが，人工的な谷埋盛土や，ブルドーザなどによる造成地盤は，時に断層や未固結堆積物の撓曲構造に見えることもある．人工地盤は一般の地質・地形の教科書には記述されることがないがゆえに，判断には細心の注意を払うべきである．

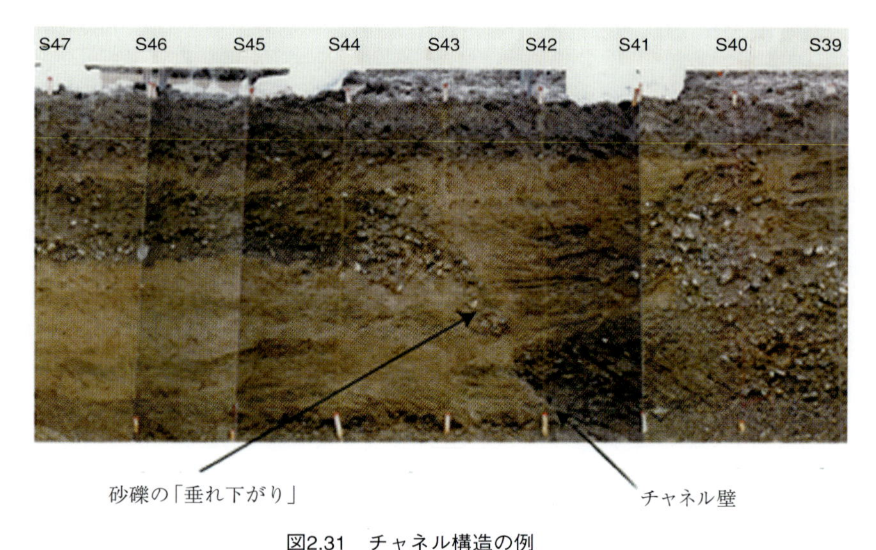

図2.31　チャネル構造の例

北海道増毛山地東縁断層帯浦臼トレンチ．北海道(1998)に加筆
グリッドは1m．

用語解説 2　地すべりに関する用語

地すべりや斜面崩壊などの現象については，災害の地域的な背景や，専門分野の違いや，目的に応じて，さまざまな用語や分類方法が使われている．ここでは，本書で使われる「地すべり」の用語について簡単に解説する．

地すべり（広義：landslide）：「地すべり」には広い意味（広義）と狭い意味（狭義，後述）の二つの用法がある．重力や地震動によって，「斜面を構成する物質」が「かたまり」（集団）として斜面を下降する現象の総称が地すべり（広義）である（日本地すべり学会地すべりに関する地形地質用語委員会 編，2004）．ほぼ同様の意味で，集団の運搬作用を重視する場合は集団移動（mass movement）の用語が使用される．「斜面を構成する物質」には岩石や土などの地質体のほか，割れ目や粒子間の地下水や火山ガスなどの液体や気体が含まれ．また，樹木などの植生も含む．

斜面変動（slope movement）：地すべり（広義）とほぼ同様の意味であるが，個別の運動様式であるすべり（slide）と総体としての斜面の移動現象との区別を明確にするために，この用語が提唱された（Varnes，1978）．また，わが国では社会的に慣例として使われている用語である地すべり（狭義）とも区別できるので，本書では総称として主に斜面変動を使っている．

斜面変動のタイプ（types of slope movement）：斜面変動にはさまざまな運動様式が存在する．そこで，斜面変動のタイプは運動様式と斜面構成物質を組み合わせて表現されることが多い．Varnes（1978）やCruden and Varnes（1996）の分類によれば，運動様式としては，崩落あるいは落下（fall），転倒（トップル：topple），すべり（スライド：slide），伸長あるいは前展（スプレッド：spread），および流動（フロー:flow）の型が認識されている．さらに，すべりは，すべり面の形態によって運動様式が変わるために，移動体が円弧状のすべり面をもってすべる回転すべり（rotational slide）と平面状のすべり面をすべる並進すべり（translational slide）の２タイプに細分されている．一方，斜面構成物質とは，地質を基岩（bed rock），岩屑（debris），土砂（earth）に区分したものである．基岩は，運動様式と組み合わせて使用するときには岩盤（mass rock あるいは rock mass）あるいは岩石（rock）と呼んでいる．実際の分類では，たとえば，崖から岩石が自由落下する現象は落石 rock fall，また柱状節理など柱状の岩体が手前に倒れるような現象は岩石転倒 rock topple，土砂の流動的な斜面変動はアースフロー（earth flow）などのように行う．

なお，Varnes の分類では低速の連続運動として流動に含まれるが，クリープ（gravitational creep，Radbruch-Hall，1978）という運動様式が認識されており，わが国では岩盤クリープという用語がしばしば使われる．クリープは，連続したすべり面を形成することなく，不動域から変動域にかけて変形が漸移する現象と理解されている．これは地すべり面を形成する前の段階の運動としても捉えられるサギング（sagging；Zischinsky，1966）も同義である．また，本書でとりあげたバレーバルジングや多重山稜の形成も斜面変動と密接な関係があるが，研究者によってその形成機構や，斜面変動の全過程での位置づけに関して議論があるため，本書では区別して記述した．

地すべり（狭義）：“土地の一部が地下水などに起因してすべる現象又はこれに伴って移動する現象”（地すべり等防止法）であり，これがわが国では社会的に一般的な地すべりの定義である．地すべり（狭義）あるいは単に地すべりとして使う場合はこの定義による．なお，移動速度としては比較的緩慢な移動を想定している．しかし，地震時に発生する地すべりは高速で移動する場合が多い．次に述べる斜面崩壊との違いは，移動体の大部分が発生域に残っている点である．地すべり（狭義）の運動様式としては，ほとんどはすべりに分類されるが，伸長であったり，運動の過程でアースフローに移行したりする場合もある．

地すべり（狭義）によって形成されるすべり面は主要な重力性ノンテクトニック断層であるが，移動体の中にも移動過程を反映したさまざまな重力性ノンテクトニック断層が形成されている．

斜面崩壊：急傾斜の斜面にあった斜面構成物質が急速にすべりおちる現象で，いわゆる山崩れや崖崩れとも呼ばれる現象である．運動様式のタイプとしては，大部分はすべりであるが，転倒も少なくない．落石と区別が付かないことや，同時に落石も起きていることがある．移動体は運動と同時に破壊されるので，すべり面は不明瞭なことが多い．移動体の大部分が崩壊源に残っていないことが多いので，一過性の現象のことも少なくない．また，斜面崩壊では，斜面から崩壊物質が除去されるので，背後の斜面にわずかに崩壊にかかわる断層が残されているだけである．事例3-17に示した川岸の正断層などがそれにあたる．移動体が発生域にほとんど残っていないものが斜面崩壊であり，移動体の大部分が発生域に残っているものが地すべり（狭義）といえる（古谷，1980）．

地すべり地形：地すべりによって生じた滑落崖，側方崖，尖端，末端の隆起，地割れ，凹地，小丘などの総称．地中ではすべり面を介して移動体と不動域，地表では滑落崖，側方崖などの輪郭構造で移動域と不動域が区別される．地すべり地形は一般に滑落崖とその前面の緩斜面（移動体）として認識され，周囲の地形との違いや植生の乱れなどによって判別される．このような地形的特徴を空中写真によって判読して作成されたものが防災科学技術研究所や地すべり学会北海道支部などの「地すべり地形分布図」である．

第 3 章

事例：重力性断層

本章では重力性のノンテクトニック断層を扱う．これには褶曲のようなノンテクトニック構造に伴う断層も含む．

地すべり面は典型的な重力性ノンテクトニック断層であり，まずはその例を示す(3.1)．頭部や底部，移動体内部に見られる正断層，側部における横ずれ断層，移動体末端におけるスラストの順に述べ，次に3.2に多重山稜の形成に関係したノンテクトニック断層の例を示し，3.3でバレーバルジングに伴うノンテクトニックの事例に触れる．続いて3.4では軟質な第四紀層を切断する重力性の断層を示す．最後に3.5で，テクトニックな断層から転化したノンテクトニック断層の例を示す．

なお，第2章に述べたように，現実のノンテクトニック断層には2つ以上の要因が複合して形成されたと推定されるものが少なくない．たとえば，重力が大きく関与した断層でも直接の引き金が地震動のこともある．明瞭な誘因は断層の発生直後でないとわからないことが多い．第3章～6章には主な要因を推定して事例を配置したが，何を主要因と見るかについては議論も多い．事例を参照するにあたっては，このような点を念頭においていただきたい．

第3章 扉写真

地すべり面近傍のボーリングコア（結晶片岩）．すべり面（赤矢印）との関係からR_1剪断面（青）とみられる非対称構造が認められる．その上方では片理面の立ち上がりで示される破断褶曲が発生しており，全体的に上盤側が下へすべるような変形を示唆する．褶曲に伴う逆断層センスの剪断面（赤）はもともとP面構造であったかもしれない．ヒンジ面（黄）より上では岩塊の分離も著しい．ノンテクトニック断層としての地すべり面の特徴が良く表われている．コア径は7cm.

（永田秀尚）

3.1 斜面変動によって形成された断層

事例 3-01 松江市の新第三系大森層中の正断層群（古い地すべり構造）

丘陵や山地斜面を構成する堆積岩類では，層理面が傾斜していれば，風化・劣化や岩相の組み合わせも関与してそれに沿った地すべりが発生しやすい．こうした地すべりは，地形・地質条件が継続していれば，古くから繰り返し発生してきた可能性もある．本事例は高速道路の大規模な切土施工時に現れた正断層群であるが，断層面は古い地すべり移動をもたらした複数のすべり面であり，形成過程と機構からノンテクトニック断層と解釈できるものである．

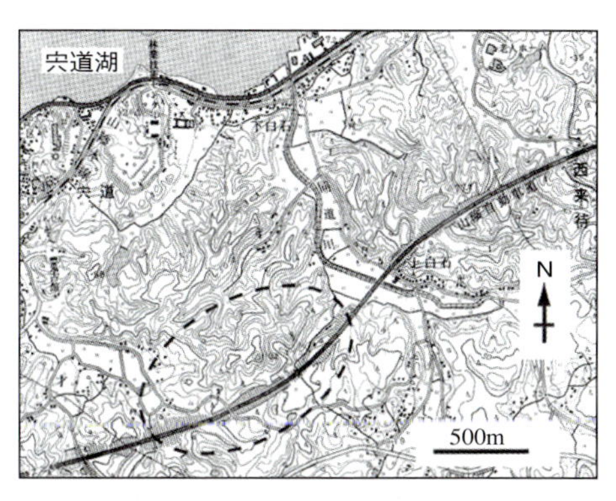

図3.1 断層群の現れた地域の位置と地形
国土地理院2万5千分の1地形図「宍道」

正断層群を確認した位置と地形を図3.1に示す．宍道湖南岸から約1.5kmの標高50～100mの丘陵であり，中新世の大森層の砂岩・シルト岩によって構成されている．層理面は全体としてE-W～NE-SWの走向で，10～20°でN側に傾斜している（鹿野ほか，1991；島根県地質図編集委員会，1997）．

ここではNE-SW方向に延びる高速道路の大規模な切土法面の施工中に砂岩・シルト岩の急傾斜帯や屈曲構造とともに多数の小断層が現れた．その一部を図3.2に示す．図の(a)では層理面は法面の左方向に緩く傾斜しており，一部に屈曲した構造が見られる．また，その下方および右方には右側に急傾斜した小断層がいくつか現れており，地層はそれらによって階段状に変位している．

これに隣接した図の(b)では，地層を大きく変位させる複数の小断層が現れている．これらは，下に凸の円弧状を呈する形態的特徴と正断層のセンスから，重力が大きく関与して地すべり面として形成されたと推定される．法面全体としてみると，小断層群に沿った変位と屈曲のセンスは調和的であることから，いずれも地すべり移動によるものと考えられる．

これに対面する切土法面（図3.3）をその説明図（図3.4）とともに示すが，ここでは右側傾斜の地層とともにそれを変位させる左側傾斜の小断層がいくつか現れている．断層はいずれも正断層のセンスであり，地層は正断層群に沿って変位し，階段状を呈している．断層面は下方に凸の円弧状（リストリック）であることから，これらも重力下で形成された地すべり面と判断される．ただし，図3.4に示すように，地層の急傾斜した範囲

(a)

(b)

図3.2
高速道路の切土法面に現れた屈曲構造と正断層
(a) には屈曲構造とそれを変位させる小断層が，また，(b) には複数の正断層（地すべり面）が現れている．法面の小段間は高さ約7m.

が広く，層理面に沿ったすべりもみられることから，すべり面としては上記の正断層群以外にも大規模なものが法面の下方などに存在する可能性もある．また，回転を伴う地すべり移動によって生じた凹部（谷部）はその後の堆積物によって埋められていることから，最近生じた地すべりではなく，おそらく氷期の海面低下時に形成されたと推定される．

同様の古い地すべり構造は宍道湖南岸の丘陵地帯では他でも知られているが，氷期の海面低下時には比高が現在よりも大きく，不安定化しやすかったであろう．その結果，新第三系中に多数の地すべり面が形成されたが，その後の海進に伴う急速な谷の埋積によって地すべり運動の一部は途中で停止し，上記のような構造が切土施工時に現れたものと考えられる（横田，2013b）．狭い範囲の正断層群だけをみると，テクトニックな断層群かに見えるが，広い範囲でみれば，古い地すべり移動に伴う地すべり面と解釈できる．

（横田修一郎）

図3.3 切土法面に現れた地層の急傾斜帯と正断層群 図3.2の反対側

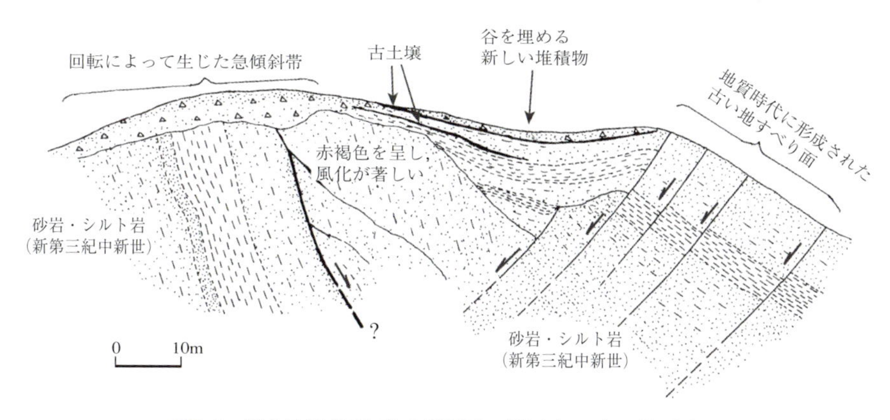

図3.4 切土法面（図3.3）の説明図 横田（2003）に基づく
右端の正断層群のすべり面に沿った回転を伴う移動によって凹部が形成され，さらに法面より下方のすべり面も関与して大規模な急傾斜帯が形成されたと推定される．

事例 3-02 富山市千里における移動体内の階段状正断層

富山県中央部には戦国時代の昔より政治経済圏を二分する呉羽山丘陵がある．この丘陵の東側は相対的に急斜面であり，脚部はNE-SW方向に直線的に延びている．しかし，活断層とされている呉羽山断層は，丘陵脚部よりやや離れた平野部にあって，丘陵の延長方向にほぼ平行して走っていることが知られている（☞図3.5）．この断層は確実度Ⅰ，活動度B，延長約9kmの活断層と評価されている（活断層研究会 編，1991）．そのほぼ南西方数kmの丘陵地帯で農道の拡幅工事が行われた．

施工前からこの道路の背後は古い地すべり斜面であることが認識されていた（図3.6）が，施工中，山側の切土法面に階段状の正断層群③が現れた（図3.7，3.8）．図の左側にはこれらの断層群とは逆傾斜の高角度な断層②がみられる．しかし，いずれも下方に向かって尖滅するようにみえる．図の右側には正断層群のうちの最も右側の断層⑥に切られる低角度な断層④がある．さらに，これらの断層群の下方には低角度で連続性の顕著

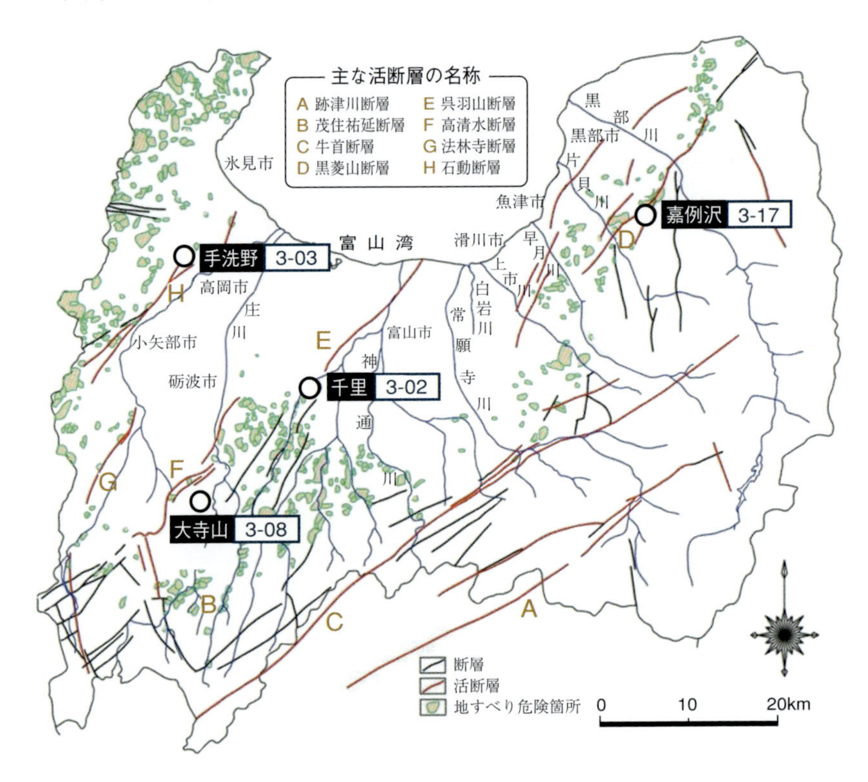

図3.5　富山県内の活断層と地すべり危険箇所分布図
野崎ほか（2007）をカラー化し，本書の事例位置・番号を追加

なリストリック断層①があって，図の中央～右側では見かけ上鍋底状となり傾斜が逆方向に変わっている．

調査地を含む周辺域には，第四紀更新世の大桑（おんま）累層が広く分布する．本層は一般には未固結の砂岩層が主体であるが，ここでは礫層やシルト岩層を挟有している．地層はNNW-SSE走向で緩く東方に傾斜した斜め流れ盤の構造であるが（図3.6），呉羽山断層の延長上には急傾斜な単斜構造（撓曲帯）や段丘面の撓曲が見られる（野崎，2005）．大桑累層分布域は必ずしも地すべり地帯ではないが，ここでは大規模な地すべり地形が認められる．切土法面の観察結果では，地すべりAブロックの個所は一見乱れのない地層であるが，西端部で明瞭な地すべり面が確認されている．Dブロックに関しても同様であるが，砂岩層中に挟在する火山礫凝灰岩層で示される階段状の断層が発達する．上述の断層露頭は，Aブロックの二次的なブロックと考えられるBブロックの側部～末端部にあたる．

次にその他の断層との関係を含めてその発生機構について考察する．正断層群の個々の見かけの変位量は数10～300cmである．図3.8の左寄りは，断層面（すべり面）①の走向・傾斜から地すべりの縦断に近い面が見えていることになる．しかし，図の右側では断層面①が逆方向に傾斜していることから，中央部では地すべりの移動方向がやや谷方向（図の手前側）に向きを変えていることが窺える．また，鉛直に近い断層②が右落ち

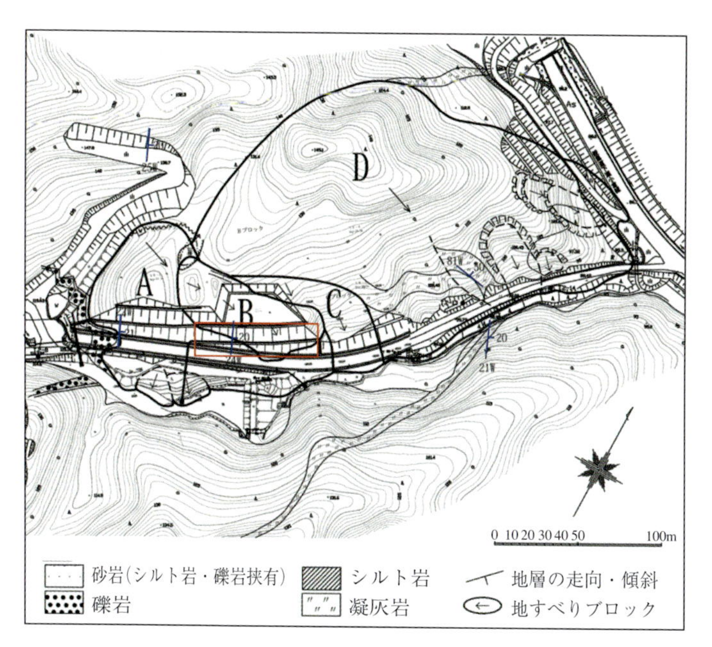

図3.6 千里地区の地形地質概要図 野崎ほか（2007）
赤枠が図3.8の範囲

であるのに対して，正断層群③は，傾斜50°～60°の左落ちである．右寄りの一部凝灰岩層の上面に沿った低角度断層④は，左端が正断層群によって切られている．さらに，凝灰岩層の一部は，ほぼ直立した断層⑤（図3.9）によって右下方に変位し，断層の下端部では畳み込まれて複雑に褶曲している（図3.10）．断層⑤はこうした切断関係から，最も古いものであることになる．しかし，4m前後の凝灰岩層の変位量の割には連続性がなく，砂岩層内で消滅し，断層④の上盤側にもこれに相当する断層は認められない．したがって，移動体内の局所的な剪断変位であることは想像に難くない．

断層①と正断層群②，③の関係は，Cloos（1968）の粘土を用いた正断層の形成実験結果にほぼ一致している（☞図2.1）．すなわち，両者はそれぞれ主断層とそれに向き合う形で傾斜し，断層③はアンチセティック断層，断層②はシンセティック断層である．これらは伸張場におけるロールオーバー現象に伴うものであり，陥没構造を形成するものである．

この事例の場合，背後の明瞭な地すべり地形やスケッチ図全体を見れば，地すべり移動体の内部構造であることは容易に想像がつく．しかし，こうした整然とした断層は，その一部だけが観察された場合には，必ずしもノンテクトニック断層として判別できる指標

図3.7　階段状正断層群の露頭写真　野崎ほか（2007）をカラー化

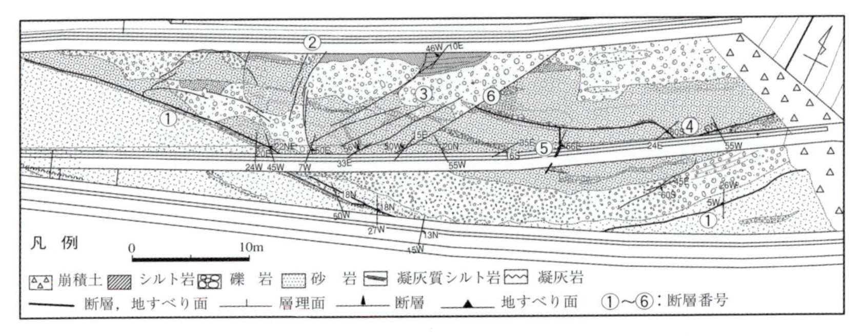

図3.8　切土法面のスケッチ図　野崎ほか（2007）に加筆

があるとは限らない．こうした階段状の正断層群は伸張場に特徴的な現象であり，ノンテクトニック断層判定のための一つの指標となる可能性が高く，断層面の連続性や周辺の地形地質状況を慎重に観察し判別する必要がある．

(野崎 保)

図3.9
軟質な凝灰岩を引きずり込んだ鉛直な断層
図3.8の断層⑤
野崎ほか (2007) をカラー化

図3.10
たたみ込まれた凝灰岩層
塩ビ管の間隔が2m.
野崎ほか (2007) をカラー化

事例 3-03　富山県手洗野における移動体内でピアスメント構造をつくる正断層群

富山県北西部の小矢部川西岸には，NE-SW 走向の石動断層（活断層研究会編，1991）があり，確実度 I，活動度B，延長約12kmの活断層とされている（図3.5参照）．この断層の北端部一帯では過去に地すべり災害の記録はないが，顕著な地すべり地形群が見られる．その一画にかつて大規模な切土斜面が造成された．切土面は主に泥岩層であり，中央部には凝灰岩層，下部にはレンズ状の砂岩層が断続的に介在し，最下部に未固結に近い砂岩層がある（図3.11）．この泥岩層中には鉛直に近い規則的な割れ目が発達しており，挟在層を変位させているものもある．とくに，露頭の北寄りに見られる割れ目群は，断層となって地塁状の構造を形成し，一見テクトニックな構造であるように見える．しかし，これらの割れ目は大なり小なり開口し，土砂や粘土あるいは板状の水酸化鉄が挟まっているものも見られる．

周辺一帯は，新第三紀中新世の音川累層相当の泥岩および砂岩あるいは両者の互層からなり，ところどころ凝灰岩を挟有している．全体的には平野側（南東方向）に向かって緩く傾斜した同斜構造をなしている．当該地も流れ盤の構造をなし，地層は概ね斜面の下方に向かって20°前後で傾斜している．比較的規模の大きな地すべり地形の内部にあり，北側に隣接する凹地内でのボーリング調査によって地すべり面が確認されている．すなわち，上記の割れ目群はその移動体内に見られる現象である（野崎ほか，2007）．

これらの割れ目群は概ね層理面の最大傾斜方向と直交している．その一部は傾斜方位が異なる2系統の正断層群からなっており，断層群の一部が地塁様のピアスメント構造（野崎，2006）を形成している（図3.12）．露頭の上端付近には別の古い地すべり面（SP）がある．ピアスメント構造を形成する断層群は，露頭下部（深部）ほど変位量が大きく，

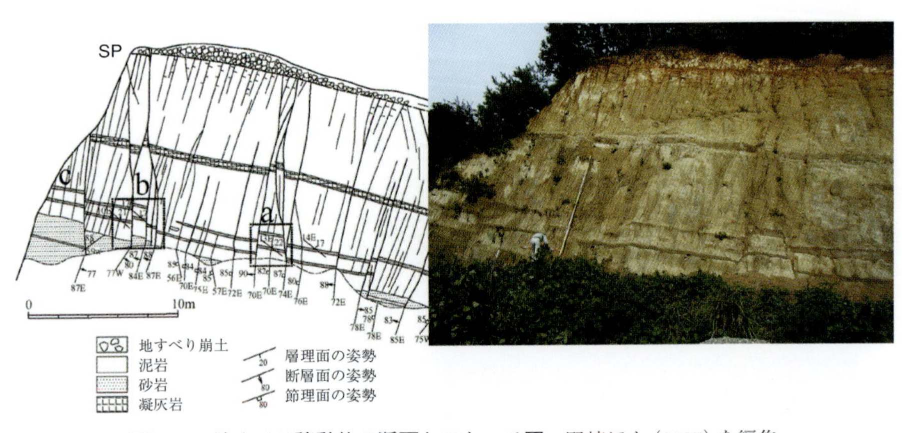

図3.11　地すべり移動体の断面とスケッチ図　野崎ほか（2007）を編集

上部に向かって収斂・消滅する傾向にある．露頭上部では一本を除いて上部の地すべり面をずらせてはおらず，まさにピアスした形となっている．

一般に泥岩層の上位に砂岩層がある場合には，砂の堆積時における下位層の削剥や荷重による不同沈下などによって下面に凹凸が生じることがある．地すべりの滑動がこうした面に規制されれば，地すべり面にも起伏が生じることになる．ひとつの考え方として，その高まりの部分を乗り越える際には，上盤の地層を下から押し上げる形となることからピアスメント構造が形成され，その部分では割れ目がより大きく開口する原因にもなったと説明できそうである（図3.13）．ただ，a，b，2つのピアスメントは露頭の左端すなわち斜面の山側にあり，谷側には認められない．さらに，露頭の左端は人為的に削剥されているが，ここにもピアスメントcがあったと考えられる．このような配置状況からすると，c付近より山側の地すべり面下に特定の高まりがあり，地すべり移動の進行に応じて次々と形成されていったということも考えられそうである．

（野崎 保）

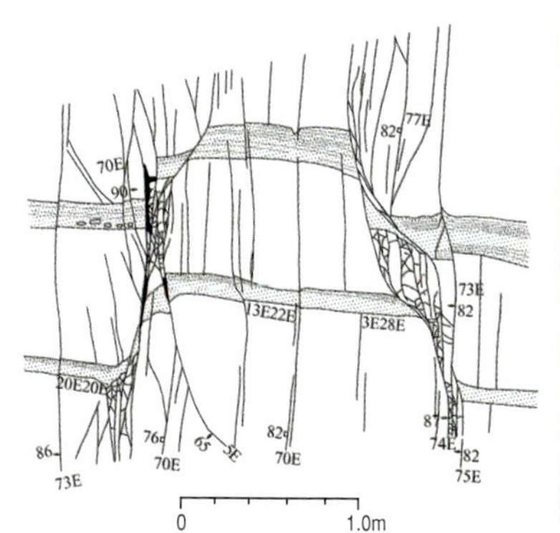

図3.12　ピアスメント構造aの詳細図　野崎ほか（2007）を編集

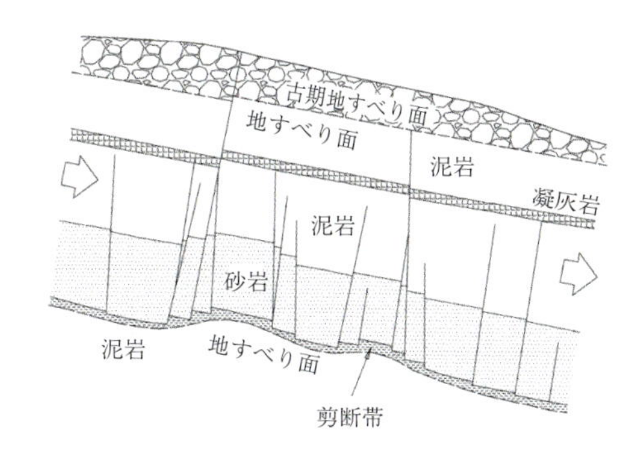

図3.13
ピアスメント構造の形成機構概念図
野崎ほか（2007）

事例 3-04 北海道釧路町入境学地すべりにおける移動体内部の正断層群

地すべり移動体内部には側方伸長を示す正断層群が発達するが，とくに移動方向の断面（縦断面）では移動方向に傾斜する正断層群が見られ，また移動方向に直交する断面（横断面）では移動方向に直交して側方の両方向に傾斜する正断層が発達することが多い．北海道釧路海岸の入境学地すべりではこのような正断層群が観察された．

入境学地すべりは幅約700m，奥行1kmの大規模な岩盤すべりである．釧路海岸には釧路炭田の主要夾炭層である古第三系浦幌層群春採累層（凝灰岩・石炭・泥岩・砂岩）とその上位の礫岩・砂岩からなる天寧累層が分布しており，粘土化が進んだ凝灰岩・泥岩や石炭などの軟質な岩盤の上に硬くて重い礫岩などが載ったキャップロック構造で，かつ緩やかな流れ盤の斜面が多い．このような場所では凝灰岩や泥岩層がすべり面となった岩盤地すべりが発生している（田近ほか，1994）．入境学地すべりもそのひとつである（図3.14）．

海岸へ押し出した地すべり移動体は，海食によって削られるとともに，海水によって露頭が洗われるため，良好な露頭観察が可能である．入境学地すべりの移動体の3分の2

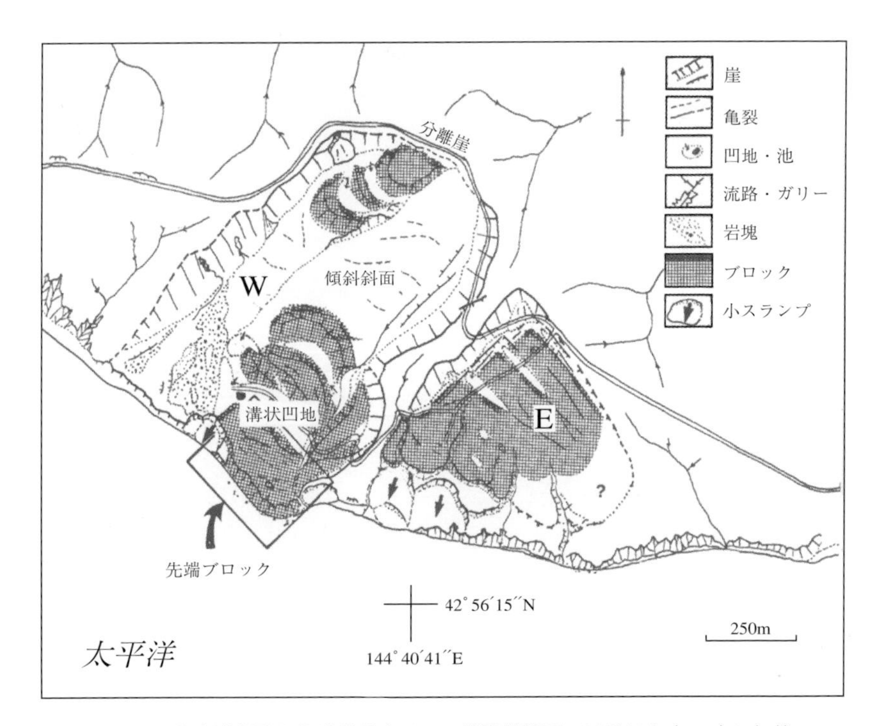

図3.14　北海道釧路町入境学地すべりの地形分類図　田近ほか（1994）に加筆

はすでに消失しているが，残りの一部（先端ブロック）が海岸に達して海食崖となっているため，移動体内部の構造が詳細に観察できた（田近，1995）．しかし，1995年釧路沖地震による崖の崩壊により現在では不明瞭となっている．

海食崖では主に横断面が観察され，多くの正断層が発達する（図3.16a）．天寧累層に由来する礫岩·砂岩に発達する割れ目は垂直に近いが，下位の春採累層を起源とする移動体中の断層の大部分は共役断層であり（図3.15，3.16(b)），全体としてホルスト-グラーベン（horst and graben）構造，すなわち水平方向にほぼ対称な伸張構造を示す．これらの正断層の走向は，NE-SW ～ ENE-WSW，北または南に55 ～ 90°で傾斜しており，この地域の浦幌層群やそれらの基盤をなす根室層群の節理系とも調和的であり，節理系に規制されて形成したものと考えられる．なお，共役断層を基にした応力解析から求められた最大圧縮主応力 σ_1 は直立し，σ_3 は移動方向に直交して水平である．

図3.15　移動体内部の泥岩・石炭・砂岩層に見られる共役断層
Fmは泥岩，Fcは礫岩の破砕岩．

一方，入境学地すべりの縦断面は人工的な切土によって一部観察することができた（図3.17）．縦断面では，NW-SEの走向で移動方向である南に傾くリストリックな正断層が発達する．この部分は馬蹄形の崖に囲まれた低い部分に相当しており，移動体の一部が二次的にスランプ（後傾）した構造を示すものと考えられる（図3.18）．しかし，この崖の背後にも同様の正断層があることから，もともと，移動方向に傾く正断層群が存在し，その一部がその断層を使って再移動したものと解釈したほうがよさそうである．

このスランプの滑落崖直下の断層（すなわち地すべり面）の上には崖錐堆積物が認められるが，これらは凹地を埋めるように下方に凸な成層構造を示す．成層構造は断層側で急傾斜，移動体側が緩傾斜であり，かつ移動体側は下位層ほど急傾斜である．このことはこの断層の繰り返し活動を示すものとみられる．

（田近 淳）

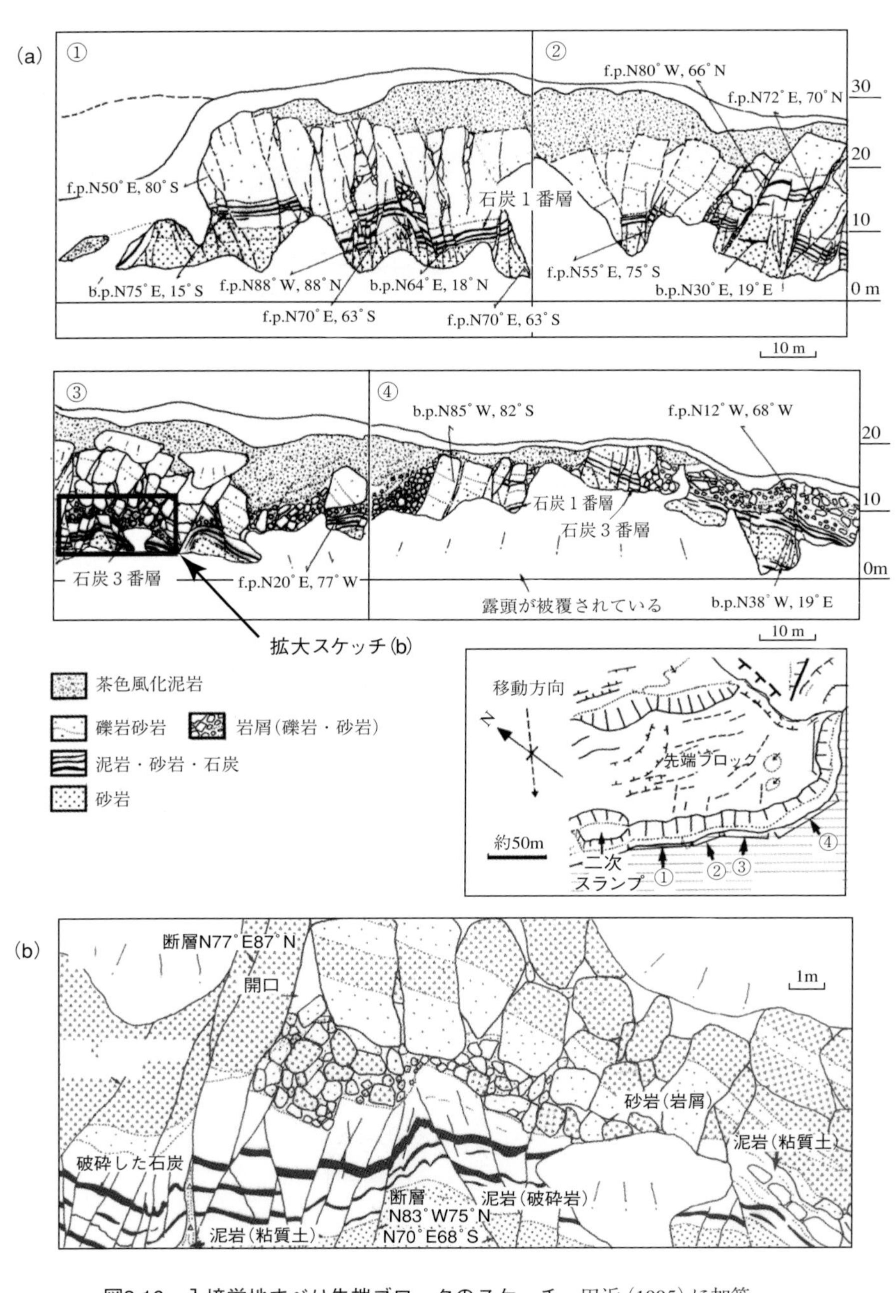

図3.16　入境学地すべり先端ブロックのスケッチ　田近(1995)に加筆

(a) 全体．主に横断面が観察できる．(b) 一部拡大スケッチ．ホルスト-グラーベン構造が明瞭．b.p.：層理面，f.p.：断層面

図3.17　先端ブロック縦断面の露頭
枠内は図3.18の二次スランプのスケッチ範囲. 背後にも海側に傾く正断層が観察できる.

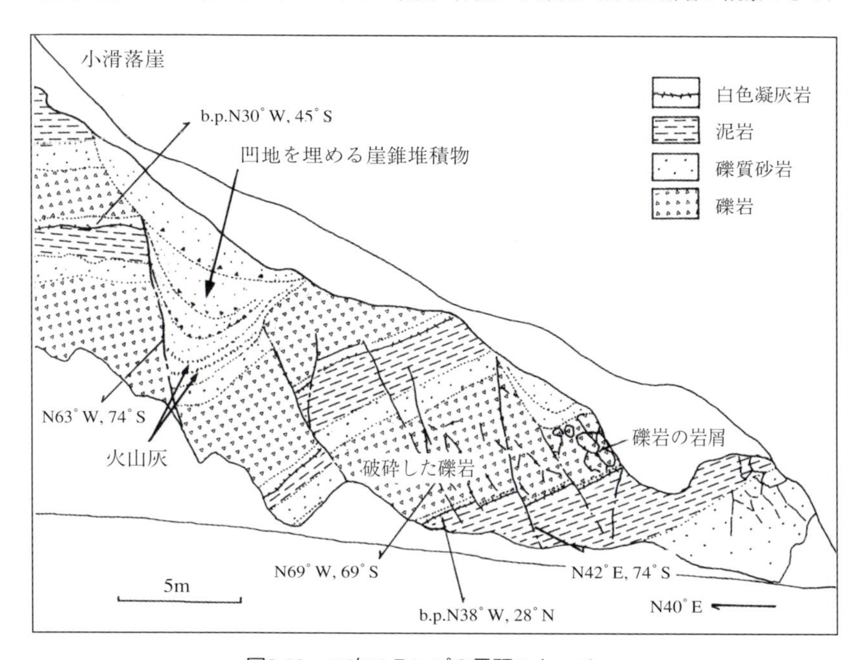

図3.18　二次スランプの露頭スケッチ
海側に傾く正断層の活動の繰り返しが推定される（本文参照).
b.p.：層理面

事例 3-05 新潟県柏崎市米山町聖ヶ鼻（ひじりがはな）における切土斜面に現れた正断層

2007年7月に発生した新潟県中越沖地震では，震源から約30km南西方の柏崎市米山町聖ヶ鼻で地すべりが群発した．地すべりが発生した斜面は新第三紀中新世後期の堆積岩からなる聖ヶ鼻層で構成されており，緩く日本海側に傾斜している．このため流れ盤斜面では層理面に沿ったすべりが発生し，移動土塊の大半が海岸まで流出して層理面が広く露出した（図3.19）．この流れ盤斜面西端の道路脇には地震発生前から砂岩優勢の砂岩泥岩互層が広く露出しており（図3.20），地すべり斜面を含めた周辺域にも注目すべき断層は認められていなかった．しかしながら，この露頭から南東方向に向かって延びる尾根上の不安定岩塊を除去するために排土が行われたところ，切土法面に見事な断層が出現した（図3.21）．破砕帯幅は40～50cmでありNW-SE走向でSW側に急傾斜しており，岩相の対比から正断層である．断層の上盤は，よく観察すれば多少の「傷」が見られるものの，下盤とほとんど変わらない整然とした地層であり，一見したところテクトニックな断層のように見えた．

聖ヶ鼻層上部層は砂岩泥岩互層であり，下部層は砂岩の薄層を挟有する泥岩層である．岬を含む周辺一帯はN-S方向に延びる背斜構造の軸部にあたるが，軸部が幅広く緩やかで北方にプランジしている．このため，地層はほぼE-W走向で北に25°～30°で傾斜しており，岬の東側は典型的な流れ盤斜面であるが，南東方向に延びる稜線部より西側

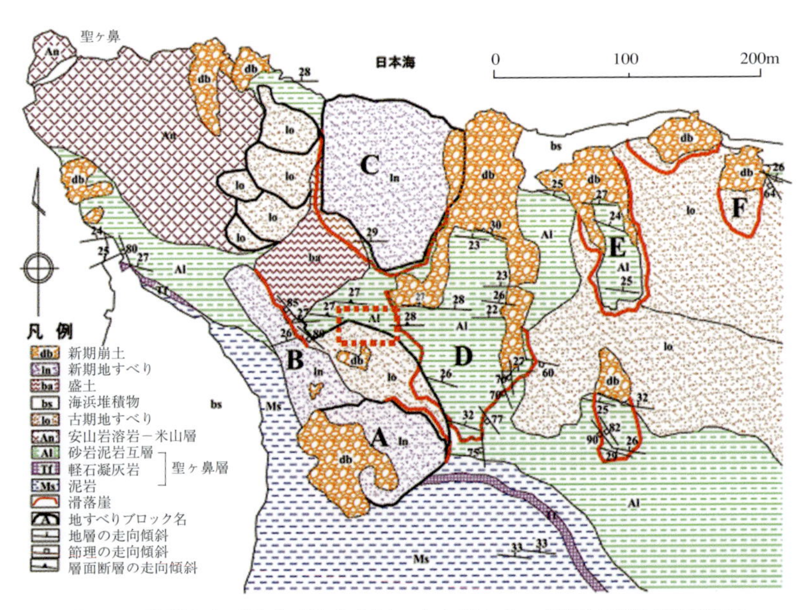

図3.19　地質および地すべり分布図　中央部の赤い点線内が断層確認位置．

は急傾斜面で，ケスタ地形を成している．この稜線部には稜線と平行したNW-SE走向でSW方向に高角度で傾斜する節理群が発達している．地震時に発生した地すべりは中～小規模のものであり，受け盤斜面で2個（A，B），流れ盤斜面で4～5個（C～Fなど）のブロックが生じたが，いずれも古い地すべりブロックの再活動あるいはその斜面内に発生した二次ブロックであった．

切土斜面に露出した断層は，とくに追跡調査されることはなかったが，受け盤側Aブロックの対策として実施された排土工施工中に，この断層の南東側延長部に当たる稜線部にもリストリックな正断層が現れた．さらに，Aブロックの新規地すべり崩土は完全に排除されたものの，その下位に厚い破砕帯が現れた．これらの断層や破砕帯は受け盤斜面内に限られることから，問題の断層も一連のものであり，A，Bブロックの背後にあった古い移動岩体の頭部に位置する地すべり面であることが明らかにされている（Nozaki and Has，2012）．詳細については，日本応用地質学会新潟県中越沖地震現地調査団（2007），日本地すべり学会新潟支部（2008），地盤工学会2007年新潟県中越沖地震災害調査委員会 編（2009）を参照されたい．

（野崎 保）

図3.20
地震発生直後の状況
右奥がAブロック，左上部がDブロック．写真中央上部の灌木帯部分に断層が出現した．

図3.21
尾根部切土斜面に現れた正断層

事例 3-06 地すべり移動体側部に見られる横ずれ断層（北海道積丹半島沼前（のなまい）地すべり）

北海道積丹半島の先端に近い西海岸には大規模なキャップロック型の地すべりである沼前地すべりがある（図3.22，3.23）．新第三紀中新世の泥岩・硬質頁岩とそれを覆う安山岩質ハイアロクラスタイト・溶岩ローブが泥岩の部分ですべったもので，すべり面の深さは頭部で約90m，海岸に近い国道付近でも約45mとされている（山木・藤原，1999；田近・岡村，2010）．

このうち中央部の幅300～450m，奥行900mの領域（最新期移動体）は，最近まで活動的で被害も大きく，1970年には集落の全戸移転が行われた．1969年から1986年までの17年間で地表面の変位は9mに達している．このため最新期移動体の両側の不動域との境界はノンテクトニックな横ずれ断層として認識された．

移動体の右側部は右横ずれ断層である．滑落崖（図3.23のa）から連続する側部は地形的には沢の部分に重なり右（東）側の非変動域には崩壊による小ブロックが形成されている．移動体の幅がやや狭くなる中央部付近では，移動体と右側の非変動域の高さがほぼ同じになり，断層は鋭いV字の溝（深さ1～2m）となる．この溝は狭い部分にさしかかると，分岐し左側（移動体側）へ屈曲して一部網状となり，やがて左にステップして下方へ続く．この屈曲部の下流側（非変動域側）は，圧縮され隆起しバルジ（bulge）が形成されている（図3.23のb）．それより下ではほとんど凹凸はなくなり，コンクリート堰が破断して水平移動（約2.5m）したり，道路の轍が移動したり（図3.24）することから，右横ずれ断層が認識される．

図3.22　積丹半島沼前地すべり

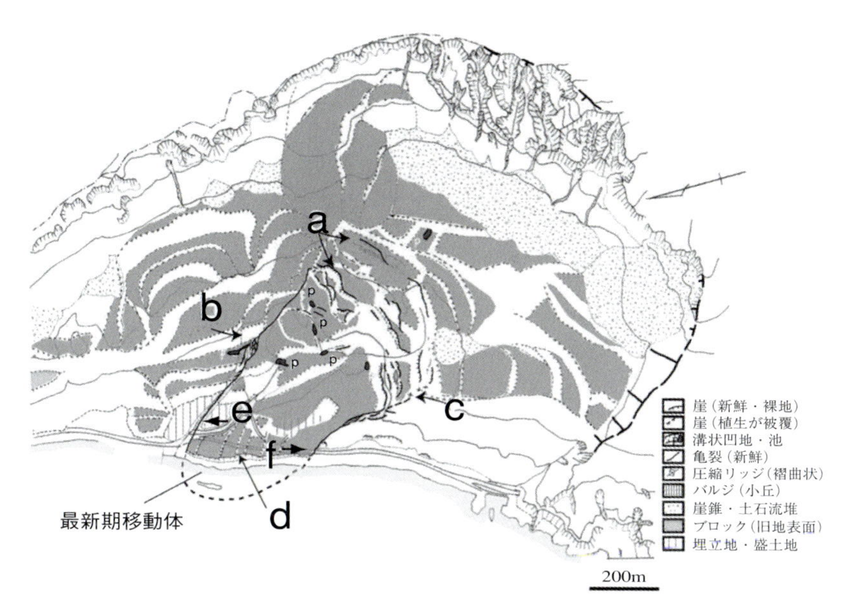

図3.23　沼前地すべりの地形分類図　田近・岡村（2010）に加筆修正
a～dは本文参照．e，fはそれぞれ図3.24，図3.25の撮影位置．

左側部は同じく左横ずれ断層となっている．左側部は地表部分が安山岩角礫に覆われて，地表の変形が見えにくいが，杉型に雁行する圧縮リッジがみられる（図3.23のc）．移動体の中央部で移動方向が左に変化する付近に延長約70mにわたって移動体側に移動方向に平行なリッジ（側方リッジ）が発達するとともに，右側部と同様のV字溝状の地形がみられた．溝と側方崖の間には高さ1m前後，波長5～8mの杉型の雁行圧縮リッジが形成されていることからこの溝も横ずれ断層と考えられる．改修前の国道は左横ずれによって海側に移動するたびに道路を直線的に補修するため，側端の移動体側で道幅が広がっていた（図3.25）．

右側部でも左側部でも地表の断層変形が激しいのは，屈曲する部分や傾斜の変化する部分である．このような部分では地下に，フラワー構造（横ずれデュープレックス）が期待されるが，活動中の横ずれ断層を露頭で観察するのは難しい．対策工事の進展によって見ることができなくなったが，かつては移動体のブロック境界である垂直な断層の断面を海食崖で見ることができた（図3.23のd）．その一部には，主断層の右側が順次落ち込んだフラワー構造に類似した構造も見られた（田近・岡村，2010）．

なお，対策工事の進展により最新期移動体の活動は1999年にはほとんど見られなくなった．それとほぼ同時に，上述の溝やリッジ，小崖などの地すべり変動に伴う「変動地形」は，植生の発達や崩壊などにより不明瞭になった．

（田近 淳）

図3.24
沼前地すべり最新期移動体の右側部

道路の轍がおよそ30cm右横ずれしている．矢印が移動方向．位置は図3.23のe.

図3.25
沼前地すべり最新期移動体の左側部

改修前の国道がおよそ2.5m左横ずれして道路幅が拡大している．破線が断層位置，矢印が移動方向．位置は図3.23のf.

事例 3-07　北海道中標津町（なかしべつ）における地すべり末端部の覆瓦構造

知床半島の火山列は南西方向に延び，斜里岳，摩周火山，屈斜路カルデラ，雌阿寒岳を連ねる山地を形成している．その東麓には根釧台地が広がり，山地との境界付近に標津断層帯と呼ばれる北西側隆起の活断層帯が認められている（北海道，2005）．ここに示す地すべりの末端構造（越谷ほか，2005）は，この断層帯の調査中に発見されたもので，牧草地の中に掘削された排水路の切土断面に現れていた（図 3.26）．認められた末端構造に対応する地すべりの規模は，幅約 150m，平面的な長さ約 250m である．

露頭は排水路の左右岸で観察される（図 3.27(a)）．どちらも約 3m 厚の移動体が確認できるが，上面がはぎ取られて掘削土砂に覆われているため，実際にはもう少し厚い移動体があり，空中写真判読によれば地すべり末端の圧縮リッジを形成していたものと考えられる．すべり面はほぼ水平で，11ka より新しいとされる（北海道，2004）摩周−1テフラ（Ma-l）層（厚さ約 1m）の粘土化した底面に相当する．

左岸側で典型的な覆瓦構造が観察され，すべり面から分岐する少なくとも 5 枚のスラストが確認できる（図 3.27(b)）．面の傾斜は 30 ~ 50° に達し，スラストに沿う引きずり褶曲が見られる箇所もある．また，逆傾斜となるバックスラストも認められる．スラストに沿う変位量は下位のものほど大きくなる傾向がある．

図3.26　覆瓦構造の見られる排水路断面

地すべりの下流側から撮影．断面の左岸側が見られる．その背景に，やや不整な表面を持つ地すべり移動体と，白樺林の奥に不明瞭な滑落崖がある．

右岸側ではスラストの枚数が少なく，左岸側との対比が明瞭ではないが，最も下位のスラストが共通しているものと考えられる．このスラストの上盤側に，ほぼ水平（一部は山向き緩傾斜）のスラストを介してふたたびMa-lが載ってくる．

このように，ここでは地すべり移動体末端の覆瓦構造が明瞭である．地すべり移動体の末端から移動体内部に向けてスラストが発達したか，あるいはその逆であるかは明らかではない．ただしスラスト沿いの変位が下位のものほど大きいことから，前者の可能性があると考えられる．スラスト前面にあるMa-l下盤側の腐植土中には材が多く含まれている箇所があり，このような箇所が強度的な抵抗帯となってその背面でスラストアップが起きたのかもしれない．

また，地表付近が人工的に削られているため，この末端構造がデュープレックス構造をなしているかどうかは確実ではない．右岸側の水平に近いスラストをルーフ断層とみればデュープレックス構造といえるが，このスラストは活動ステージの異なる地すべり移動体の一部である可能性もあり，その場合には順序外スラスト（out-of-sequence thrust）とみなすのが妥当であろう．

露頭で確認できる地層の短縮歪はおよそ40％，すなわちもともと18mの長さの地層が

地表側

左岸

右岸

地表側

図3.27（a）　地すべり末端構造の写真　越谷 賢撮影
（上）排水路左岸（北東面）（下）排水路右岸（南西面）
露頭全長が約15m.

10m に短縮されている．連続する露頭の前後を見る限り短縮変形はここだけに限られているので，頭部で滑落し，開口した分がほぼそのまま末端で重なり合ったものとみられる．地すべり移動体は摩周 g ～ j テフラ（Ma-g ～ j；7.3 ～ 8ka）までを巻き込み，摩周 d1，d2 テフラ（Ma-d1,d2；1,850 ± 90 ～ 3,100 ± 30yBP；宮田ほか，1988）に覆われる．また，移動体最上部の腐植土の ^{14}C 年代（4,370 ± 50 yBP）を考慮すると，地すべりの最新活動期は 3.1 ～ 4.0ka と考えられる．誘因が地震であったかどうかはあきらかではない．

地すべり末端の圧縮部に，このような付加体類似の覆瓦構造ないしデュープレックス構造が認められることは，田近（1995）によって初めて明示され，その後もいくつかの報告（小林ほか，2003）がなされている．

（永田秀尚）

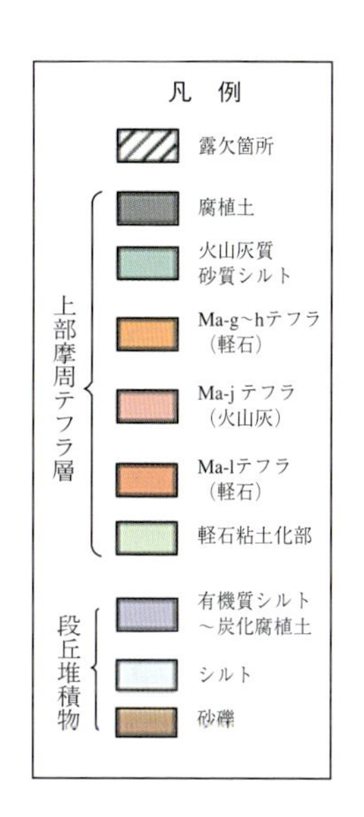

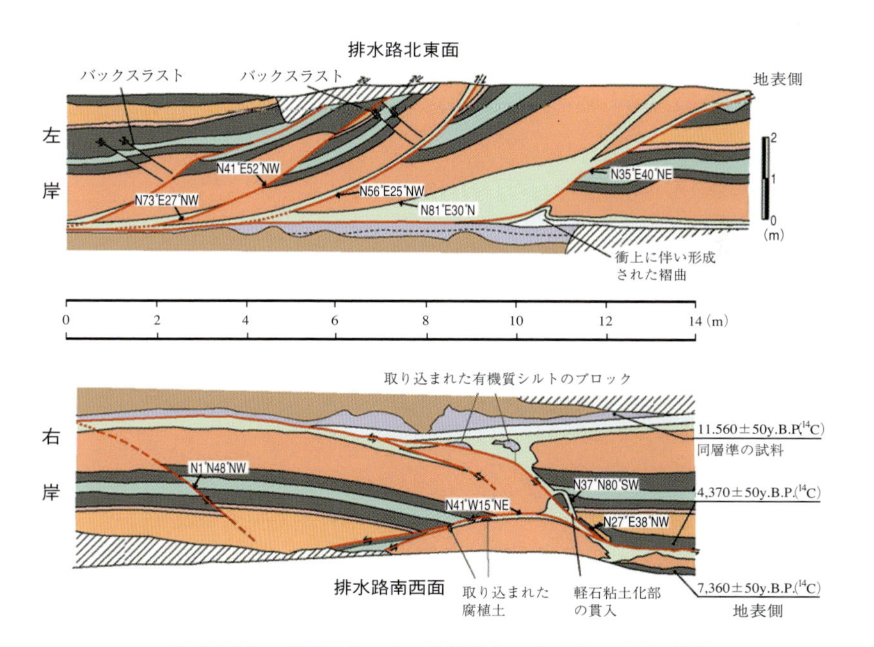

図3.27（b） 法面スケッチ 北海道（2004） 図3.27（a）に対応．

3.2　多重山稜形成に関係した断層

事例 3-08　富山県庄川左岸の多重山稜に関係したノンテクトニック断層

庄川水系と小矢部川水系の分水嶺は，北部の八乙女山（やおとめ）（751.8m）からSSW方向に大寺山（919.1m）を経て高清水山（たかしょうず）（1,145m）に続く稜線となっている．山稜部は起伏が小さく，なだらかで厚みをもった横断形状を成している．八乙女山や大寺山の山頂付近には併走する複数の線状凹地が認められ（図3.28），さらに図の範囲外の南方にも分布している．

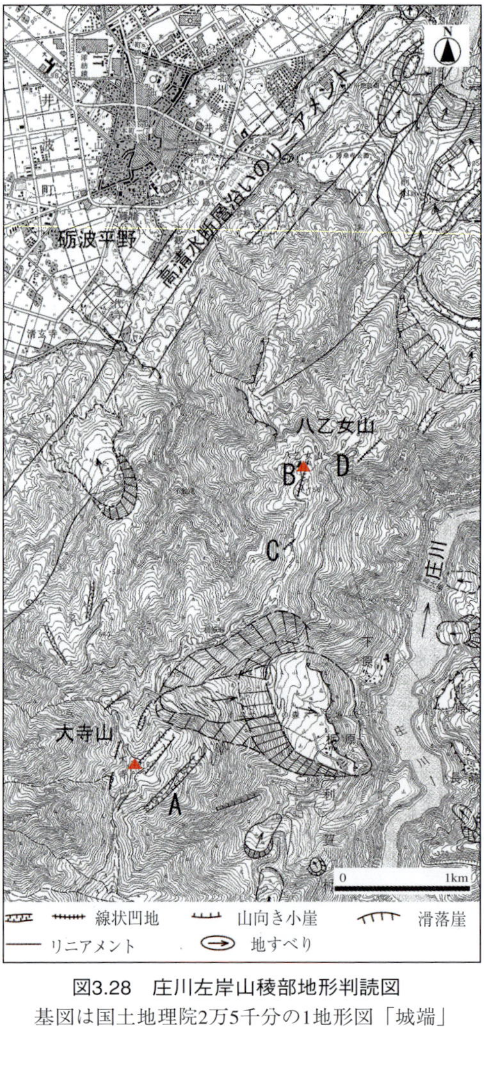

この地域では，庄川沿いに中生代の花崗岩類が分布し，これを前期中新世の楡原（にれはら）累層（礫質砂岩および泥岩）が不整合に覆っている．大寺山を含む山稜部には楡原累層を覆って中期中新世の岩稲累層（安山岩溶岩および安山岩質火山砕屑岩類）が広く分布し，大局的に西方に緩く傾斜している．その山麓と砺波平野の境界部には確実度Ⅰ，活動度Bの活断層である高清水断層がNE-SW方向に走っている（☞図3.5）．

線状凹地群の多くは，NNE-SSW方向に延びる稜線に対してやや斜交し，NE-SW方向に発達している．大寺山では山頂付近の他に南東側および北西側に線状に続く山向きの崖が認められる．山頂付近の凹地は両側部にNE-SW方向の小崖をもち，延長約400mで幅100m近い浅い船底形を呈している．南東側の線状凹地A（図3.29）はとくに明瞭で，NE-SW方向に約600mの延長が確認できる．

線状凹地　山向き小崖　滑落崖
リニアメント　地すべり

図3.28　庄川左岸山稜部地形判読図
基図は国土地理院2万5千分の1地形図「城端」

図3.29
大寺山南東側斜面の線状凹地と山向きの小崖　南側から撮影.

図3.30　大寺山南東側斜面の線状凹地内の湿地　北側から撮影.

この凹地は大寺山山頂に向かう小さな谷２本をも横断して延びており，交差部では湿地が形成されている（図3.30）．この線状凹地を境に山頂側の斜面は10～20°と緩傾斜，谷側の斜面は30°以上と急傾斜である．また，北西側の山向き小崖を伴う線状凹地は延長400m程度であるが，北部ほど明瞭であり，古い崩壊地の滑落崖に続いている．現地踏査の結果，山頂部および南東側線状凹地内に厚さ10～20cmの姶良丹沢テフラ（AT；29cal ka BP，奥野，2002）が確認された．いずれも乱された形跡がなく，線状凹地形成後に堆積したものであることがわかる．これらの線状凹地群は北端が大規模な崩壊地跡に接しており，崩壊発生前はさらに北方に延びていたはずである．崩壊地下部斜面のスキー場内には道路の切割があり，角礫を主体とする崩土層が観察されるが，この切割斜面には上記ATは認められない．

大寺山山頂付近の線状凹地群の延びの方向は，稜線方向とあきらかに斜交している．北部の八乙女山山頂部リニアメントも，大局的にはほぼ稜線の方向に一致しているものの，現地で観察すると「天池」と称される凹地付近（図3.28のB地点）では，やはり稜

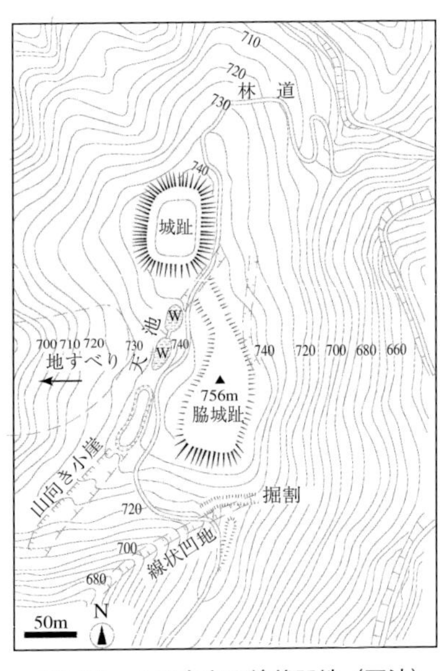

図3.31　八乙女山の線状凹地（天池）

線をNE–SW方向に斜めに切るように延びている（図3.31）．また，八乙女山の東方に見られる2つの線状凹地もNE–SW方向に延びている（図3.28のD地点の東方）．このことは線状凹地が周辺域の不連続面すなわち断層や割れ目の延びの方向を反映している可能性を示す．大寺山周辺部には基盤の地質構造を把握できるような露頭はないが，八乙女山の東側に岩稲累層の凝灰岩類からなる比較的大規模な露頭がある（図3.28のD地点）．地層はNW–SE走向で緩くNEに傾斜しており（図3.32），断層はNW–SE走向でSW方向に高角度で傾斜するものがほとんどであるが，NE–SW走向でSE方向に高角度で傾斜するものが1本確認されている（図3.32のR断層）．その鉛直隔離は3m以上で，変位の確認できたものの中では最大である（図3.33）．NW–SE走向のものの大半は水平に近い条線をもち，左横ずれセンスである．NE–SW走向の断層面では条線が確認できていないが，NW–SE走向のものと共役的に形成された右横ずれ断層と考えられる．

大寺山の北側に接する大規模な崩壊地は，線状凹地との位置関係や地形状況から，多重山稜の発生するような山頂部の岩盤ゆるみが素因であると考えられる．また，上記ATの存在から線状凹地の発生年代は3万年程度以前に遡ることになる．崩壊の発生に関しては，崩壊地跡の緩斜面下端遷急線から庄川河床までは200m以上の比高があるものの，崩積土内にはATが認められないことから，最終氷期最盛期前後のことであろうと推定される．

線状凹地の発生が地質構造に規制されたという直接的な証拠はないが，高清水断層沿いのリニアメント群や八乙女山東方での断層露頭観察の結果を考慮すると，NE系の断層群が線状凹地の発生に強く関与しているものと考えられる．こうした状況から，大寺山多重山稜の形成機構モデルは図3.34のように考えることができる（Nozaki and Nagata, 2006）．すなわち，山体の隆起に伴って山頂部を中心とした膨張が生じることによって断層に沿って山頂部が沈下し，さらにはその一部が大規模な深層崩壊にまで発展したことを暗示している．下流部の庄川沿いには段丘礫層が分布しており，その現河床との比高は200m以上に達している．このことは，第四紀における山地の激しい隆起・上昇を意味するものであり，山頂付近の膨張はこのような隆起運動によるものとして解釈できる．すなわち，線状凹地はテクトニックな断層に沿って形成されているが，その形成自体は重力作用によるものであり，ノンテクトニックな運動である．

（野崎 保）

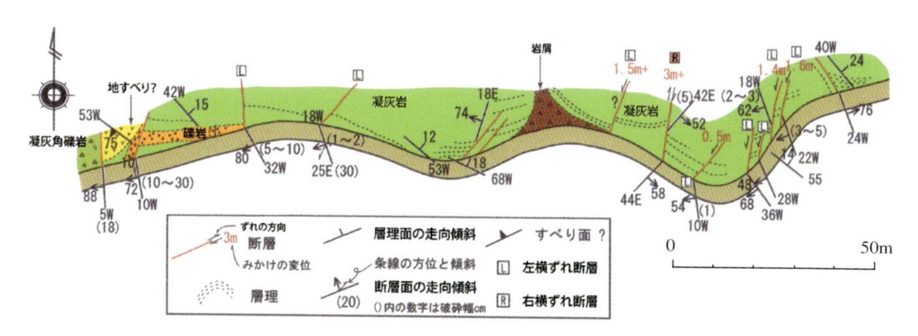

図3.32　八乙女山東方林道沿いの露頭スケッチ図

図3.33
上図の右寄りR断層の露頭

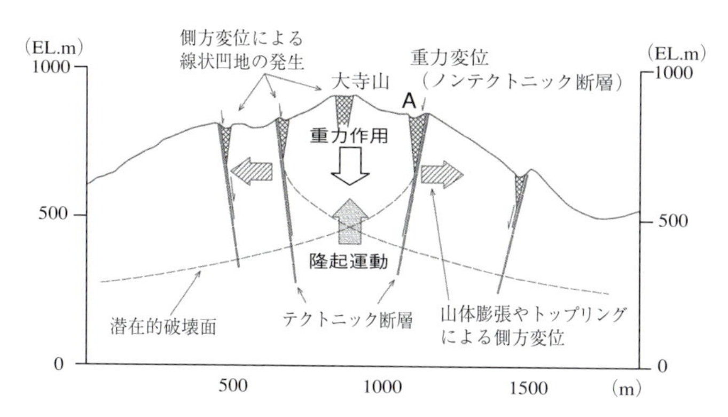

図3.34　大寺山多重山稜の形成機構モデル
Nozaki and Nagata（2006）

事例 3-09 岐阜県伊吹山の石灰岩地域に見られる線状凹地

伊吹山は主に美濃帯の石灰岩から構成される山体で（山本博，1985），標高1,377mの山頂付近には緩斜面がある．この緩斜面上には線状凹地が認められる（図3.35）．

山頂緩斜面上の線状凹地は，山頂西側のもの（図3.36）と東側のもの（図3.37）の2つがある．両者はほぼE-W方向の線上にあるが，連続しておらず，延長は西側のもので約300m，東側のもので約200mである．両者とも下凸の横断形をもち，凹地斜面の最大傾斜は15°程度にすぎない．また斜面の顕著な非対称性も見られない．西側凹地の西端，東側凹地の東端はともに緩く北に向かって湾曲して消失している．なお，西側の線状凹地ではこの延長上に浅い谷がW～WNW方向に延びていることが地形図で読み取れる．

山頂緩斜面の北側は標高1,250～1,300m付近にかけて相対的にやや急な斜面となり，その下方に駐車場のある緩斜面Pがあり，さらに標高1,150～1,200mにかけて連続する遷急線を境に北側が急斜面となっている．駐車場付近を南端に，西側ではWNW方向に，東側ではENE方向に向かう谷が形成されている（図3.35）．このような地形は地すべりの滑落崖と斜流谷・移動体に相当する可能性がある．ただしWNWに向かう谷（図3.38）の東方延長上に遷緩線が認められるので，この方向にテクトニックな断層が存在するかもしれない．

石灰岩地帯の凹地は，これまでドリーネなど，いわゆる石灰岩地形として漠然と理解されることが多かった．伊吹山で見られる地形も明瞭な重力性の線状凹地かどうかについては確証がない．しかし，地すべり地形とその後背凹地であるという可能性は十分考えられる．凹地そのものがゆるやかで小崖を持たないのは，その形成が古い時期であることのほか，全体が石灰岩からなっていることも関係しているかもしれない．さらに，石灰岩の溶食による不規則な微地形は，山頂部よりむしろ北側斜面より下方で目立つように

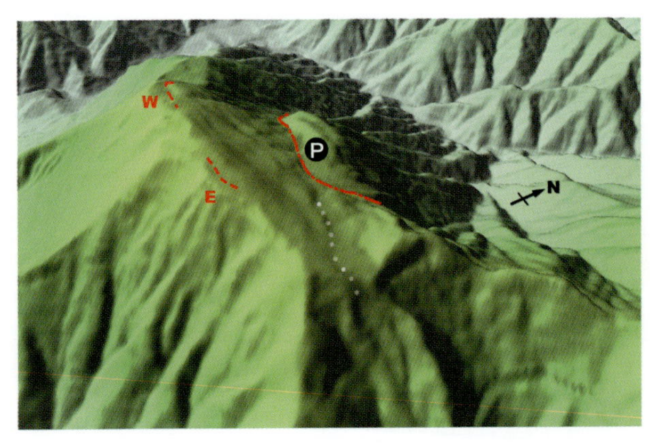

図3.35
伊吹山の地形俯瞰図

国土地理院10m数値標高データを用い，カシミール3Dによって南東側から見る．

Pが駐車場のある緩斜面．破線は頂上部の凹地，一点鎖線は東西からの斜流谷，白点線は断層を反映しているかもしれない遷緩線．

見える．このことは斜面変動による岩盤のゆるみ→空隙の増大による溶食の容易な進行→石灰岩微地形の形成，というプロセスが考えられるかもしれない．永田ほか（2006）によれば，美濃帯の石灰岩からなる山体の各地で線状凹地が認められる．

（永田秀尚）

図3.36　山頂西側凹地　図3.35のW　東から見る．

図3.37　山頂東側凹地　図3.35のE　西から見る．

図3.38　滑落崖下の西北西に向かう谷　右端に駐車場緩斜面が見られる．

事例 3-10 高知県いの町代次（よつぎ） ー線状凹地群とそれを形成した断層群の運動像ー

近年，四国山地では，線状凹地の形成に伴って尾根が陥没し，尾根の山上に平坦地が形成されるという現象が明らかになってきている．山上平坦地の形成に関係した断層群の運動像の解明は，異常樹木を使った解析（横山・横山，2004）や簡易レーザー測距儀を用いた微地形解析（光本ほか，2014 など）によって試みられ，現在，4 タイプの断層群のパターン（図 3.39）が推察されている．

高知県いの町代次集落の南に位置するE-W 方向に延びる尾根上に山上平坦面が存在し，そこに線状凹地群が発達している．ここでは，緊張した樹根をマーカーにして，表土で隠された線状凹地が検出され，線状凹地を挟む両側の地盤の上下判定・開口方向が推定され，線状凹地群の分布とそれに関係した地盤の変動が明らかにされた（図 3.40，横山・横山，2004）．

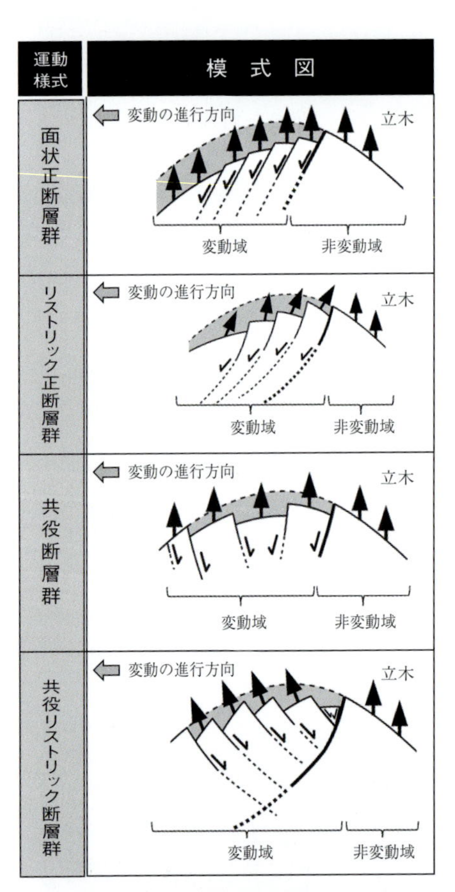

図3.39　山上平坦地形成に関係したノンテクトニック断層群のパターン（模式図）

開口幅が2 ～ 5m に達する規模の大きな線状凹地が山上平坦地の南縁に位置している．この線状凹地の側壁をなす両側の地形は非対称である．南側の地形は，不動域をなす南斜面から立ち上がったやせ尾根を形成し，北側より高い．一方，北側は平坦な地形を形成し、そこに，開口幅が数 10cm の小規模な線状凹地群が杉型雁行で分布している．

南縁の規模の大きな線状凹地は凹地の両壁面の間の岩盤が陥没している．それを支持するのは異常樹木の存在で，凹地を跨ぐ「股裂き」状態の樹木と凹地の底に伸びる緊張した樹根である（図 3.41）．

山上平坦面の西部では，規模の大きな線状凹地の北側の地盤は北に向かって傾動（回転）していることが北に向かって傾動した樹木（樹幹）から推察され（横山・横山，2004），簡易レーザー測距儀を用いた微地形解析によっても

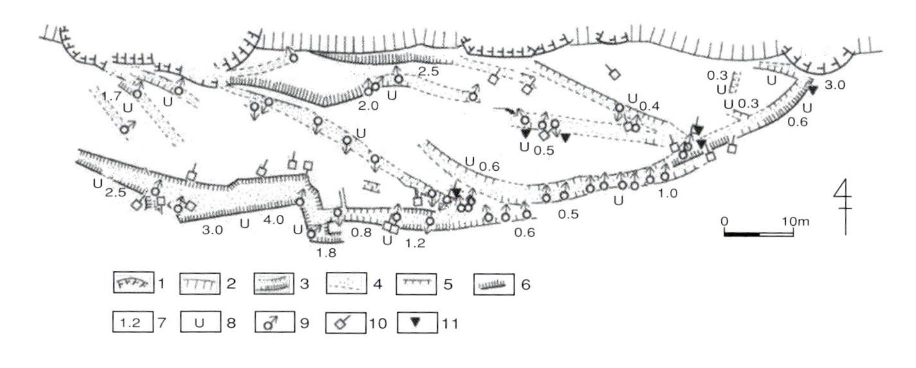

図3.40　代次の線状凹地分布　横山・横山（2004）を編集

1：崩壊，2：滑落崖，3：線状凹地　4：小崖をもたない境界，5：高さ1m未満の小崖，6：高さ1m以上の小崖，7：線状凹地の小崖の高さ（m），8：上盤表示記号，9：緊張した樹根と落としの平均方位，10：傾動樹幹木の傾動方位，11：樹幹の絡まった樹木

注）平坦地内部の小規模な線状凹地は幅が誇張されている．

追認された（光本ほか，2014）．推察された断層群パターンは共役リストリック断層群（図3.39）である．同様の調査が山上平坦面の西端でも実施されたが，そこでは面状正断層群（図3.39）の存在が推察された．このように運動像は場所によって異なるが，尾根全体としては，線状凹地形成に伴って，北に向かって広がりながら陥没した結果，平坦になったと結論された（光本ほか，2014）．

四国山地の尾根の裂け目（線状凹地）の発生原因を実証する直接的証拠はないが，状況証拠から南海地震による地震動が原因である可能性が高い（横山，2013）．そうであるなら，地震動が地形的に増幅しやすい尖った尾根でなく，山上平坦地に線状凹地が発達するというのは矛盾しているように思われるかもしれないが，尖った尾根が裂け目形成に伴って陥没した結果が山上平坦地であるので矛盾しない．

（横山 俊治）

図3.41

規模の大きな線状凹地に見られる異常樹木

凹地を跨いで「股裂き」状態になったような樹木や，凹地の底に伸びる緊張した樹根は凹地の間の岩盤が陥没したことを示す．

事例 3-11　高知県仁淀川町大引割 ―線状凹地の内部構造―

高知県を代表する仁淀川と四万十川の分水界をなす山稜にある大引割峠付近に，大引割，小引割と銘打った裂け目が発達する大引割チャートがある（加藤ほか，2009）．大引割チャートは秩父帯北帯に属し，白亜系の物部川層群相当層の礫岩に北から衝上したクリッペである．

大引割チャートが分布する領域は，大小の裂け目や線状凹地の発達によって複雑な微地形が形成されているが，全体としては山上平坦地を形成している．図3.42は大引割チャートの東半部の地形図である．山上平坦地の南縁をなすENE-SWS方向に延びる尾根

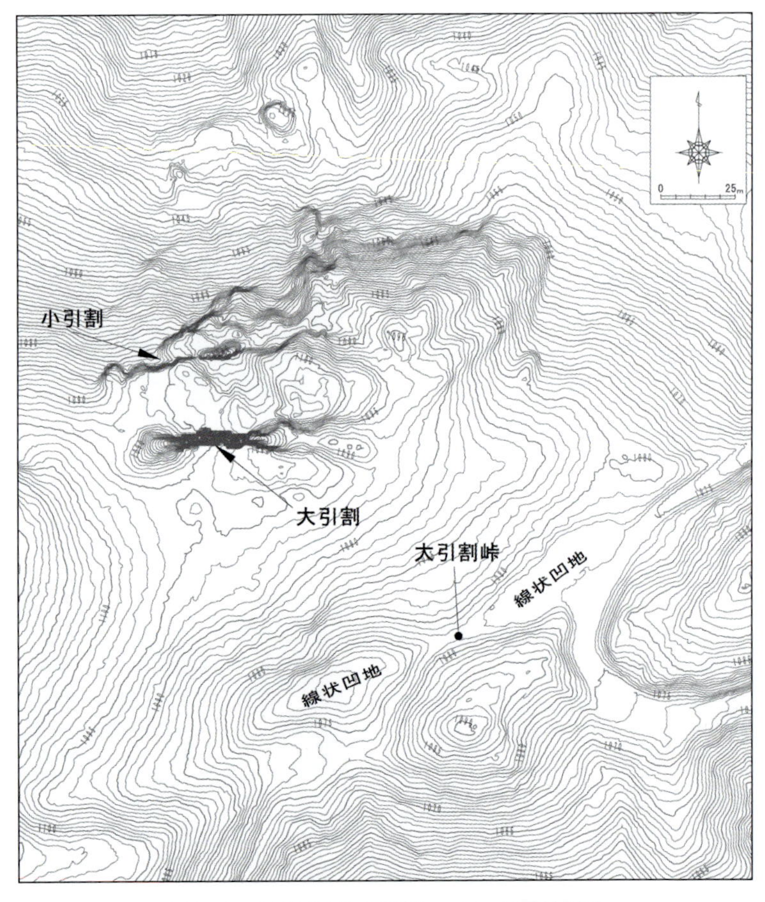

図3.42　大引割周辺の航空レーザー測量地形図
国土交通省 四国地方整備局四国山地砂防事務所提供の数値データを使用.

図3.43　規模の大きな線状凹地内の西側の凹地　東から撮影

は不動域の南斜面から立ち上がったやせ尾根で，この北側に規模の大きな線状凹地が存在する．一方，線状凹地の北側の地盤は南側の地盤よりも総じて低く，南に向かってなだらかに傾斜する斜面をなす．

規模の大きな線状凹地は，大引割峠を挟んで，内部が2つの凹地の領域に分かれている．東側の凹地は現在造成によって平地になっているが，造成前でも凹地の深さは1m前後で，2mに達するところはなかった．それに対して，西側の凹地は深さ5mに達するところがある（図3.43）．それぞれの凹地では，その輪郭を規制する分離面として，複数の断層の存在が推定される．

線状凹地の北側の緩斜面を登り切ったところに大引割がある．大引割はE-W方向に延びる長さ60m、深さ30m，開口幅3～8mの深い裂け目である（図3.44）．裂け目の東端は広がっていて，裂け目の底には巨礫が点在している．凹地の側壁は層理面や小断層に規制された平滑な壁面を持つ．裂け目を挟んで北側の地盤の方が1～5m高くなっている．したがって，規模の大きな線状凹地と大引割，および両者の間の緩斜面を含む領域は陥没を示唆する．

さらに北に進むと，大引割の北側の壁面をつくる高まった地盤の北側に小引割の裂け目が走っている．小引割の中央付近では，裂け目を挟んで南側の地盤（大引割と小引割の間の地盤）の方が北側の地盤よりも高く，その比高が大きいところで8mほどある．小引割の南側の壁面は垂直に近い平滑な壁をなす．小引割は50m以上連続し，最大幅約6mである．裂け目の内部は多数の岩塊がぎっしりと埋めている（図3.45）．裂け目の深さは最大24mである．小引割の北側は比高20mほどの急崖をなす．そこが大引割チャートの北縁にあたる．この急崖の直下にはチャートの巨礫が多数転がっている．

図3.42に示した地形図の範囲から外れるが，大引割チャートの西端部では，N-S走向の裂け目によって分断された壁面にE-W走向の裂け目の断面が現れた（図3.46）．写真は西から東を見ている．オレンジ色の樹肌を示すヒメシャラが裂け目の北壁の近くに自生

図3.44　大引割

裂け目東端の底面から西を望む．大引割の最深部は写真に写っていない．

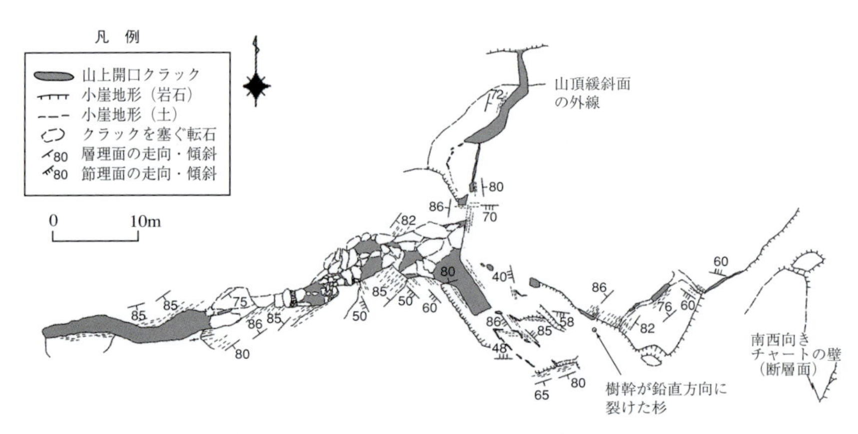

図3.45　小引割周辺の裂け目（開口クラック・線状凹地）の分布図

加藤ほか（2009）を一部改変

している．裂け目の側壁は北壁よりも南壁の方が高い．人物の横，赤白ポールのところが裂け目の内部に当たる．裂け目の幅は1.5m程度である．裂け目の壁面と岩塊の面，さらには岩塊同士がジグソーパズルのように噛み合っている．このような産状は，２つの裂け目の間を構成していた岩盤の陥没に伴って破壊されたことを示している．小引割の裂け目内部の岩塊も同様の機構で形成されたと推察される．

南海地震は約100年に一度という高い頻度で発生し，その都度，地震時落石，崩壊が発生してきた．しかし，落石・崩壊に至らなければ，ダメージは裂け目として残る．これが線状凹地の始まりである．大引割チャートでは尾根まで硬質な岩盤が露出しているので，裂け目は残りやすく，実際縦横無尽に裂け目が走っている．巨大地震の繰り返しは裂け目を成長させ，深い裂け目や幅の広い線状凹地を形成していった．

（横山俊治）

図3.46
小規模な裂け目の内部構造
写真の上部中央に凹地があり，その断面が写真の下部に続いている．裂け目の壁面と岩塊の面，さらには岩塊同士がジグソーパズルのように噛み合っている．岩塊は裂け目形成と同時に形成されたと考えられる．

3.3 バレーバルジングに伴う断層

事例 3-12 新潟県十日町市のバレーバルジング構造とそれに伴う小断層群

新潟県中越地方の丘陵地域にはNNE-SSW方向の背斜・向斜構造が発達し，その中には褶曲軸方向およびその横断方向に小断層が発達していることがある．このような小断層が鮮新・更新統の地層中に発達していれば，それは活断層の可能性がある．しかし，本事例は重力作用や河川侵食に起因する残留造構応力の解放に伴うものである．すなわち，バレーバルジングと呼ばれる現象によって，谷底に沿った背斜構造（valley anticline）が形成され，その過程で副次的に形成された小断層である．

十日町市東方の丘陵地域には新第三紀鮮新世から第四紀更新世の魚沼層群が広く分布し，西方の信濃川に向かって緩く傾斜している．また，この地域には信濃川によって形成された階段状の段丘が広範に発達している．段丘面の傾動は魚沼層群の構造と調和的であり，周辺一帯は顕著な活褶曲帯として知られている．こうした環境下にあることから，このバレーバルジングは河川による下刻に伴う残留造構応力の解放によるものと考えられる．

本事例の地点はダム計画地点として地表踏査・ボーリング調査・横坑調査などが行われ，図3.47に示すように，それらの結果から，旧河床下に谷背斜が形成されていることが確認されている（野崎，1997；1998）．軸方向は概ね地層の最大傾斜方向（NW-SE）に延びており，周辺一帯の褶曲構造とあきらかに不調和な構造である．したがって谷の下刻

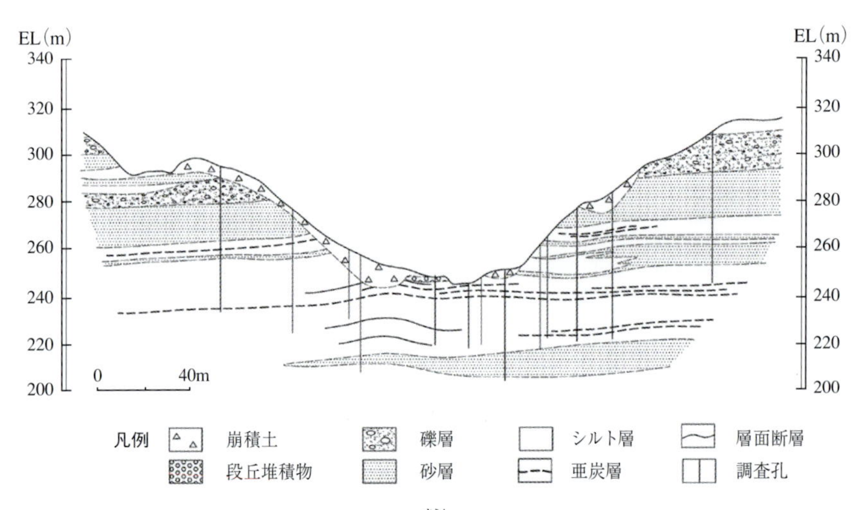

図3.47 信濃川右岸支流晒（さらし）川中流域の地質横断面図

に伴う応力解放によってバレーバルジングが生じたものと解釈されている（Nozaki and Masumura, 1998 ； Nozaki et al., 2008）．この谷背斜の部分には層理面に沿ったフレキシュラルスリップが発達するとともに両翼には互いに逆向き傾斜の小断層が形成されている．

地質断面図（図3.47）に示すように，本事例の地点には顕著な断層は確認されていない．しかし，河床露頭やダム計画のための調査横坑内には変位量数cm ～ 10数cmの小断層が多く認められる（図3.48）．これらのうち，表層部の斜面変動に伴うものを除く大半の断層は90°前後の高角度なものであり，なかには深部に向かって消滅することが確認できているものもある．また，谷背斜の翼部の断層は左右岸において変位が逆方向である．すなわち，両翼の断層はともに山側落ちであり，旧河床部が地塁状に隆起する形態を示している（図3.49）．また，ボーリング調査の結果から上記のフレキシュラルスリップの分布も谷背斜周辺に限られていることが確認されている．したがって，これらの層面断層も，高角度断層とともにバレーバルジングに伴って形成されたものと解釈される．

（野崎 保）

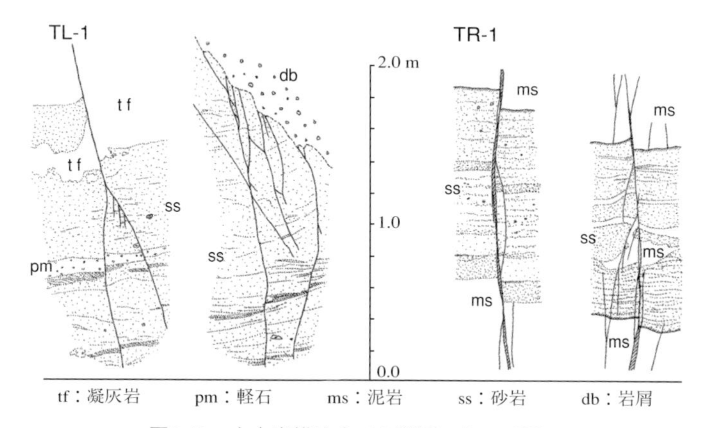

図3.48　左右岸横坑内での断層スケッチ図
左2つが左岸，右2つが右岸．

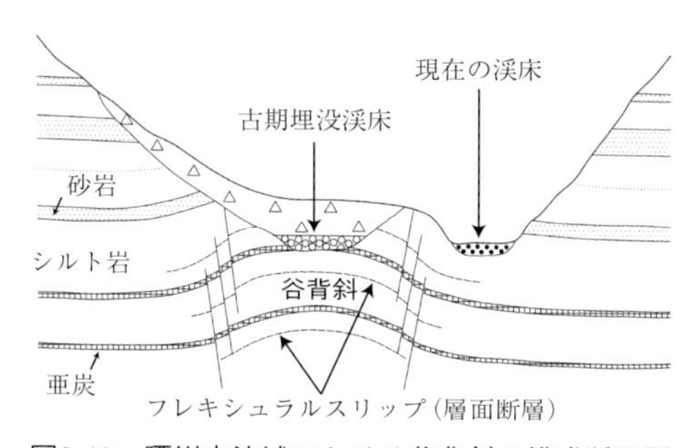

図3.49　晒川中流域における谷背斜の模式断面図

3.4　軟質な第四紀堆積物中の断層

事例 3-13　静岡県伊豆市におけるカワゴ平降下軽石層を変位させる小断層

この断層露頭は伊豆市大見川上流に位置し，天城火山から流出した溶岩によって形成された尾根が開析された北西向きの小尾根上にある．本露頭は早川・小山（1992）によって記載されており，断層の存在も述べられている．層序は下位から，天城火山噴出物（露頭では確認されない）を覆うローム／レス層（この中に早期の伊豆単成火山群噴出物のひとつである地蔵堂降下スコリア層＜22ka＞がある），カワゴ平降下軽石層～火砕流堆積物＜3.1ka（嶋田，2000）＞，表土となっている．

この最上位の部分に50～60cm間隔で10以上の小断層が認められる（図3.50）．個々の断層をみると，断層面の形態と変位のセンスが共通している．

断層面は尾根にほぼ直交する走向を持ち，約70°でほとんどが尾根の下向きに傾斜している（図3.51，3.52）．若干下凸のリストリックな形状を示す．少なくともローム／レス層・カワゴ平降下軽石層が変位している．それぞれは最大10cmの正の隔離を持つ．地

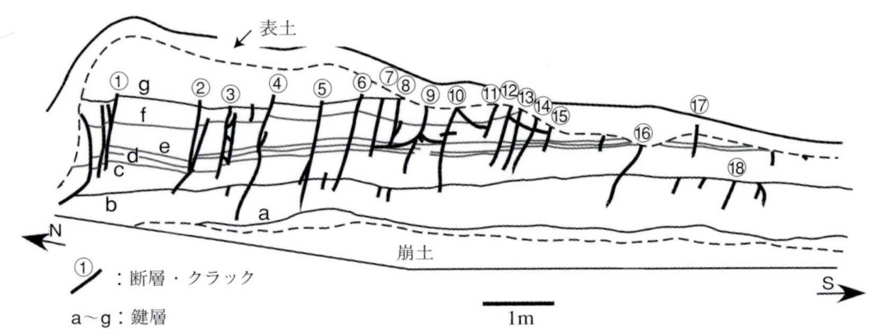

図3.50　小断層の露頭写真とスケッチ

a：地蔵堂スコリア層上限，b：カワゴ平降下軽石層下限，
g：カワゴ平降下軽石層／カワゴ平火砕流堆積物境界

表面での変位（段差など）は確認されない．カワゴ平降下軽石層内での変位がほとんどであることから，断層変位はこの層の最も粗粒な部分である最下部（KGP1）の粒子間に分散されたものと考えられる．

空中写真判読や周辺の踏査の結果，この露頭付近を通るENE-WSW方向の活断層があるという証拠は見いだされなかった．逆に，①断層位置がほとんど尾根上であること，②断層の方向と変位センスが尾根を横断し，下側が低下するものであること，③上部が開口し，下部で消失すること，を根拠にこれらはノンテクトニック断層であるといえる．変位が生じた時期はカワゴ平降下軽石層の堆積，すなわち3.1ka以降である．複数の断層が同様の性質を示すことから，同時に生じたもので一過性である可能性が高い．早川・小山（1992）はこの断層について地震性であると述べているが，上述のような断層の性状からその可能性は大きい．ただし尾根の形成には多少の時間を要するので，彼らが考えたように断層変位がカワゴ平単成火山の噴火直後であったというより，もう少し新しい時代に形成されたものの可能性がある．断層に沿う開口（図3.53）や，表層物質の落ち込みが見られることも，その形成がそれほど古くないことを示唆している．

（永田秀尚）

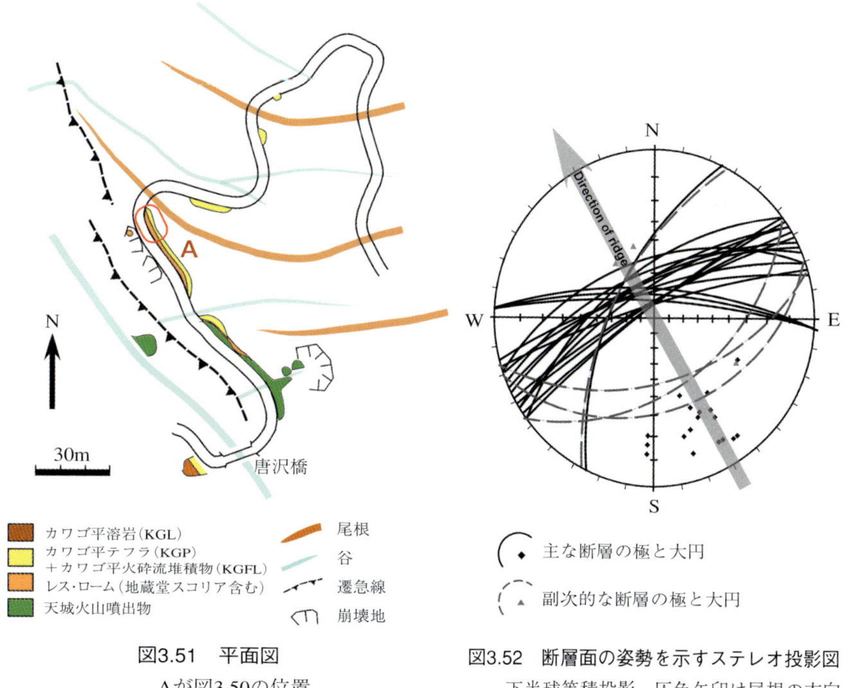

図3.51　平面図
Aが図3.50の位置．

図3.52　断層面の姿勢を示すステレオ投影図
下半球等積投影．灰色矢印は尾根の方向．

図3.53　断層面に沿う開口
図3.50の④〜⑥断層.

事例 3-14 熊本県阿蘇市におけるマントルベッディングした降下テフラを変位させる小断層群

広大な阿蘇カルデラをとりまく外輪山の外側はなだらかな地形となっており，そこには阿蘇起源以外のものも含めて多数の降下テフラが堆積している．とくに北東側外輪山上ではそれらの分布は広範囲であり，道路切土面などに現れたものを容易に観察することができる．宮縁ほか（2004）によれば，降下テフラは上下を腐植質の古土壌に挟まれた粗粒な降下スコリアからなることが多く，カルデラ縁におけるテフラ層の厚さは最大約100mに達するとともに，AT* 以降に限っても厚さ15mに達すると報告されている．また，層序的にはこれらの降下テフラは阿蘇火砕流堆積物ならびに先カルデラ噴出物の溶岩を覆っている（小野・渡辺 編，1985）．

図3.54は標高700～800mのこの地域における道路切土法面であり，ほぼ南北のN-Sの法面には高さ数mの範囲に多くの降下テフラ（法面上部にはK-Ah** が，下部にはATが含まれている）とその間の古土壌が現れている．そして降下テフラを含めた地層中にはいくつかの小断層が認められ，部分的にそれらを変位させている．

切土法面の上端（地表面）は緩やかな凸地形をなしており，これに対応して各地層も緩やかに背斜状をなしている．このことから，降下テフラを含めた地層は多少の凹凸を持った旧地形上（先カルデラ噴出物の溶岩よりなる基盤上）にマントルベッディング*** して堆積していったものと考えられる．それらを変位させる断層面は50～80°で南側または北側に傾斜しており，いずれも正断層のセンスを示している．ただし，変位は最大でも20cm以内であり，法面上部では明瞭であっても下部にゆくにつれて不明瞭になったり，他の断層に収斂したりしているものが多い．

図3.54
阿蘇外輪山上においてマントルベッディングした降下テフラを変位させる小断層群
露頭の左右幅約6m．矢印は図3.55の位置．

* AT：姶良丹沢火山灰，29 ka cal BP（奥野，2002）
** K-Ah：鬼界アカホヤ火山灰 7.3 ka cal BP（奥野，2002）
*** マントルベディング：降下堆積物などが陸上で地形の凹凸に支配されて堆積し，それにほぼ平行して成層した状態

図3.55は小断層群のうちの1つの拡大写真である．この例では断層面は切土面の上部では急傾斜した面に沿って明瞭な変位を伴うものの，下方にゆくにつれて低角になる傾向があり，下位のシルト層には変位が認められない．ここでは断層面はシルト層の上面に沿って左方に延びると推定され，断層変位はこの上面に沿って次第に小さくなると推定される．

図3.55　小断層の拡大部

図3.54の左端の小断層．左右幅約1.5m．上部では急傾斜しているが，断層面は下方にゆくにつれて低角になり，下位のシルト層は変位していない．断層面はシルト層上面に沿って左方に延びると推定される．

これらの小断層群はマントルベッディングした背斜状の部分に多く見られ，変位のセンスもその構造に調和的である．このことから，背斜状構造を保持しつつ重力下における圧密・沈下過程において，水平方向の引張応力とともに，地層の変形に伴う剪断応力が関与して形成されたものと推定される．したがって，凹凸を持った基盤上にマントルベッディングして堆積した地層の圧密過程が断層形成の大きな要因といえよう．また，破断による小断層面の形成には地震動の関与も考え得る．

小断層面は浅部では明瞭であっても，下位にゆくにしたがって変位は小さくなり，基盤まで達しない．このため，形成過程から見てノンテクトニック断層といえる．形成過程を概念的に示せば図3.56のようなものであろう．古土壌は腐植を伴う粘土質なところが多いが，降下テフラは一般に火山砂を伴う粗粒なスコリアからなることが多く，ルーズであることから，封圧の小さい浅部では容易に破断・変位・移動するようであり，これが小断層の現れやすさの原因にもなっている．

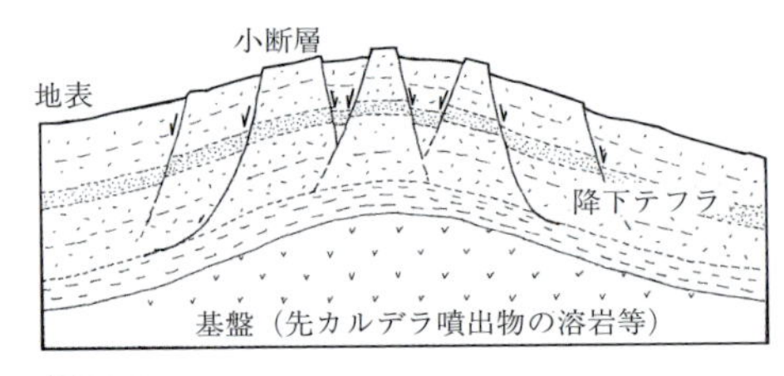

図3.56

基盤の凹凸に対応して緩い背斜構造をなす降下テフラなどの頂部に正断層センスの小断層群が形成される概念図

（横田修一郎・西山賢一）

事例 3-15 大分県玖珠(くす)町の湖成堆積物中の小断層群

大分県北西部の玖珠盆地とその周辺には鮮新世−更新世の火山岩類・火砕岩類に挟まれるように凝灰質の砂・シルトなどからなる地層群が分布しており，それらの中にしばしば小断層が見られる．これらの地層群は層相から湖成ないし河川成であり，火山活動の休止期に比較的狭い範囲内で形成されたと考えられ，全般に凝灰質な部分や軽石，珪藻土を多く含むのが特徴である．個々の分布域は断片的であるが，類似した層相の地層が当盆地内とその周辺の広範囲に分布している．

図3.57はそのうち九重(ここのえ)町の野上層（岩内・長谷，1987）中に見られる小断層である．野上層は層序的には鹿伏岳(かぶしだけ)溶岩によって覆われるが，両者の時間間隙はほとんどないと考えられている（岩内・長谷，1987；長谷・岩内，1992）．地表露頭でみると，野上層のうち鹿伏岳溶岩の直下では地層が擾乱されているところが多く，一部には高温酸化による赤色化が認められる．小断層が多数見られるのはこの部分である．

このゾーンに見られる小断層群は必ずしも正断層センスだけでなく，逆断層センスのものもみられ，互いに共役セットをなすものもある．図3.57には逆断層センスのものを示している．ここではほぼ水平なシルト層がシャープな断層面に沿って変位している．ただし，変位はこのシルト層の上方または下方にトレースしていくと消滅しており，断層面は連続

図3.57
野上層のシルト層を変位させる小断層
写真の左右幅は約50cm．
逆断層センスに見える．

図3.58　猪牟田層のシルト層の屈曲と小断層
写真の左右幅は約1.5m.　屈曲方向と断層のセンスは調和的である.

していない．このことから，この断層は一連の堆積物が十分固結した後にテクトニックな運動によって形成されたものではなく，堆積時ないし堆積直後の極めて軟質な状態下で部分的に破断して形成されたものと推定される．層序的には鹿伏岳溶岩の直下であることから，溶岩の流下に伴う上載荷重などによって擾乱され，その過程で部分的に破断・変位したものであろう．

図3.58は図3.57の露頭の南方約3kmで確認されたもので，上記と類似した層相の猪牟田層（長谷・岩内，1992）中にみられるものである．シルト層が大きく屈曲し，一部は破断して変位し，断層状を呈している．屈曲方向と断層のセンスが調和的であることから，これも堆積時あるいはその直後の比較的軟質な段階で上記と同様の機構で形成されたと考えられる．したがって，いずれもノンテクトニックな断層と判断される．

（横田修一郎）

事例 3-16 宮崎県西都市の段丘堆積物と降下テフラを変位させる正断層

非固結の段丘堆積物には，しばしばノンテクトニック断層が観察できる．本事例は多段化した段丘堆積物が分布する宮崎平野において，段丘堆積物と被覆テフラを変位させる断層である．この露頭（図3.59，宮崎県西都市原無田）では，約25万年前のAta-Th（阿多鳥浜）を挟在する茶臼原（ちゃうすばる）層の最上部（段丘面付近）と，被覆テフラが観察できる．茶臼原層の最上部約1.5mはとくに赤色化しており，含まれる礫が著しく風化・軟質化した「くさり礫」となっている（長岡ほか，2010；西山・松倉，2001）．その上位には，褐色～黒色を呈する古土壌と，それに挟在する降下テフラが分布しており，下位から，Kr-Iw（霧島イワオコシ，降下スコリア，30～40ka），AT（姶良丹沢，ガラス質火山灰，29ka cal BP），K-Ah（鬼界アカホヤ，パッチ状のガラス質火山灰，7.3ka cal BP）である．

図3.59 茶臼原層が形成する段丘面側部の開析谷（左側）に向かって形成された小断層

明瞭な黒色土層の直下（ハンマー直下）の褐色部分がAT（厚さ20cm），その下位にある薄い埋没黒ボク土の下に明褐色と暗褐色の部分があり，暗褐色部分がKr-Iw（厚さ30cm）である．テフラを変位させる部分では，下位の礫層（茶臼原層）を変位させる部分に比べて断層面の傾斜がやや低角度である．

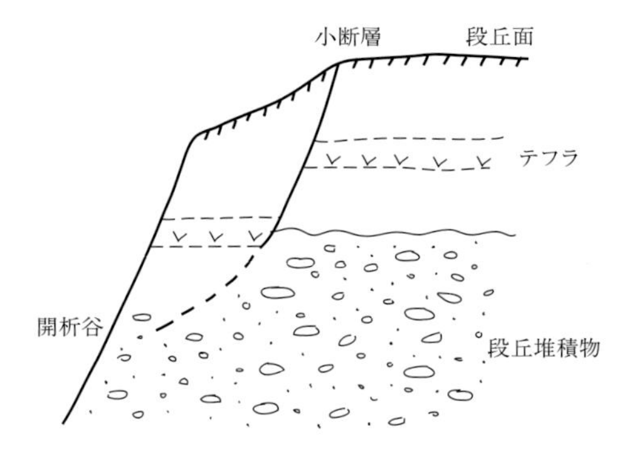

図3.60
段丘の開析谷に見られるノンテクトニック断層の概念図
開析谷底に向かって断層面が低角化するリストリック正断層をなす．

ノンテクトニック断層は，赤色化した茶臼原層の最上部と，それを被覆する降下テフラ層・埋没黒色土層を変位させており，見かけ上正断層のセンスを持つ．図に示すように，断層面は下部テフラ層の下部，茶臼原層の礫層下部にゆくほどそれぞれ低角度になっており，リストリック正断層といえる．AT直上の厚い埋没黒色土層の見かけの変位は約1.4mである．埋没黒色土層の上位にはK-Ahが分布するが，パッチ状をなすため，この小断層による変位は明瞭ではない．

写真の左側は，茶臼原段丘を開析する開析谷（段丘面と谷底の比高は約15m）の斜面であることから，正断層センスを有するこのノンテクトニック断層の出現位置および形状は，段丘面を開析する開析谷がつくる急崖という地形条件に規制されていると考えられる．さらに，開析斜面を構成する地層が，非固結でかつ風化・軟質化した段丘堆積物と，それを覆うスコリアなどの粗粒な降下テフラであるため，開析谷形成後の変形が生じやすいことも指摘できる．図3.60に概念的に示すように，この地域の段丘堆積物は非固結の砂礫層と被覆テフラからなり，その側壁が急な段丘崖（開析谷）をなすため，本事例と同様の変形を受けやすい地形・地質条件は広範囲に広がっているといえよう．

（西山賢一）

事例 3-17 北海道増毛(ましけ)山地東縁断層帯におけるチャネル壁に形成された正断層

石狩低地帯の北部には，増毛山地東縁断層帯と呼ばれるN-S方向の総延長約47kmの活断層帯が分布する（図3.61）．この断層帯は西傾斜の逆断層帯と考えられており，扇状地性の高位～中位段丘面を撓曲変位させる数列の活動度C～B級の断層から構成される．このうち，南部の樺戸断層群bは，離水年代5万年（推定）の段丘を4.5m変位させており，その平均変位速度は0.09m/yと推定されている（北海道，1998）．

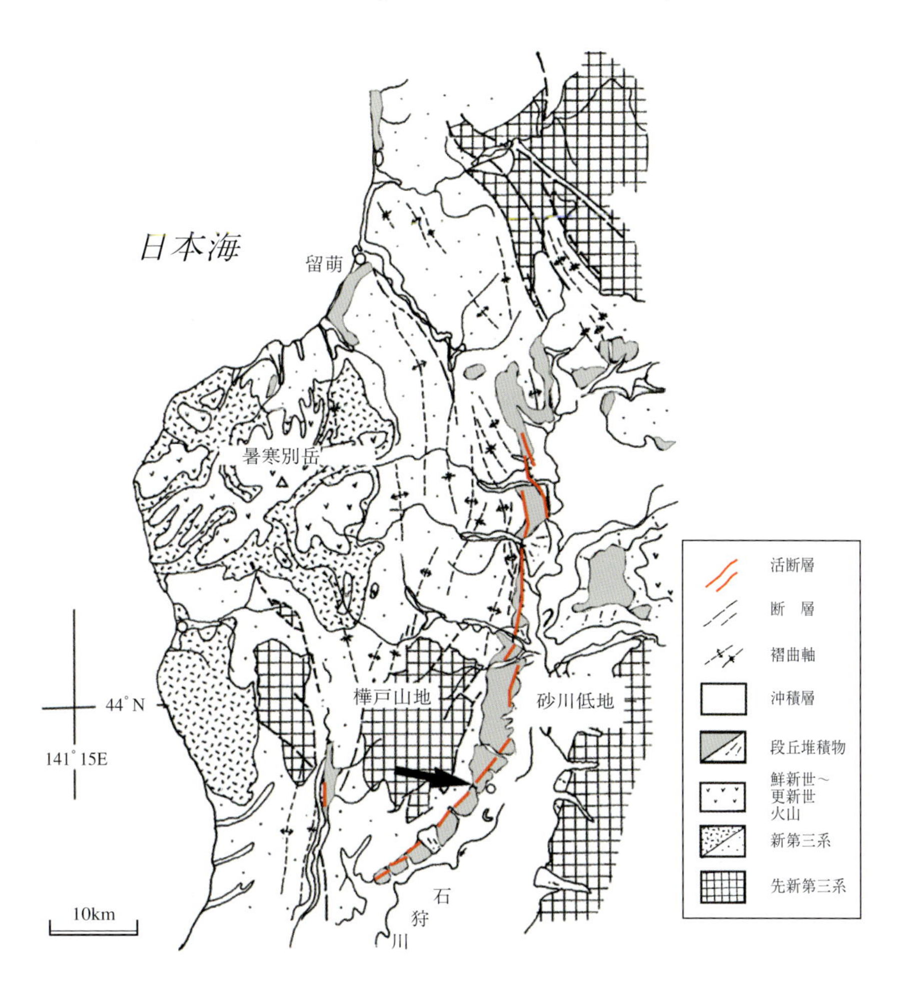

図3.61 樺戸山地（増毛山地）の地質概要と活断層の位置 北海道（1998）
矢印が浦臼トレンチの位置.

樺戸断層群bは浦臼町札的(さってきない)内川流域の谷床を横切って分布しており，その沖積面には比高約1mの下流下がりの小崖が認められる．当初，この崖は撓曲崖と推定され，活動履歴を検討するために崖の下部から下に長さ50m，深さ3mのトレンチが掘削された．

堆積物とその年代

トレンチ法面には，礫・砂・シルトからなる札的内川の沖積堆積物が観察された．トレンチの下流側の法面スケッチを図3.62に示す．これらは，主として札的内川の氾濫によってもたらされたシルト・砂・礫互層，旧河道を埋積したチャネル充填礫層，旧河道に沿って発達した砂礫州（縦州あるいは突州）堆積物からなり，構成物の特徴・堆積構造などから8層に細分される．チャネル充填礫層からは1,900～2,300yBP，これらを覆うシルト薄層からは200～350yBPの^{14}C年代が得られている．

断層と関連して注目されたのは，礫主体の部分と下方側のシルト層・礫層との境界部，[S42～44]，[N43～45] にみられるシルト・砂層（第4層）の不連続であり（図3.63，3.64），上方（小崖の上側を上方と呼ぶ，流域の上流側でもある）側のシルト・砂層（ここでは4b'層と呼ぶ）が下方（同じく小崖の下側，下流側）側のシルト・砂層(4b)に高角度の逆断層状にずれあがっているように見える構造である．この不連続は，ほぼ崖の方向に平行することから，調査の当初は「逆断層」と考えられた．しかし，後述のように堆積物の構成からみてこの不連続はチャネル壁であり，重力的な小崩壊に伴う構造が重複したものである．

このトレンチに見られるシルト・砂層は，主として河川の氾濫によって河道の周辺に堆積した広い意味での氾濫原堆積物（もしくは砂質の州堆積物）である．4b層のシルト層は，小規模なリップル斜交ラミナとマッシブな部分との互層からなり，わずかに下方側に傾いている．

それに対して上方側の第2層(2a, 2b)は，主として数10cmオーダーの平板型（一部トラフ型）斜交ラミナを持つ砂礫層からなり，上部に有機質土（腐植土）を挟む砂層・シルト層(2d)を含む．これらの部分は，河川の砂礫州の側方付加堆積物と考えられる．この砂層・シルト層(2d)は，[S27～30] と [N31～33] 付近で南東側に向かって傾き，上位のチャネル充填礫層に切られながらも比較的よく連続した分布を示す．この地層の一部は，[S28～29] 付近で下方落ちの数cmの変位を示す小規模な堆積同時的正断層によって変位している．チャネル充填堆積物によって削剥されたりして不明瞭であるが，第4層や第5層の一部(4a, 4d, 5a)も砂礫州の堆積物である．

チャネル充填礫層は，下位層を削り込み，下に凸な形態をした中礫を主とする礫層であり，旧河道部を充填した礫層と考えられる．第2層(2c)や第5層(5b, 5c, 5d)がその代表的な例である．トレンチでみる限り，チャネルはトレンチをSSW-NNE～W-E方向に横切る方向に発達しており，小崖の方向と調和的である．

以上の堆積物の性質から，氾濫原堆積物の一部や削剥を受けていないチャネル堆積物の上面以外は，初生的に水平な基準面を示しておらず，変位基準層としては適当ではないと考えられる．

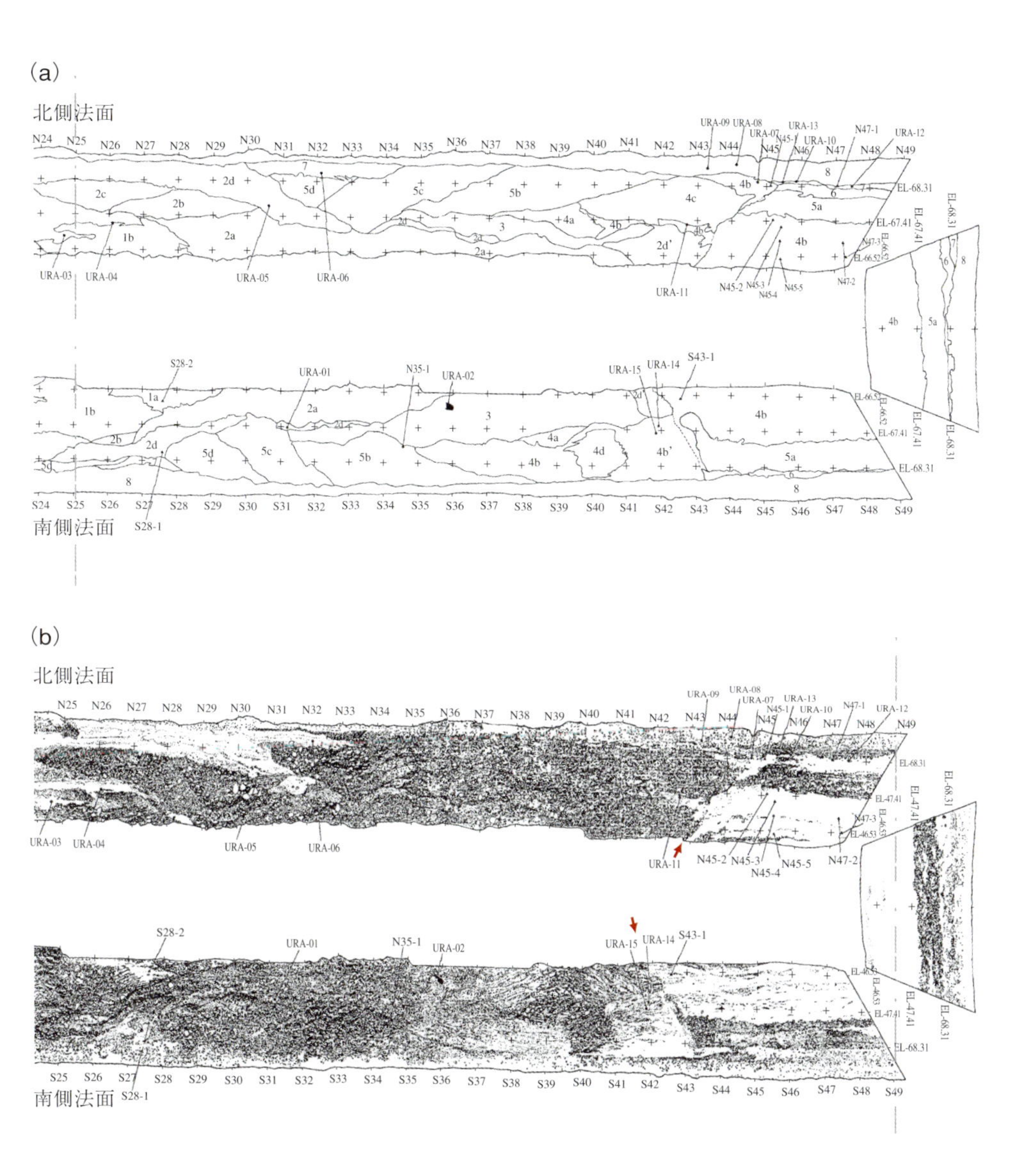

図3.62 浦臼トレンチのスケッチ（下方側） 北海道（1998）
(a) 地層区分，(b) スケッチ
グリッド幅は1m.
地層中の番号は試料位置など.
矢印はチャネル壁.

図3.63　浦臼トレンチ南面に見られるシュートチャネルの堆積物（4b' 層：シルト砂層）とチャネル壁の崩壊の構造（礫層の垂れ下がり）　北海道（1998）
グリッドは1m．図2.32の拡大．

図3.64　浦臼トレンチ北面に見られるチャネル壁の崩壊の構造　北海道（1998）
シルト砂層の小正断層．グリッドは1m．

堆積環境とチャネル壁に形成された崩壊構造

4b層のくい違いによって示される不連続面（図3.63，3.64）の性格を検討する上で重要な点について列挙する．

① 不連続面の全体的な走向・傾斜はENE-WSW，40°Nであり，小崖や上記のチャネルの方向におおよそ対応してチャネル軸に向かって傾斜している．

② シルト・砂層がこの北西に傾斜する面を境に一見食い違っており，北西側が南西側へ約1.2mずれ上がったような形態を示す．しかし，上方側のシルト・砂層(4b')にはカレントリップルやリップル斜交葉理が卓越し，その頻度において下方側のそれとは異なる．

③ 上方側のシルト・砂層(4b')の側方には砂礫州堆積物と見られる砂礫層4dが見られ，一部は4b'と互層移化する．

④ 不連続面は礫層とシルト・砂層の間では明瞭であるが，両側ともシルト・砂層や礫層の場合には境界は不明瞭である．

⑤ 南側法面では下方側の礫層(5a)が不連続面に沿って約50cm垂れ下がっており，垂れ下がった部分は下位ほどふくらみ，下位ほど粗粒な礫が多い．同様に第6層中の砂礫質ラミナも下に垂れ下がっている．この垂れ下がりと平行に，シルト・砂層には砂・礫の平行な配列が見られる．

⑥ 不連続面に沿うシルト・砂層には，ほぼ垂直な禾本類の根痕が見られる．

⑦ 北側法面では，上方側が礫質のため境界自体は比較的明瞭であるが，下部と上部では境界面の傾斜がやや異なる．

⑧ 北側法面の下方側シルト・砂層(4b)は，小規模な斜交ラミナの発達する砂層を挟むが，その砂層は不連続面に近づくと，シンセティック正断層によって階段状にずれ下がる．

この不連続面は，調査当初の段階では逆断層と推定された．それは，大局的に小崖や断層トレースと対応した走向・傾斜を示し(①)，シルト・砂層のくい違いが見られる(②) ことによる．しかしながら，不連続面の両側に見られる堆積物の特徴(②，③)は，4b層と4b'層が異なる堆積体であることを示している．

南側法面で堆積物の側方の配置を上流側から下流側（図の左から右）に向って見ると，上方側へ移動するチャネル充填礫層(5b, 5c, 5d)が分布し，砂礫州堆積物を挟んで4b'層そして不連続面を介して，氾濫原堆積物(4b)・砂礫州(5a)へと変化する．これは広い意味での氾濫原を側刻する曲流チャネルの断面そのものである．4b'層は，主チャネルから砂礫州によって隔てられ，古いチャネル壁（川崖）の間に取り残されたシュートチャネル*の堆積物と推定される．この関係は北側法面ではさらに明瞭で，⑦は上部と下部で異なるチャネルの壁として理解できる．したがって，礫や砂の垂れ下がり(⑤) やシルト・砂層のシンセティック断層(⑧) などの正断層変形や境界面の形態(④，⑥) は，むしろ堆積時の河道の側壁（カットバンク）に見られる重力性崩壊構造として解釈される．

---

* Chute channel：増水時に流路となる水たまり

以上のように，ここに見られる地層断面は，われわれ地質調査者が川沿いの露頭調査を行う際にしばしば見られる川岸の沖積層の「崩れ」が埋積されたものそのものと解釈できる（☞図2.31）．なお，掘削によって明らかになった堆積物の分布形態はIP比抵抗映像法・極浅層反射法探査結果と良い一致を見せた．

当地域におけるノンテクトニック断層と活断層との判別の指標

チャネル壁に形成される小規模な斜面崩壊の構造の地形・地質的特徴は以下のようにまとめられる．

① この例は，地形的に台地間の谷床（沖積面）に見られる小崩壊の例である．とくにここは背後に樺戸山地（増毛山地）を持つ急流河川の流域であるが，多くの河川のチャネル壁ができるような場で一般的な現象と考えられる．

② チャネル充填堆積物に伴うこと．この例では砂礫質河川成堆積物であるが，河道とその周辺の堆積物の堆積環境が統一的に説明できるような場であること．

③ 変形は基本的に正断層であり，断層面はそれぞれチャネル軸方向に傾斜する．しばしば，シンセティック正断層や砂礫の崩壊堆積物が伴われる．

④ 封圧の大きな状態での変形ではしばしば見られる堆積構造や生痕の消滅が，観察されない．

⑤ それぞれの「断層」や「変形」，「崩壊堆積物」は，砂礫質河川堆積物の各ユニットの中だけの現象であり，地下への連続性がない．

以上の指標は，堆積学を学んだ調査者には常識的なことであるが，活断層の調査はさまざまな分野の研究者・技術者の共同作業であり，あえて事例として示した．しかし，留意しておかなければならないのは，急激な断層運動による地表の変形によって河川では流路変更や閉塞がおこりうることであり，それに応じて堆積相の変化がおこることである（たとえば田近，1996）．とくに地表に撓曲変形しか発生しない場合には堆積物に対する慎重な判断が必要である．この事例では，このサイトが断層運動を示すものではないことが明らかではあるが，地形判読によって認められた小崖が撓曲崖であるのか，川崖であるのか，あるいは一種の組織地形であるのかは今後明らかにしなければならない．

（田近 淳）

3.5 テクトニックな断層から転化したノンテクトニック断層

事例 3-18 富山県嘉例沢（かれいさわ）断層（活断層）の破砕帯を利用したノンテクトニック断層

富山県北東部には，黒部川扇状地扇頂部を横断して，NE-SW方向に黒菱山断層が走っている．この断層は確実度Ⅱ，活動度B，延長約20kmの活断層と評価されている（活断層研究会 編，1991）．富山県地質図（藤井ほか，1992）には，黒菱山断層の南東側にこれと併走する活断層が表示されている（☞図3.5）．この断層は延長約8kmでNNE-SSW方向の顕著なリニアメントとして認識され，嘉例沢断層と命名されている（小幡・野崎，2002a,b；野崎，2013）．

このリニアメント沿いに新しい林道が開設され，尾根地形の鞍部を横断する箇所に断層露頭が現れた（図3.65，3.66）．露頭での断層面の走向は概ねN-Sであり，50°前後で

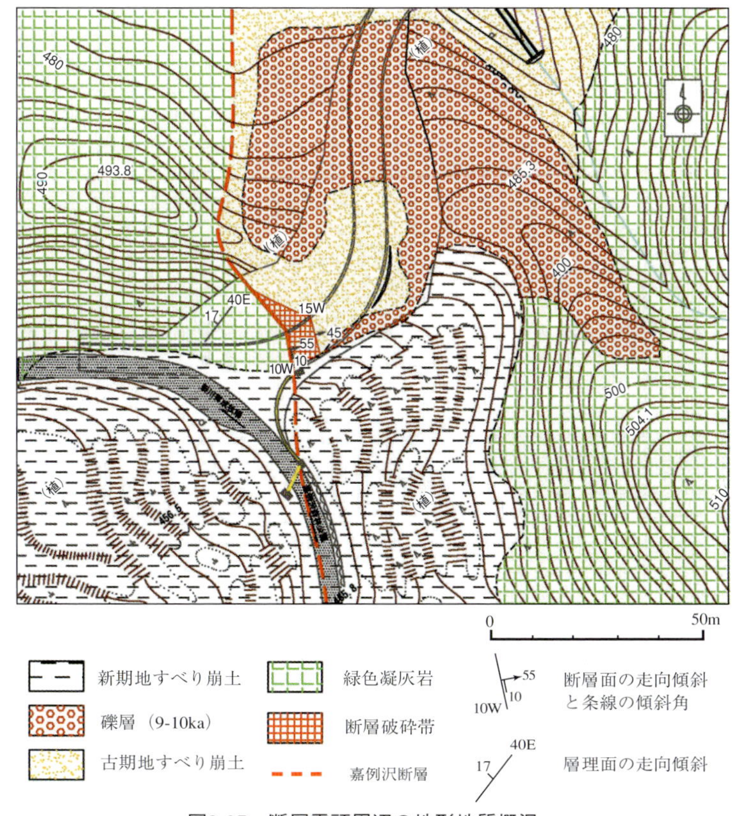

図3.65 断層露頭周辺の地形地質概況

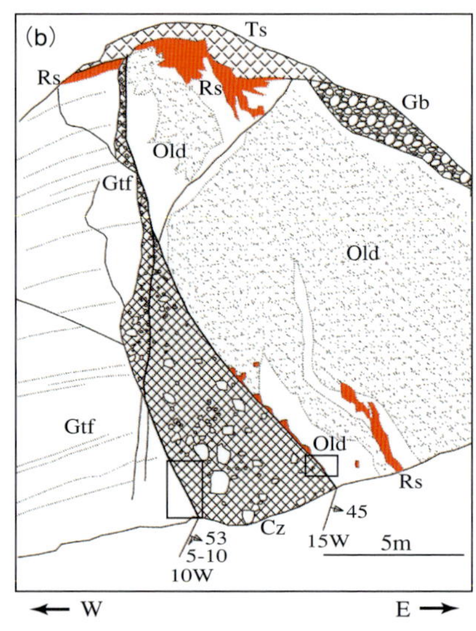

図3.66　断層露頭の写真 (a) とスケッチ (b)

Ts：表土　Rs：赤色土　Gb：礫層　Old：古期地すべり崩土　Gtf：緑色凝灰岩　Cz：破砕帯

東に傾斜している．断層面は下部で枝分かれしており，図の左側（西側）の断層面にはほぼ水平で明瞭な条線が刻み込まれ（図 3.67），断層面上盤の破砕帯には現在地表部に分布する赤色土が数条の帯として取り込まれている（図 3.68）．このような状況からこの断層は活断層であることが確認される．尾根のずれや破砕帯に取り込まれた赤色土の形状から，左横ずれ断層である可能性が高い．枝分かれした右側（東側）の断層にも剪断面に沿って一条の赤色土が取り込まれているが，剪断に伴う条線は認められていない（図 3.69）．また，これら2つの断層沿いに取り込まれた赤色土は，図の比較からも明らかなように色調の相違が見られ，西側の破砕帯のそれは色調が淡くなっているのに対して，東側の破砕部では地表付近の色とほぼ同様かそれ以上に赤色度の強いものである．このような状況や礫質土を主体とする上盤側の地質から，東側の断層は活断層面沿いおよびその破砕帯内に生じた古い地すべり面であることが明らかである．

基盤となる地層は新第三紀中新世黒瀬谷累層相当の緑色凝灰岩類であり，緩く北西方向に傾斜している．断層露頭の南西側には本層上部層のやや軟質な火山礫凝灰岩層(Gtf)がみられる（図 3.65）．新しい林道が横断する鞍部は，尾根幅がやや広くなだらかに傾斜する段丘状をなし，亜円礫を主体とする礫層 (Gb)が分布している．その下位には撹乱されて土砂化した古い地すべり崩土 (Old)が埋積されている．この古期地すべり崩土は，上記上盤 (東) 側の断層と接している．さらに礫層上面の一部は新しい崩積土で覆われており，尾根の南側は大規模な地すべり地帯であって，新しい地すべり崩土が広く分

図3.67　西側の断層面と条線
図3.66 (b) の左側四角内

図3.68　西側の断層破砕帯に取り込まれた赤色土
図3.66 (b) の左側四角内

図3.69　東側の断層破砕帯に取り込まれた赤色土
図3.66 (b) の右側四角内

布している．

鞍部に分布する礫層（Gb）は東側の沢から押し出された古い土石流堆積物と考えられ，礫質な古期地すべり崩土（主に硬質な細粒凝灰岩礫からなる）のそれとは異なり手取層群起源の砂岩が主体である．この礫層中には木片を含む粘土層がレンズ状に介在しており，^{14}C による年代測定により 9,045 ± 40yBP という結果が得られている．

林道の新設に伴う掘削によって断層露頭とは反対の東側斜面で古期地すべり崩土の一部が再滑動した．しかし，過去に礫層が変形した形跡はない．なお，基盤の緑色凝灰岩露頭の一部には土壌化して著しく赤色化したところが見られるが，被覆層にはそのような変色部は認められない．

上記のように，下盤側の断層面ではほぼ水平な条線が顕著であり，剪断面に近い破砕帯内にはやや色の淡い数条の赤色土が帯状あるいはレンズ状に介在している．破砕帯内の礫は下盤側の軟質な火山礫凝灰岩起源のものを主体としているが，全体に締まった状態である．これに対して上盤側の断層面には条線は認められず，剪断面に沿って介在する赤色土は軟質であり，地表部と同じかそれ以上に強い赤色を呈している．この赤色土の生成時代は不詳であるが，赤色化の度合いが極めて高いことから 50 万年程度かそれ以上に古い時代まで遡る可能性がある．古期地すべり崩土の生成時代も不明であるが，これを覆う礫層の年代がおよそ 9ka であることから，それ以前ということになる．しかし，地形や侵食の度合いから判断して礫層とさほど年代に差はないものと考えられる．また，上盤側の断層破砕帯中に挟在する赤色土の位置は，最も近接する旧地表面でも 15m 以上の距離がある．

以上のような状況から下盤側の断層は，左横ずれの活断層であり，最新の活動時期は約 9ka 以前であると推定できる．そして，赤色土の色が淡くなっていることは，断層活動が繰り返されて断層ガウジと混在したことを暗示しており，数条の帯となっていることも活動の繰り返しを裏付けるものである．これに対して，上盤側の断層に挟在する赤色土は軟質で地表部との色の相違がないので，この断層は伸張場で発生したことによって，周辺の土砂と混在しなかったものと考えられる．赤色土の帯も 1 枚だけであり，地表部との色の違いがないことが一度だけの大きな変位を暗示している．また，下盤側の断層よりもやや傾斜が緩く，深部に向かってやや傾斜が緩くなる傾向が見られ，上盤側の地層は下盤側のそれとは異なる硬質な凝灰岩礫を含む乱雑な土砂である．これらのことから，上盤側の断層が古い地すべり面，すなわちノンテクトニック断層であることは明らかである．

（野崎 保）

事例 3-19 紀伊半島和泉層群に見られる断層から転化したノンテクトニック断層

紀伊半島に分布する白亜紀最末期の和泉層群には東に開いた向斜構造が発達し，その北翼では，南に40°前後で傾斜した砂岩泥岩互層が流れ盤斜面を形成している．流れ盤斜面では，岩盤クリープから層面すべりへという斜面変動が多発している．この事例は，大阪府泉南郡岬町谷川の南西約1.5kmに位置する採石場の掘削壁面において，層理面を切断するF2低角度断層で，テクトニック断層からノンテクトニック断層への転化が記載されたものである（横山，1995）．

低角度断層の上盤と下盤の間で対比した砂岩層を基準に，断層の変位量と変位センスが明らかにされた（図3.70）．F2低角度断層の地質時代の動きはa地点より下位の層準に記録されていて，山側に向かって60cm変位している．ところが，a地点より上位の層準では地表に向かって次第に変位量が小さくなり，b点ではついに変位量がゼロになっている．b点よりもさらに上位の層準では，地表に向かう変位センスに変わり，変位量も次第に大きくなっている．

すなわち，F2低角度断層は約10°山側に傾き，本来は断層上盤が山側にずり動くセンスを持っていた．この正断層センスの挙動がテクトニックな時期の断層運動である．しかし，重力による変形が始まり，複数の泥岩層で層理面に沿ったすべりがおこると，F2低角度断層によって地層の連続が絶たれているため，断層上盤側が断層面上を地表面に向かってすべり出すようになった．この逆断層センスの挙動がノンテクトニックな時期の断

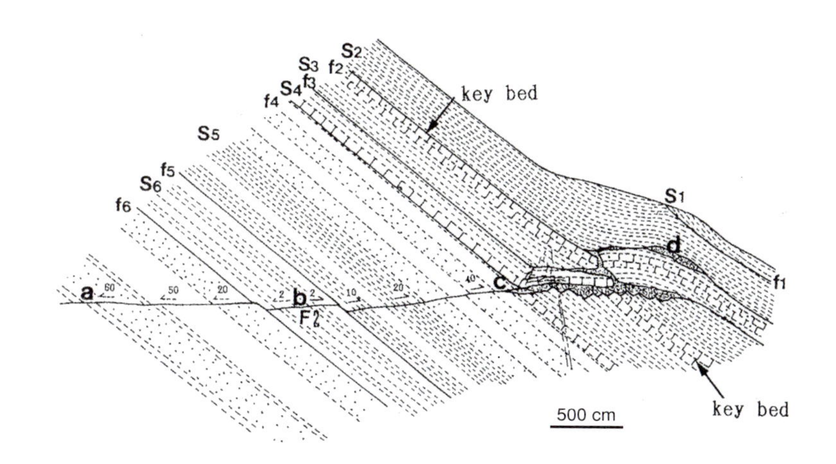

図3.70　和泉山地の和泉層群に見られる斜面変動による
テクトニック-ノンテクトニック反転　横山（1995）に加筆

f_1～f_6，F2は断層，S_1～S_2は砂岩層のスラブ．矢印はF2に沿う変位の向きと量（cm）．a～cは本文参照．

層運動である．このとき，断層上盤のa地点よりも上位の層準では，岩盤クリープが発生している．その層厚は約25mである．F2のa～cに沿って記載された反転構造は正断層から逆断層へという運動の転換を示す正の反転（positive inversion）である．

F2低角度断層のノンテクトニックな挙動が始まると，層理面に沿ったf_4からf_6の層面断層はF2低角度断層を正断層センスで変位させている．この中で最も顕著な変位を示すのがf_4層面断層で，S_3スラブ中の鍵層となる砂岩層から判断すると，崖の壁面の範囲内だけでも斜面下方に15m以上滑落している．このことから，S_4スラブより上位の断層上盤はf_4層面断層をすべり面とする層面すべり（並進すべり）に完全に移行していると判断した．

層面すべりの内部構造もF2低角度断層に規制されている．F2低角度断層を越えるところ(c点)で，S_4とS_3スラブは折れて曲がり，断層下盤の地層を剥ぎ取りながら前進し，その先でS_4スラブは完全に消滅し，S_3スラブは3分の2が消滅した状態で層理面に沿って滑落している．粉砕された地層は含砂岩礫砂質粘土となり，それらの大部分は滑落の過程で外部に排出されている．それに対してS_2スラブはスムーズに褶曲しながら滑落している．

（横山俊治）

事例 3-20 奈良県五條市赤谷の断層に見られるテクトニック–ノンテクトニック反転構造

2011年台風12号の豪雨によって紀伊半島では大規模な崩壊が多発した．そのうち最大規模のもののひとつである奈良県五條市の赤谷崩壊は，横山ほか(2013)の調査によって，その主要すべり面が，四万十帯美山コンプレックス中のサブユニットM1とM2との境界となるスラスト（護摩壇山断層；紀州四万十団体研究グループ，1991）であることが明らかにされた．

崩壊地中央の谷底では地すべり面付近の地質状況を観察できる（図3.71）．地すべり面＝スラストの上盤側は混在岩層を介して，珪長質凝灰岩の薄層をはさむ泥岩優勢砂岩泥岩互層である．互層中の砂岩層はレンズ状〜礫状に分断されているが，そのレンズ状砂岩の長軸の配列や泥岩の劈開面はスラスト面より高角度の姿勢をもち，覆瓦構造を形成しているものとみなすことができる（図3.72）．そしてこれらの構造を切って，スラスト面から混在岩層に向かう小断層が派生する．この小断層は脆性的な破壊面で，傾斜はスラスト面と同じかやや緩く，ノンテクトニックな正断層である地すべり面に対応するP面構造起源と解釈される（図3.73）．さらに地すべり面上には，移動体の滑動方向に調和的な擦痕が認められる．

このように，もともと付加体の形成に伴って発達した逆断層は，地表面直下で風化，応力解放を受けて脆弱化し，斜面にほぼ平行な流れ目の弱面となることで正断層＝地すべり面に転化したものと考えられる．すなわち，テクトニックな逆断層からノンテクトニックな正断層への負の反転（negative inversion）が起きたということになる（永田ほか，2013）．断層面が地すべり面に転化する事例は珍しいことではないので，このような反転は，報告が少ないだけで，実際にはいろいろな場所で起きているものと考えられる．たとえば赤谷崩壊の北東方にある川原樋（かわらび）崩壊（1889年の十津川豪雨の際に崩壊）もユニット境界のスラストが地すべり面に転化したもの（木村，2000）である．

（永田秀尚）

図3.71　赤谷崩壊全景
矢印がサブユニット境界スラスト，その右側がスラスト面から転化した地すべり面．

図3.72　サブユニット境界スラスト（赤線）　上盤側
レンズ状砂岩の配列や劈開面の姿勢はスラスト面より急傾斜である．

図3.73　サブユニット境界スラスト（＝地すべり面）　直上
赤線：付加体形成時に起源を持つ剪断帯，青線：地すべり面とそれに斜交するP面構造を起源とするらしい分岐断層．

事例 3-21 堺市の大阪層群のフラット－ランプ－フラット構造に重複したリストリック正断層群

大阪府堺市泉北地域では，大阪層群からなる丘陵での宅地造成に伴って，層状破砕帯に沿う地すべりが多発した．造成前あるいは地すべり発生後の調査ボーリングでは，層準を明確にするために，鍵層となる火山灰層と，Ma－1，Ma0～Ma13までナンバリングされている海成粘土層の検出に重点が置かれた．実際の調査では，この地域には「Ma1.5」海成粘土層が存在するという話が時々聞かれた．この事例は，なぜ，「Ma1.5」海成粘土層が出現したかも説明している．

さらにもうひとつ，防災上の観点から，「層状破砕帯」の検出にも努められた．層状破砕帯とは，基盤岩が大阪層群に衝上しているところで，両者の境界断層から大阪層群内に派生した層面断層のことで，断層の上盤が境界断層から離れてゆく方向の変位センスを持っている．層状破砕帯は，非海成粘土層にも形成されることがあるが，Ma0～Ma2の海成粘土層に発達することが多く，その破砕帯幅は数10cmに達し，連続性も良い．層状破砕帯ではY剪断面，R_1剪断面，P面構造の複合面構造が発達する（横山，2007）．非破砕粘土や弱破砕帯と層状破砕帯との境界を走る平滑で連続性の良い剪断面が主剪断面であるY剪断面である．肉眼で観察することができる緩やかに波打つ扁平なレンズ状粘土片（変形レンズ）およびそれを取り巻く構造性面構造がP面構造に相当する．研磨薄片で観察すると，P面構造は変形レンズ内にも発達している．もうひとつ層状破砕帯を特徴づける重要な構造は微褶曲である．その多くは湾曲して凸になった冠線をもち，冠線長よりも底線間の幅が広い背斜型褶曲である．

本事例の地点は，樹木が伐採されたなだらかな丘で，フラット－ランプ－フラット構造の背斜部の位置を中心に周辺が低くなっている．地表面には地すべりの滑落崖や段差地形はみられない．

図3.74は，3本のボーリングと地表踏査で描いたフラット－ランプ－フラット構造とそれに重複したリストリック正断層群である．リストリック正断層群は地すべり性ノンテクトニック断層で，テクトニック断層である層状破砕帯のノンテクトニック断層への移化に伴って形成されたものである．

図3.74の地質断面図から明らかなように，3本のボーリングすべてにおいて，OS1砂層以深の地層はピンク火山灰を含めて連続分布し，構造的乱れはないと判断された．層状破砕帯（層面断層）は，B-1ボーリングでは，OS1砂層の直上のOC2粘土層（おそらくMa2海成粘土層相当）中で確認されたが，B-2ボーリングではより表層部の粘土層で確認された．地表に現れているOS2砂層の構造は，ちょうどB-1，B-2ボーリングの位置に根無し背斜型構造が存在することを示唆した．そこで，B-1，B-2ボーリングいずれの層状破砕帯も，同じ粘土層（OC2粘土層）中に形成され，かつ互いに連続しているものと考え，さらにその粘土層の上下の砂層を同一層（OS2砂層）とみなすと，層状破砕帯の断層運動で形成されたフラット－ランプ－フラット構造が浮かび上がってくる．

このランプを越えた背斜の翼部から先で，層状破砕帯に収斂するリストリック正断層群がOS2砂層に発達しているのをトレンチ掘削で確認した．その先のリストリック正断層群の存在は遺跡調査による剥ぎ取り面で観察された（図3.75），ランプを越えた背斜の翼部から先では，層状破砕帯を移動体底面のすべり面とする地すべりが発生しているものと考えられる．これは，圧縮場でのテクトニックな断層運動から伸張場でのノンテクトニックな地すべり変動への転換（反転）を示している．

OS2層では断層面に沿った砂の貫入や堆積構造の消滅による無層理化が起こっている．砂の貫入や無層理化は地震時の液状化によるものと考えられ，リストリック正断層群の形成は地震時の可能性が高い．豪雨時の地すべりでは，地すべり移動体中の砂層にこのようなリストリック正断層群が破壊されず保存されている例はない．リストリック正断層群形成時の運動方向がフラット−ランプ−フラット構造の運動方向と一致していることから，フラット−ランプ−フラット構造の形成に引き続いて，層状破砕帯をすべり面とする地すべりが発生したと考えられる．すなわち，地震時に，断層運動から地すべり変動への移化が連続的に起きたことを示している．

（横山俊治）

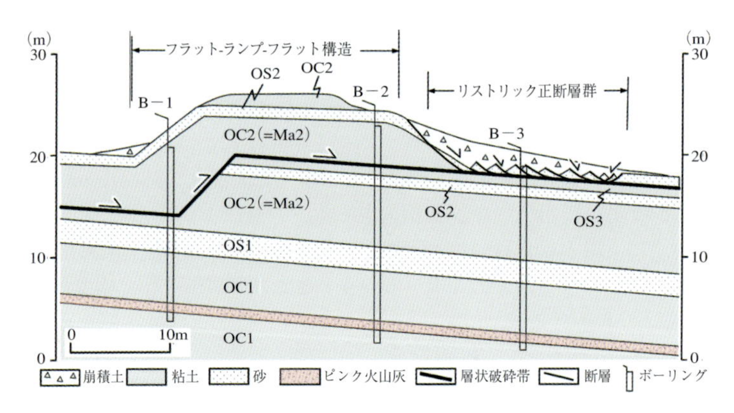

図3.74　層状破砕帯のテクトニック／ノンテクトニック挙動によって形成されたフラット−ランプ−フラット構造とリストリック正断層群　横山（2007）

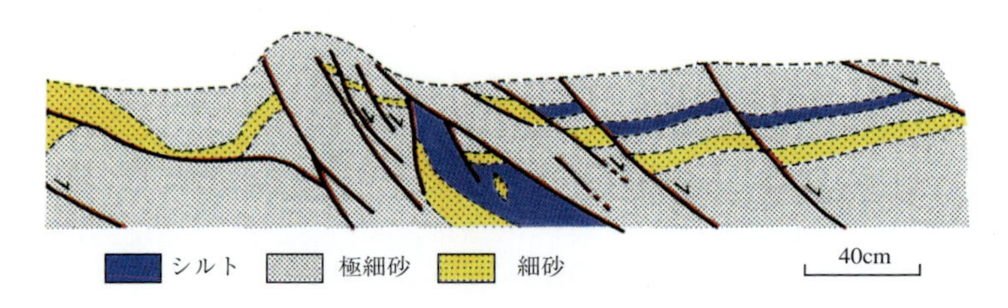

図3.75　ランプ翼部において層状破砕帯を底部のすべり面とする正断層群（=地すべり面）のスケッチ　横山（2007）に加筆

事例 3-22 大阪府の超丹波帯の地層と大阪層群を境する活断層から移化した地すべり性ノンテクトニック断層

大阪平野の周辺部では，山地を形成している丹波層群や超丹波帯の地層，花崗岩からなる基盤岩が，平地を形成している第四系大阪層群に低角度で衝上していることが知られている．この事例は，山地／平地境界において低角度化した活断層をすべり面とする岩盤地すべりである（図3.76）．

大阪平野の北縁を画する北摂山地南麓には，有馬−高槻構造線をはじめとする活断層が走っている．事例の岩盤すべりは超丹波帯の砂岩からなる山地斜面で発生し，地すべりの移動体末端は平地上に達している．移動体頭部から中央部にかけては超丹波帯の中の破断面に沿ってすべっているが，移動体末端では，超丹波帯の砂岩が大阪層群に衝上している境界断層に沿ってすべり，さらに崖錐堆積物に乗り上げている．

超丹波帯中の断層は山地側に高角度で傾斜しているが，その上方延長に当たる境界断層の傾斜は次第に緩くなり，ついには平地側に傾斜して正断層状になっている．境界断層下盤の大阪層群は断層の引きずりによって二つに折りたたまれている．これは地層が短縮したことを意味している．この短縮こそが境界断層の低角度化の原因である．

なぜ，山地−平地境界に低角度化した活断層が存在すると，地すべりを発生しやすくなるのであろうか？

境界断層が低角度化すると，山地斜面の基盤岩はゆるみを生じる．この変形は断層運動による岩石の破壊ではなく，重力によるものである．岩盤のゆるみは断層破砕帯中の小断層面や，基盤岩中の節理，層理面や劈開などの面構造に沿ったクラックの開口が主

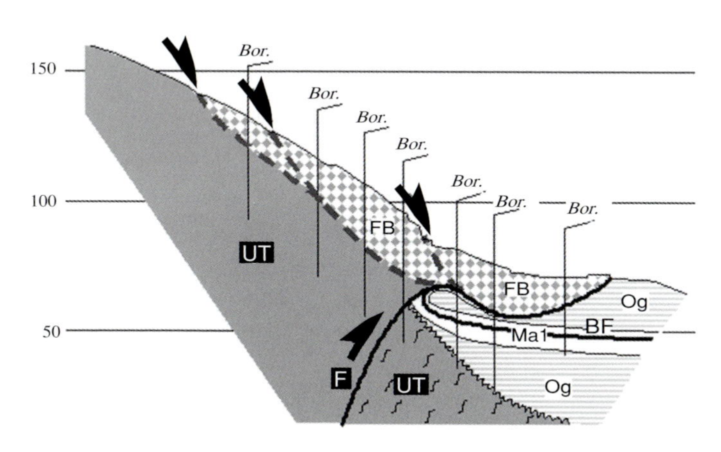

図3.76 超丹波帯と大阪層群の境界に発達する活断層に規制された岩盤すべりの構造断面の例

UT：超丹波帯　Og：大阪層群　Ma1：海成粘土層Ma1
FB：断層押出し角礫岩　F：断層　BF：層状破砕帯

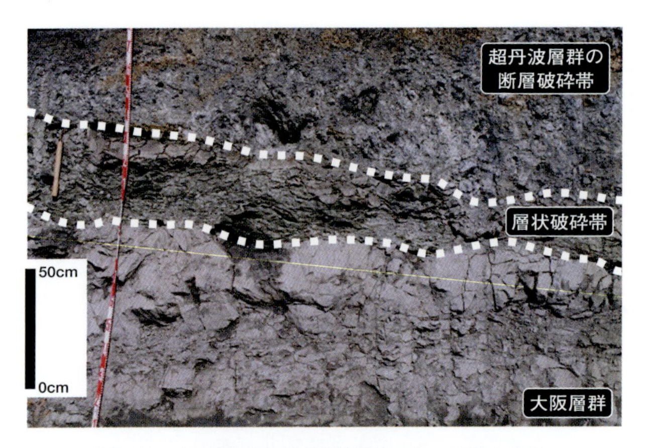

図3.77　大阪層群の層状破砕帯に沿って衝上する
超丹波帯砂岩の断層破砕帯

体であるが，クラックの姿勢によってはすべり面に発展しているところもある．こういったタイプの変形が起こっている領域をクリープ帯と呼んでいる（図2.30）．

境界断層の低角度化によって大阪層群上を移動するようになった基盤岩はクリープ変形が極限に達すると，先端部ほどクラックの開口度が大きくなって，ついにはジグソーパズル様に岩片のかみ合った角礫層様の産状を呈するようになる．このようになった岩盤を断層押出し角礫岩と呼んでいる．断層押出し角礫岩は崖錐堆積物と互層することがあり，断層運動のイベントを表している可能性がある．

事例では，断層上盤にクリープ帯が形成され，超丹波帯の砂岩が開口割れ目や角礫岩からなるゆるみ領域を生じ，さらにゆるみ領域下端に境界断層が位置している．山地側隆起の断層運動によって断層上盤が境界断層に沿って剪断すれば，超丹波帯のゆるみ領域もろとも地すべりに進展しやすい地質構造が作られているのである．

断層下盤の大阪層群の海成粘土（Ma1）中には，しばしば層状破砕帯と呼ばれている層面断層が境界断層の低角度化に関係して発生している．この岩盤地すべりの西部では，層状破砕帯の上面に超丹波帯の砂岩からなる断層破砕帯が低角度で衝上している露頭が現れた（図3.77）．層状破砕帯の層厚は20～40cmで，砂岩からなる断層破砕帯の層厚は200cm以上である．断層破砕帯と層状破砕帯との境界は剪断強度が小さいので，そこにすべり面が形成される可能性が高く，地すべりの滑動は促進されると考えられる．事例の岩盤すべりも，断層運動が継続してゆけば，すべり面の位置が境界断層からMa1中の層状破砕帯の位置に乗り移ってゆく可能性を持っている．

地震発生と地すべり発生の時間的関係は不明であるが，境界断層の変位センスと地すべりの変位センスとが一致していることから，境界断層が地すべり性ノンテクトニック断層に移化しやすいのは断層運動時，すなわち地震発生時ということになる．

（山根 誠）

第 4 章

事例：地震動による断層

本章では，地震動が大きく関与して形成されたノンテクトニック断層の例を示す．これらのうちのいくつかは，地震発生直後の段階では地震を発生させた断層(テクトニックな断層）が地表に現れた部分と解釈され，「活断層（地表地震断層）が出現した」と報道された．しかし，その後の調査の結果，そのような性質の断層ではなく，地震動が関与して形成されたノンテクトニック断層と判断されたものである．

第2章に述べたように，地震時に地表に変位を伴った断層が現れても，それらをすべて活断層そのものとはみなせないとの指摘は，活断層の研究が本格化した頃からあったが，両者を識別することの重要性が認識されるようになったのは1990年代以降である．とくに，1995年兵庫県南部地震が契機となってこの認識がすすんだ．

以下，4.1～4.7では，兵庫県南部地震以降の地震時に確認されたノンテクトニック断層の例を発生順に示す．また4.8では活断層帯の近傍に現れたもので，形成時期は先史時代という以上には不明であるが，地震動によると推定される断層の例を示す．

第4章 扉写真

2000年鳥取県西部地震時に山間部の道路面に現れたノンテクトニック断層（鳥取県西伯町）．一見，地表地震断層かのようにみえるが，路面直下の盛土が地震動によって沈下し，切土／盛土の境界に沿って段差（ノンテクトニック断層）が現れたものである．

（横田修一郎）

4.1 1995 年兵庫県南部地震

兵庫県南部地震時には淡路島だけでなく阪神間にも多くの断層が現れ，地割れ・クラック・亀裂と呼ばれた．淡路島側の野島断層は地表地震断層として地表に現れたが，神戸側で知られていた活断層の地表付近には明らかなテクトニック変形を生じておらず，観察された断層はいずれも地盤を伝播してきた地震動によって生じたか，地震動による構造物の揺れが再び地盤に伝播して地盤を破壊したノンテクトニックなものであった．図4.1 は．本書でとりあげたノンテクトニック断層の位置を示したものである．これらの断層の多くは，存在が知られていた活断層とほぼ同じ方向であったため，当初地表地震断層の可能性が高いと思われた．しかし，地震動によって転倒した墓石や灯籠の方向に概ね直交していることおよび断層の産状から，地震動によって形成されたものであると結論されたものである（横山ほか，1997）．一方，淡路島側では野島断層をはじめとした地表地震断層が現れたが，それに付随した断層の中にはノンテクトニックに形成されたものがある．

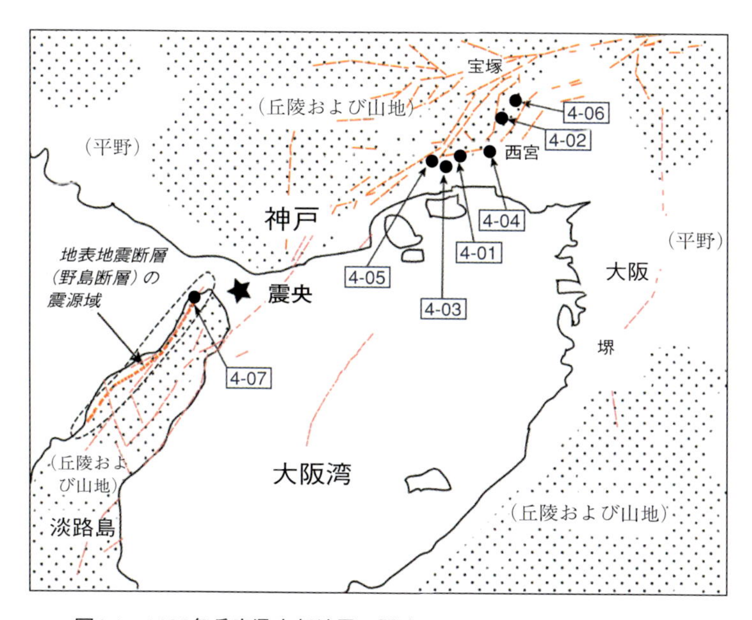

図4.1　1995年兵庫県南部地震に関連したノンテクトニック断層の事例位置と活断層分布

活断層分布（赤線）は『新編 日本の活断層』（活断層研究会 編，1991）に基づく．

事例 4-01　神戸市東灘区森北町の地表に現れたノンテクトニック断層

この「断層」は，神戸市東灘区の丘陵部にある甲南女子大学の正門付近に，正門から学舎へ通じる道を横切って，NE-SW方向に約5mの長さにわたって現れたものである(図4.2)．断層には西上がり・右横ずれの変位が確認され（図4.3)，芦屋断層に相当する地表地震断層であるとの意見もあった（平野・藤田，1995)．地震直後にこの断層を横断して掘られたピット（図4.4）を調査した結果，道路側溝部のコンクリートの鉄筋は斜面方向に引き伸ばされた形で切断されており，西上がり・右横ずれ方向に力を受けた痕跡はまったくなかった．また，すぐ横の施設のために埋設されていた水道・ガスの配管にも変位は認められなかった．

ピットの調査結果から判断すると，ここで地表に現れた断層は，斜面表層部の盛土中のノンテクトニック断層であり，地下から連続したものではない．さらに，この地域全体の地形から考えると，クラックと変位は地震動による斜面表層の移動の結果生じたものと推定される．

（井村隆介）

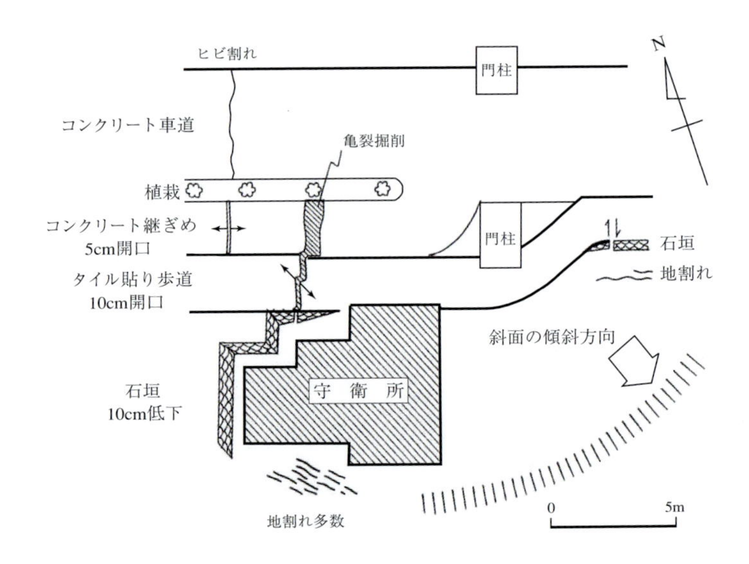

図4.2　ノンテクトニック断層の見取り図
吉岡ほか（1996）の第11図

図4.3　ノンテクトニック断層の写真 井村隆介撮影

図4.4　ノンテクトニック断層を横断して掘られたピットの写真
井村隆介撮影
道路側溝部のコンクリートの鉄筋は斜面方向に引き伸ばされた形で切断されているのみであり，西上がり・右横ずれ方向に力を受けた痕跡はまったくない．

事例 4-02 西宮市上ヶ原の地表に現れたノンテクトニック断層群

六甲山地の南東麓は更新世の大阪層群を主体とする丘陵となっており，その緩斜面には住宅街が広がっている．地震時には丘陵緩斜面の各所で断層が現れたが，本事例は，トレンチ調査によって断層がごく表層部だけに形成されたものであることが確認され（横田・仲津，1996），ノンテクトニック断層と判断されたものである．

調査の対象となった断層は西宮市の上ヶ原中学校校庭から上ヶ原南小学校の校庭にかけてに現れた．これらの小中学校は校庭も含めて標高40～50mの丘陵地に位置しているが，大阪層群上ではなく，大阪層群よりなる丘陵を開析するN-S～NNE-SSW方向の

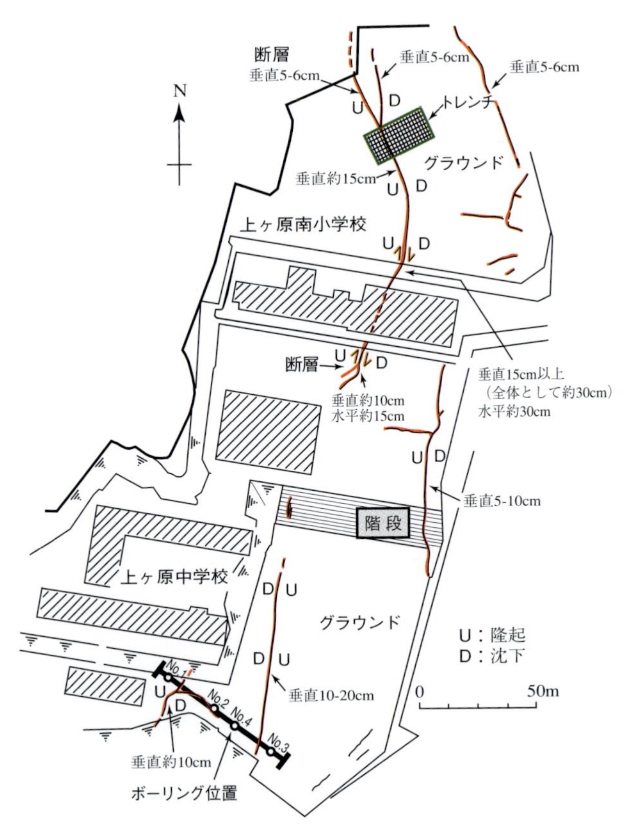

図4.5　地表に現れた断層・クラックの分布　横田・仲津（1996）
U：相対的に隆起，D：相対的に沈降．矢印は横ずれセンスを表す．

細長い谷に盛土してつくられた平坦面上に建設されている．地震時には校庭にほぼN-S方向の断層がいくつか現れ，長いものでは延長100m以上に達した．断層に沿っては分岐したクラックも含めて最大10～20cmの鉛直または水平の変位が確認された．

図4.5には現れた断層のトレースおよび確認された変位の大きさをそのセンスとともに示している．また，その一部の状況を図4.6に示す．当地点が六甲山地の南東縁をNE-SW方向に画する甲陽断層から約500mしか離れておらず，断層の走向もこれに近いことから，当初は地表地震断層の可能性も懸念された．

これらの断層の地下への連続性を調べるため，地表に現れた断層のうち，比較的連続性のあるものを対象としてその横断方向にトレンチ調査が行われた．その北側壁面の地質状態を図4.7に示す．トレンチは最大深度約6mにすぎないが，調査の結果，盛土は大阪層群を開析した谷の谷壁と急傾斜で接していること，変位は盛土部分に限られることが確認された．また，盛土はルーズであり，一部にはゴミが混じっていることから，十分に転圧施工されたものではないと判断された．

図4.6 地表に現れた断層・クラックの写真

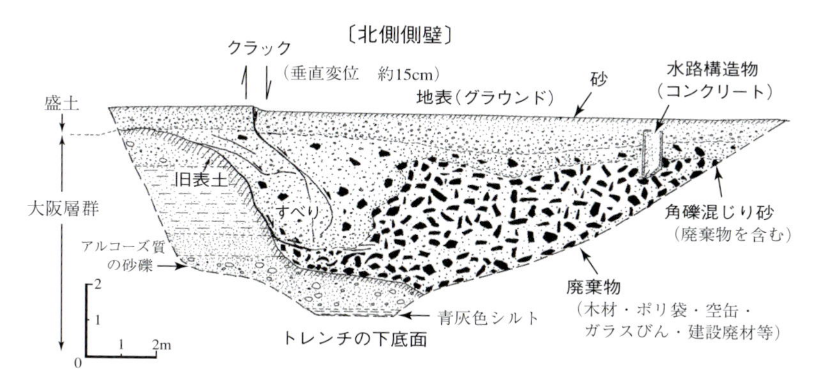

図4.7 トレンチ調査による北側壁面の地質状態（横田・仲津，1996）

図4.8には盛土前の旧地形の等高線とともに断層トレースおよび確認された鉛直・水平変位を示す．鉛直および水平変位ならびにそのセンスは，凹凸を持った谷地形の形状と断層トレースとの関係で説明可能である．すなわち，断層トレースと凹地形の延びが斜交している箇所では，盛土部全体が沈下しても，移動が凹地形の最大傾斜方向に支配されることから，結果として断層は水平変位を伴うことになる．これらの断層群は地震動によって生じたことは疑う余地はないが，断層発生に至る具体的な機構は明らかではない．

以上のように，ここに出現した断層は地震動によるルーズな盛土堆積物の沈下とそれに伴う変位で説明可能であり，盛土と大阪層群砂礫層との境界面でのすべりが複合した結果と考えられる．したがって，地下から連続したものではなく，ノンテクトニック断層と判断される．

（横田修一郎）

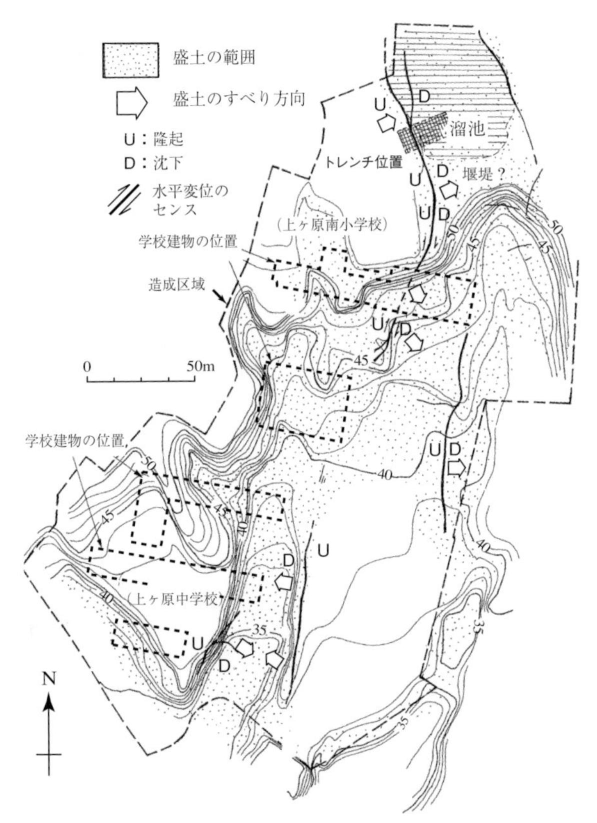

図4.8　旧地形の等高線および断層トレースと確認された鉛直・水平変位の関係　横田・仲津（1996）

盛土の沈下に伴う移動が個々の旧地形の傾斜方向に支配されたと考えれば，鉛直変位だけでなく，水平変位も谷地形との関係で説明可能である．

事例 4-03 神戸市東灘区魚崎北町の住吉川護岸に現れた断層

東灘区魚崎北町４丁目の住吉川護岸の石積擁壁部分では，護岸の両側で，石積擁壁の天端から少しさがった位置の石材群がはらみだし，その一部は跳びだした（図4.9）．これを見たある識者は水平な地表地震断層が出現したものであるとしたが，石積擁壁の背後の地盤には断層は存在しなかった．石材群のはらみだしは石積擁壁に特有の振動破壊である（図4.10）．

図4.9　石積擁壁の変状と地表断層の産状
横山ほか（1997）
石積のはらみ出しでガードレールは道路側に傾いている．

住吉川の右岸側では，住吉川と平行に走る高架橋のピア（橋脚）を取り巻いて，その周辺は激しく破壊され，同時にその真横で，石積擁壁の崩落が発生し，さらに近傍の民家も大きな被害を受けていた．橋脚の振動が石積擁壁や民家を破壊したものである．

一方，石積擁壁と平行に3本の断層がアスファルト上に確認された（図4.9）．こういった断層はしばしば地表地震断層の疑いがもたれたが，いずれもノンテクトニック断層であった．いずれの断層も地表では開口しているが，地下では閉じているようである．石積擁壁に最も近い断層は天端のコンクリート板の端に沿って延びる．コンクリート板上に設置されたガードレールは道路側に傾き，断層に沿って下がっていることから，この断層は石積擁壁のはらみだしに関係して形成されたノンテクトニック断層であると結論された．他のノンテクトニック断層は，掘削で確認されたところでは断層の直下に地中埋設構造物が存在したことから，地中埋設構造物の振動がその上部の地盤を破壊したと考えられた．

（横山俊治・菊山浩喜）

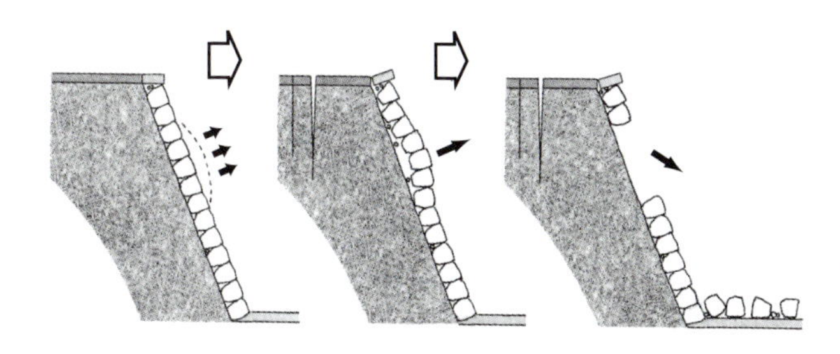

図4.10
石積擁壁の変状と地表断層の形成過程を示す模式断面図
横山ほか（1997）

事例 4-04 「活断層（地表地震断層）出現！」とされた地震動によるノンテクトニック断層群 ー西宮市高塚町の高塚公園の事例ー

西宮市高塚山の高塚公園では，当初，「甲陽断層が地表に現れた！」としてマスメディアで報道され，さらにその後，「地震時地すべりだ！」として騒がれ，ボーリング調査や伸縮計による動態観測が実施された．しかし，地表に現れたさまざまな変状や動態観測は地すべり挙動を示さず，地震動によるノンテクトニック断層をはじめとして，さまざまな変形が集中していることが明らかになった（横山・菊山，1998）．

高塚公園は谷沿いの池を埋めて造成され，池の一部は現在も残っている（図4.11）．主要な断層群は埋立地の北側，すなわち谷の上流側の緩斜面に発生している．断層の最大開口幅は30～40cmで，斜面下流側がわずかに下がっている（図4.12）．断層の走向はほぼNE-SWで，南西方向に住宅地まで延びた断層が鉄筋モルタル造住宅の基礎を破壊した．この断層が，「甲陽断層の地表地震断層である」とマスメディアで報道された．個々の構造物の変形は，北西から南東に向かって滑動したと想定された地すべりの運動と調和的な動きを示していない．たとえば，斜面に設置された階段の最下段では，地表のコンクリート路床板のみが公園のグラウンドにせり出し，それによって斜面裾の水路を押し

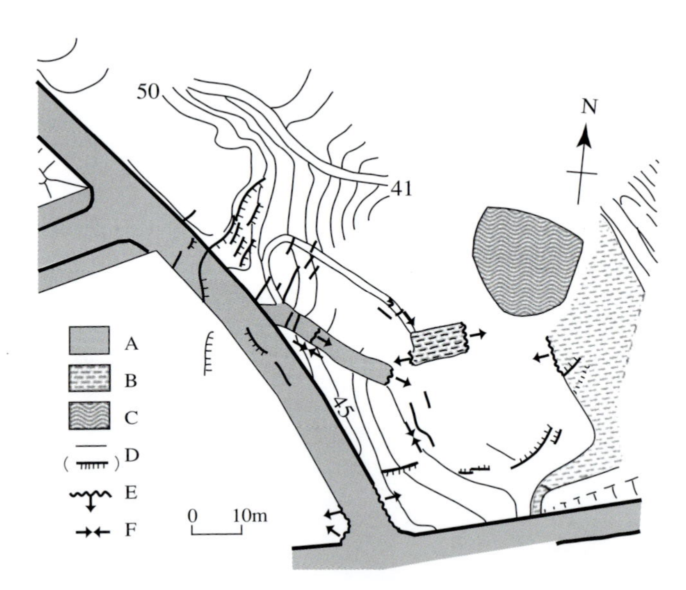

図4.11 高塚公園の地表変状集中領域 横山・菊山（1998）

A：アスファルトおよびコンクリート舗装，B：煉瓦敷き，C：池，D：開口クラック（括弧内：段差をもつ場合で，毛羽側が下がっている），E：乗り上げや押し被せ，転倒など圧縮を示す構造と移動方向（矢印方向），F：圧縮リッジ，数字：標高（m）

だし，転倒させている（図 4.13）．ところが，そのすぐ北に位置する煉瓦敷きでは，個々の煉瓦は東西方向に動き，しかも煉瓦敷きの東端と西端では移動方向が真逆で，外側を取り囲む縁石に乗り上げている（図 4.14）．このような地表の構造物の動きは地すべりでは説明できないもので，東西方向に卓越する水平加速度を持つ地震動によるものである．断層群の変位方向も，全体として構造物のそれと調和的なので，地震動によるノンテクトニック断層であると考えられる．

（横山俊治・菊山浩喜）

図4.12
斜面上方の開口したノンテクトニック断層群　図4.11の①
甲陽断層の地表地震断層や地すべりの滑落崖と解釈されたこともある．

図4.13
圧縮によるコンクリート路床板の乗り上げ　横山・菊山（1998）
図4.11の②．側溝の傾動，縁石の折れ曲がりが起こっている．この他にも圧縮変形は地形勾配の変換部で生じている．

図4.14　煉瓦敷きの両側縁辺部　横山・菊山（1998）
図4.11の③．両側でそれぞれ矢印が示す方向に滑動し，正反対の方向に乗り上げている．

事例 4-05 段丘・丘陵の斜面直上の造成平坦面で発生したノンテクトニック断層群 ―その1：神戸市東灘区西岡本

兵庫県南部地震では，移動体が発生域から大きく移動した地震時崩壊・地すべりが3箇所で発生した．いずれの場合も，段丘あるいは丘陵を造成した造成平坦面の谷埋盛土で地すべりが発生した．重要なことは，地すべりに先行して地震動による開口クラックやノンテクトニック断層が多数発生したことである．地すべりはノンテクトニック断層の一部を主滑落崖とし，多数のノンテクトニック断層を切断している．ここではそのうち2つの事例を紹介する．

宅地として開発された段丘面の縁辺部で，段丘崖に沿って走る道路全面に多数の断層が発生し，段丘面を開析した谷を埋めた盛土とのすりつけ部で崩壊が発生した（図4.15）．このほか，段丘崖に施工された法枠工が広範囲にわたって剥離した．そのため，断層群の背後に広がる住宅地全体が非常に低角度のすべり面に沿って地すべりを起こしていると勘違いし，1ヶ月以上も住宅地への立ち入りが禁止され，道路は自衛隊によって封鎖された．

断層は段丘崖に沿って平行に走り，その発生場所も崖の縁に集中している．崖の縁は地震動が地形効果で増幅する場所で，近在の墓石の転倒方向から推定された地震動の水平加速度方向と段丘崖の延びの方向が直交していて，地震動によって段丘崖に平行な断層を発生しやすい場所に当たっている．発生した断層は開口型正断層である．段丘崖の麓には芦屋断層が走っているとされているが，上述のような特徴から，この断層は芦屋断層とは関係なく，地震動によるノンテクトニック断層であると判断した．

崩壊は断層崖の全面で発生したのではなく，局所的である．その場所は谷埋盛土部に当たっており，その周りより盛土が厚く，しかも，谷埋盛土の地下水処理がなされていなかったことなどが崩壊の素因となった．

地震時崩壊によって，崩壊部の側方崖に現れた盛土の断面には，断層の断面が現れた

図4.15
谷埋め盛土の崩壊　横山·菊山（1998）
道路の全面に発生したノンテクトニック断層群にブルーシートがかけられている．

(図4.16). 道路の舗装アスファルトと路床盤は盛土から分離し，谷側に向かって滑動している. アスファルトを高角度で切る開口した断層は盛土の内部に続いており，地表部ほど谷側に向かってたわんでいる. アスファルトの滑動や，盛土上部の塑性変形によるたわみも，地震動によって地表付近の地盤が谷側に移動したことを示している. しかも断層は深部で消滅しており，変形の深度は深いものではない. 崩壊部を見てのとおり，想定された低角度のすべり面は観察されなかった.

(横山俊治・菊山浩喜)

図4.16 崩壊の側方崖に現れたノンテクトニック断層(o)の断面 横山・菊山(1998)
アスファルトの移動と共に盛土の上部は斜面側にたわみ(aの矢印)，ノンテクトニック断層は深部方向には伸びていない.

事例 4-06　段丘・丘陵の斜面直上の造成平坦面で発生したノンテクトニック断層群 ―その2：西宮市百合野町の仁川地すべり

兵庫県南部地震で発生した最大の土砂移動現象が仁川地すべりである．大阪層群が花崗岩を不整合で覆う丘陵を造成して築造された西宮市仁川百合野町の神戸市水道局上ヶ原浄水場内において，谷埋盛土がそっくり崩壊した．幅約100m，長さ約100m，深さ15m，約10万m^3という大規模な移動土塊が土しぶきを上げて流れ下り，斜面東側に位置する仁川百合野町と仁川6丁目の家屋13戸が押しつぶされ，住民34名が死亡した．

崩壊を免れた浄水場の敷地には，開口した多数の断層が形成された（図4.17）．崩壊部に近いところの断層に沿って谷側の盛土が沈下している．崩壊頭部付近には，断層に囲まれた盛土の板状ブロックが崩壊を免れて立っている．また，側方崖の壁には，多数の開口した断層の断面が現れた．断層は深部には達していない．これら開口した断層群は破局的な崩壊に先行して形成された，地震動によるノンテクトニック断層である．ここでも，崖の縁で地震動の増幅があったと考えられる．

発生後の調査ボーリングによると，盛土は，乾燥し固結した上部層と，地下水の浸潤で軟らかくなった下部層とからなる二階建て構造を持っていた．地震動による多数のノンテクトニック断層群の発生によって板状ブロック化した盛土はこの二階建て構造のために著しく不安定になり，板状ブロックの下部から「腰砕け」のようになって一気に崩壊したものと想像される．

この浄水場の南西側には甲陽断層が延びていることから，当初甲陽断層の断層活動によるものとする考えもあった．また，崩壊した地盤が谷埋盛土であるという事実を認めず，大阪層群であると長らく主張されたのも特記すべき事実である．

（横山俊治・菊山浩喜）

図4.17　盛土地盤の地表に現れた断層（○印）　横山・菊山（1998）
仁川地すべりの側方崖には側方崖によって切断されたノンテクトニック断層断面が現れている．

事例 4-07 淡路島北淡町の野島断層に沿うノンテクトニック断層

この地震で淡路島に現れた野島地震断層については発生直後から多数の報告がある（中田ほか，1995；林ほか，1995；太田ほか，1995；など）が，図 4.18 に示される江崎灯台付近の海岸道路沿いに見られる変位については，右横ずれ成分が卓越する全体的な野島断層の様相とあきらかに異なるにもかかわらず，わずかに原口ほか（1995）が記載しているのみで，他では全く触れられていない（具体的な場所を示さずに，「局所的なものを除いて」といった記述はあるが）．その後，古谷（1996）はこの変状を地すべりによるものと解釈した．中田・岡田 編（1999）では地すべりによる変位という解釈が与えられているが，記載が充実したわけではない．灯台に上がる石段に見られるあきらかな右横ずれ変位の北東延長に相当する海岸道路の軽微な変形が地すべりの右側部に相当する可能性があり，頭部は江崎公園内にあるらしい．海岸の消波ブロックにも変形が伝播していることから，末端は海底に達しているだろう．つまり，幅約 40m，長さ約 60m 規模の地すべりが発生し，路面の変状はその地すべりの側部に相当するものと考えられる．

このほか，伏島（1997）は野島地震断層の隆起側（東側）の花崗岩からなる山中に，野島地震断層から 30 ～ 370m 離れて断続的に発達する断層群を記載している（たとえば図 4.19）．断層の走向は野島断層に平行な NNE-SSW のものと，大きく斜交する ENE-WSW 方向のものがある．断層の長さは長いものでも 80 ～ 100m で，10m 以下のものが多数を占める．長い断層は斜め右横ずれを示し，短い断層は正断層となる傾向がある．断層は短くても開口しており，開口幅は数 cm ～ 110cm のものが多く，最大 200cm に達する．これらの断層群は一部を除いて震源断層の地表への連続ではなく，地震動によって引き起こされたなんらかの斜面変動の結果であると考えられた．

図4.18　江崎灯台付近の海岸道路における左横ずれ変位　原口 強ほか（1995）

兵庫県南部地震の時点ではノンテクトニック断層に関する理解が十分であったわけではない．江崎灯台付近の地すべりが十分認識できなかったのはそのためでもあるが，上述した伏島（1997）の記載はそのような中で先駆的な成果である．現時点でみるならば，断層群の多くは尾根部で増幅された地震動による変形とみなすことができる．なお，このような変形が将来まとまった斜面変動に移行するかどうかについては，別途検討する必要がある．

（永田秀尚・原口 強・横山俊治）

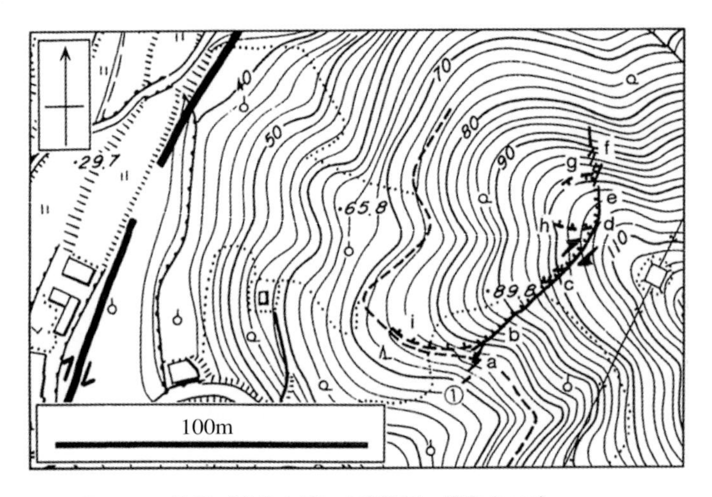

図4.19　B地区（野島大川）の詳細図　伏島（1997）

太線：野島地震断層
ケバ付き細線：地表断層
ケバ付き破線：兵庫県南部地震以前に形成された古い小崖

4.2 1997年鹿児島県北西部地震

事例 4-08 鹿児島県さつま町宮之城地区の地表に現れた断層

1997年3月26日鹿児島県北西部を強い地震（M6.3）が襲った．その後，余震回数も減り，そのまま収束するかに思われた1997年5月13日，この地域で再び大きな地震（M6.2）が発生した．これらの震央に近い鹿児島県宮之城町（現：さつま町宮之城地区；図4.20）の県立宮之城高校（図4.20）のグラウンドには，これらの地震で多数の割れ目が発生した．これらはすべて開口割れ目で，南の山側から北側の川内川方向にすべるように円弧状に分布している（図4.21）．

これらは地震発生時に平坦な広いグラウンドに現れたことから，当初は地表地震断層の可能性を考えた人がいた．しかし，地震発生前に掘られたボーリング調査のデータを見ると，割れ目の発生した部分は約10mの厚さで盛土されていることがわかった（井村ほか，1998）．割れ目の変位センスと発生した地形的位置からみて，地下から連続する断層ではなく，地震動によって谷を埋めた盛土部が沈下して生じた断層とみてよいであろう．

ここでは広い平坦なグラウンドを確保するためにかなり規模の大きな切土・盛土が行われていたと考えられる．なお，宮之城高校の鉄筋3階建ての校舎は，5月13日の地震で1階部分が押しつぶされたが，柱の破損は割れ目の生じたグラウンド側，すなわち盛土側がより顕著であった．

（井村隆介）

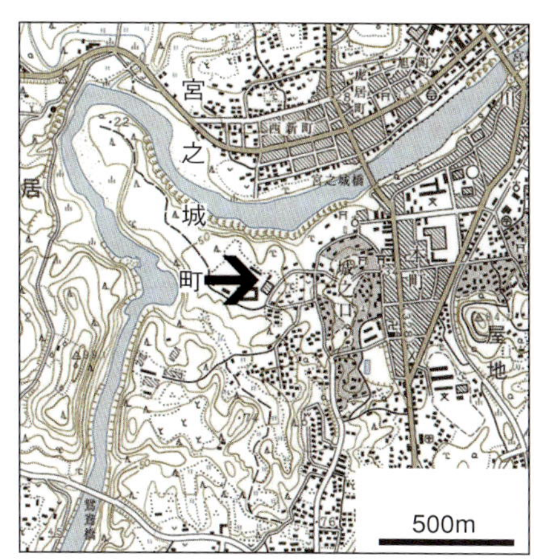

図4.21　地表に割れ目の現れた地域の位置
国土地理院2万5千分の1地形図「宮之城」

図4.20　グラウンドに現れた割れ目（断層）の状態　井村ほか（1998）

4.3　2000年鳥取県西部地震

事例 4-09　鳥取県日野町別所などの地表に現れた小断層群

2000年鳥取県西部地震（2000年10月6日，M7.3）では最大震度6強が記録され，家屋倒壊も含めて大きな被害が発生した．また，発震機構からNW-SE方向に延びた左横ずれタイプの震源断層が想定された（防災科学技術研究所，2001）．この地震の地表地震断層については地震発生直後からいくつかの報告がなされた（たとえば，伏島ほか，2001など），したがって，一部にはそのような断層が現れた可能性はあるが，少なくとも明瞭で連続性のあるものは確認されなかった．震源域は主に花崗岩類（根雨花崗岩）よりなる山地～丘陵地帯であり，このため，山腹での斜面崩壊が多数発生した（横田・島根大学鳥取県西部地震調査団，2001）．

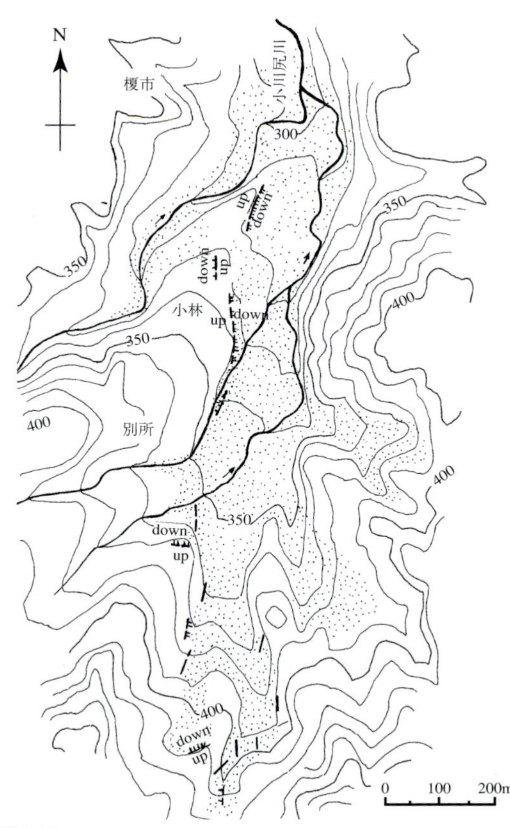

図4.22
日野町別所におけるクラックの現れた位置と沈下のセンス
横田・島根大学鳥取県西部地震調査団，2001
打点領域は地形的に推定される谷埋堆積物の分布域．

震源断層に沿ってNW-SE方向に広がった余震域のうち，震央から約10km南方の日野町別所ではN-S方向の小断層が断続的に多数確認された（図4.22）．道路舗装面上のそのような例を図4.23に示すが，小断層は開口し，部分的にはわずかに鉛直変位を伴っている．

小断層が現れた地域は，図4.22に示すように標高300m前後で幅100～200mに達する幅広い谷部であり，基盤の花崗岩の谷を土石流堆積物が埋積したものと推定される．この谷部は緩傾斜であり，大半は水田・畑などの耕作地となっている．

小断層は断続的ながら約1kmにわたっていることと，方向が震源断層のそれに比較的近いことから，当初は地表地震断層の可能性も懸念された．しかし，図 4.22 に示すように，全体としてみれば，小断層群は谷の左右端の傾斜変換部に沿っていること，鉛直変位や開口を伴う小断層の変状は谷方向への沈下・移動のセンスであることから，谷を埋めたルーズな堆積物あるいは道路の盛土・埋土が地震動によって沈下・移動を生じ，それに伴って生じたものと推定される．したがって，小断層群は地下から連続したものではなく，ノンテクトニックな断層と解釈できる．

同様の小断層は震源域とその周辺の多くの箇所で確認され，それらの中には横ずれ変位を伴っているものもあるが，それぞれの地形的位置と表層の地質構成を考慮すれば，その多くは上記と同様に道路の盛土・埋土や谷埋堆積物などルーズな表層堆積物の地震動による局所的な沈下・移動現象とそれに伴う破断として解釈可能である．

（横田修一郎）

図4.23　日野町別所において地表の道路舗装面に現れた小断層の例
いずれも左側がわずかに沈下している．

事例 4-10　鳥取県日野町長楽寺の山腹斜面に現れた小断層群

鳥取県西部地震の震央から約5km南方の日野川左岸には比高約150mの急斜面が連なっており，その上方の標高400～450mは緩斜面となっている．このうち長楽寺地区の急斜面では多数の斜面崩壊が発生し，急斜面および緩斜面上の鵜ノ池周辺には多数の小断層が現れた．

図4.24はこの斜面全体の地形と地震時に形成された斜面崩壊と小断層などの変状の記録である．斜面に沿った道路舗装面には各所で小断層が現れ，小断層に沿っては鉛直変位だけでなく，水平変位も確認された．そのうち長楽寺地区の例を図4.25に平面図および斜面方向の断面図として示す．

ここでは急斜面に切土と盛土によって急カーブした道路が設置されている．図のように切土法面は地震時に大きく崩壊し，道路の舗装面も谷側（南東方向）への移動を伴っ

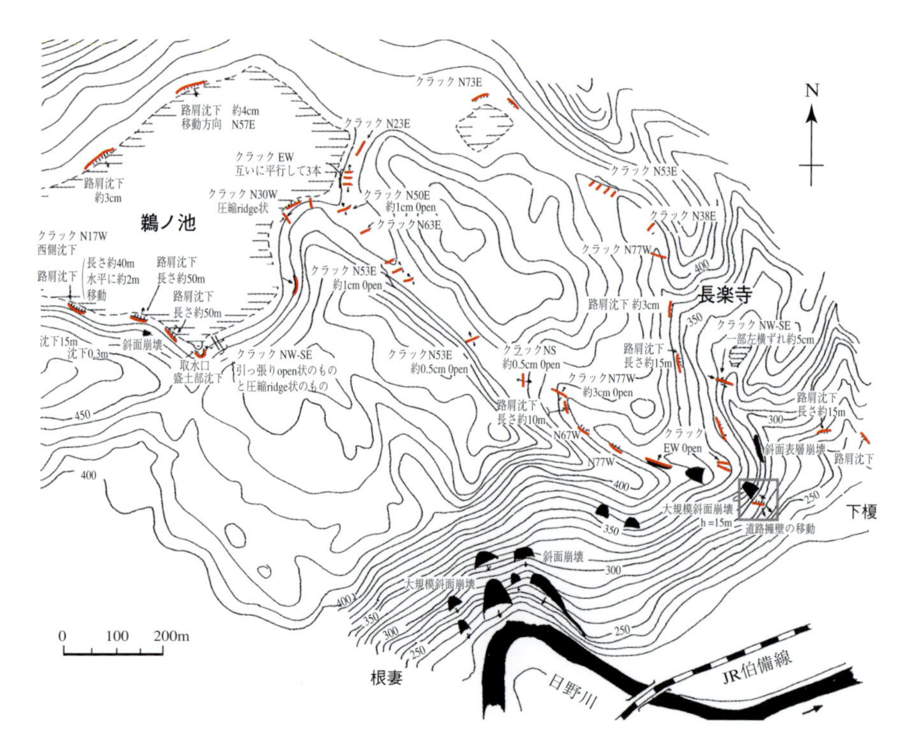

図4.24　日野町長楽寺から緩斜面上の鵜ノ池にかけての緩斜面に現れた斜面崩壊とクラック（小断層）の記録

横田・島根大学鳥取県西部地震調査団，2001

右下の灰色四角が図4.25の位置．

て大きく変状した．断面図に示すように，切土法面の背後は角礫化した風化花崗岩よりなり，カーブした道路は花崗岩を覆うルーズな斜面の堆積物の上に設置されている．この道路の変状では部分的な沈下・水平移動とともに，道路を横断するNW-SE方向に小断層も現れた．これは，図4.26に示すように，側溝部分で約10cmの左横ずれ変位を示している．

(a)

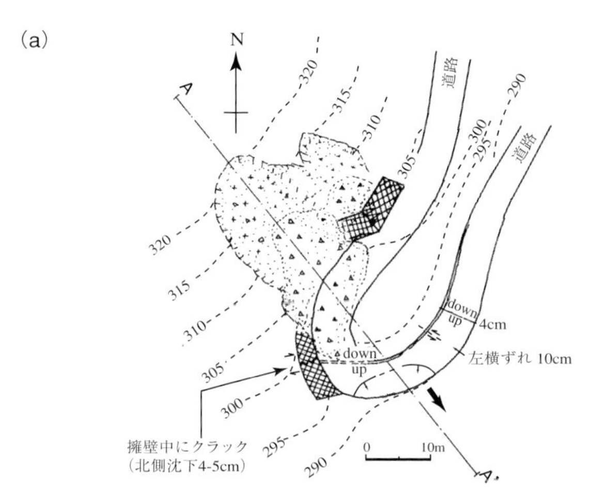

(b)

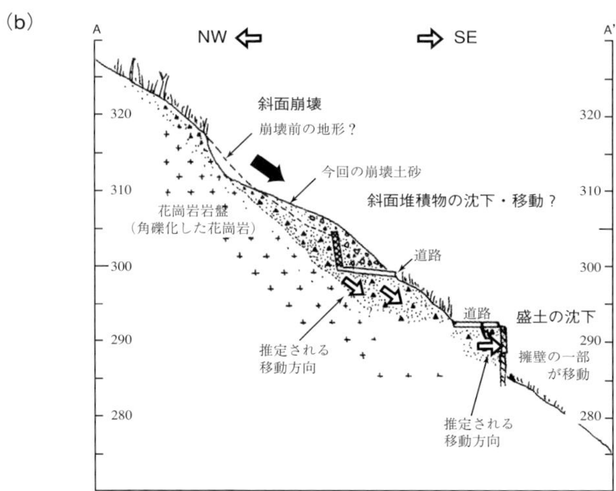

図4.25　日野町長楽寺のヘアピンカーブ部における変状
横田・島根大学鳥取県西部地震調査団，2001
位置は図4.24の右下．
(a) 全体の平面図　(b) A-A'の地質断面図

この小断層は余震域の直上にあり，NW-SE 方向で左横ずれと地震学的に求められた破壊機構と一致するものであったことから，当初は地表地震断層の可能性も懸念された．しかし，急カーブした道路の上方法面には斜面崩壊が発生していること，また下部の道路は擁壁によって支えられた盛土上に位置していること，擁壁の一部は破断され，これに伴い盛土部分の道路上に沈下を生じていることなどから，斜面表層に分布していたルーズな堆積物が地震動と重力によって斜面下方に移動した結果，小断層を生じたものと解釈された．したがって，これは斜面堆積物および盛土中のノンテクトニックな断層である．

（横田修一郎）

図4.26　道路上で横ずれ変位を伴った NW-SE方向の断層

側溝が左横ずれのセンスで約10cm 変位している．写真の上が北西方向．

4.4 2004 年新潟県中越地震

事例 4-11 新潟県小千谷市において地表に出現した断層

2004 年新潟県中越地震では魚沼市小平尾地区の谷底沖積平野において，図 4.27 のように水田面を横切るわずかな左横ずれを伴う西上がりの断層が出現した（丸山ほか, 2005）．これは地表地震断層の一部であることが報告されており，これを含む全長約 1km の地表変形が確認されている．

図4.27 小平尾の地表地震断層

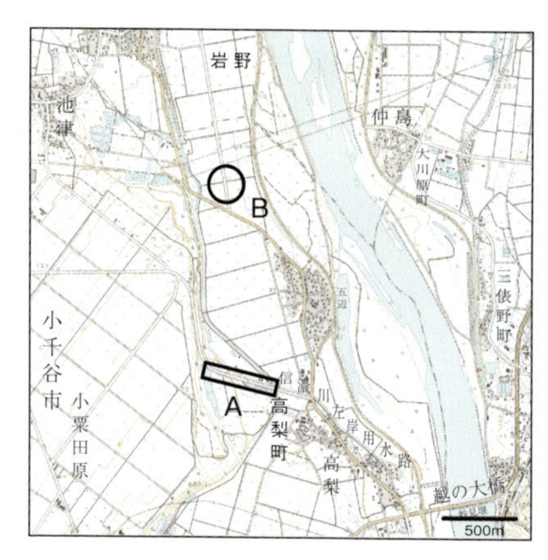

図4.28 位置図
国土地理院2万5千分の1地形図「片貝」
A：図4.29，B：図4.30

この他にも，地震発生直後には小千谷市高梨町五辺および高梨付近でも地表地震断層が現れたという報道があった．そこで，私たちも本震発生 3 日後の 10 月 26 日に現地調査を行った．問題の「断層」は 2 箇所で確認された（図 4.28）．1 箇所は高梨集落西方の小粟田原から段丘崖を緩やかに下る県道を横断する割れ目群であった（図 4.29）．もう 1 箇所は五辺北西方沖積面上の水田にところどころ噴砂を伴い，NE-SW 方向のものと NW-SE 方向の 2 系統のほぼ直交する割れ目群であった（図 4.30）．

前者の場合は，やや軟弱な泥質土を路床とするアスファルト舗装であり，段丘崖寄りには開口ぎみの小断層が生じ，信濃川寄りではアスファルトが座屈して盛り上がっていた．しかし，これらの割れ目の延長上には特別な変状は確認されなかった．このような緩やかに傾斜した道路上のアスファルト舗装面の変状は，地震発生直後はしばしば目にする現象である．したがって，その場の変状だけではなく地形地質条件を考慮するとともに，アスファルトやコンクリート構造物の破壊特性なども理解しておくことが大切である．とくにアスファルトの場合は，路盤材として用いられる砕石との境界面を漂うようにスライドすることが多い．

後者の場合は，一見段差を伴った「断層」が生じており，他地域で見られた直線状に配列した噴砂現象とは異なったものであった．しかし，その後の空中写真撮影結果（図4.31）や他の調査団（地盤工学会 新潟県中越地震災害調査委員会，2007；宮地ほか，2005）によって明らかにされたように，圃場整備前の砂利採取の影響によるものであった．断層は掘削後に埋め戻された部分とその周囲の元の畦の部分との境に現れており，埋戻し部分が液状化するとともに，沈下したことによるノンテクトニック断層である．

（野崎 保）

図4.29　表層土およびアスファルト舗装のスライドによって生じた割れ目

図4.30　砂利採取跡の液状化による噴砂割れ目

図4.31　砂利採取跡を浮かび上がらせた地震発生直後の
斜め空中写真　原口 強撮影

4.5　2005年福岡県西方沖地震

事例 4-12　福岡県玄界島頂部に現れた断層群 ―地震動による多重山稜形成の初期現象の例―

2005年3月の福岡県西方沖地震（M7.0）の際，震央から南東方向に約8km離れた玄界島の頂部には多数の断層が発生した（加藤・横山，2010）．本震の発震機構から推定される震源断層はNW-SEのほぼ鉛直な断層面を持った左横ずれ断層である（気象庁，2005）．

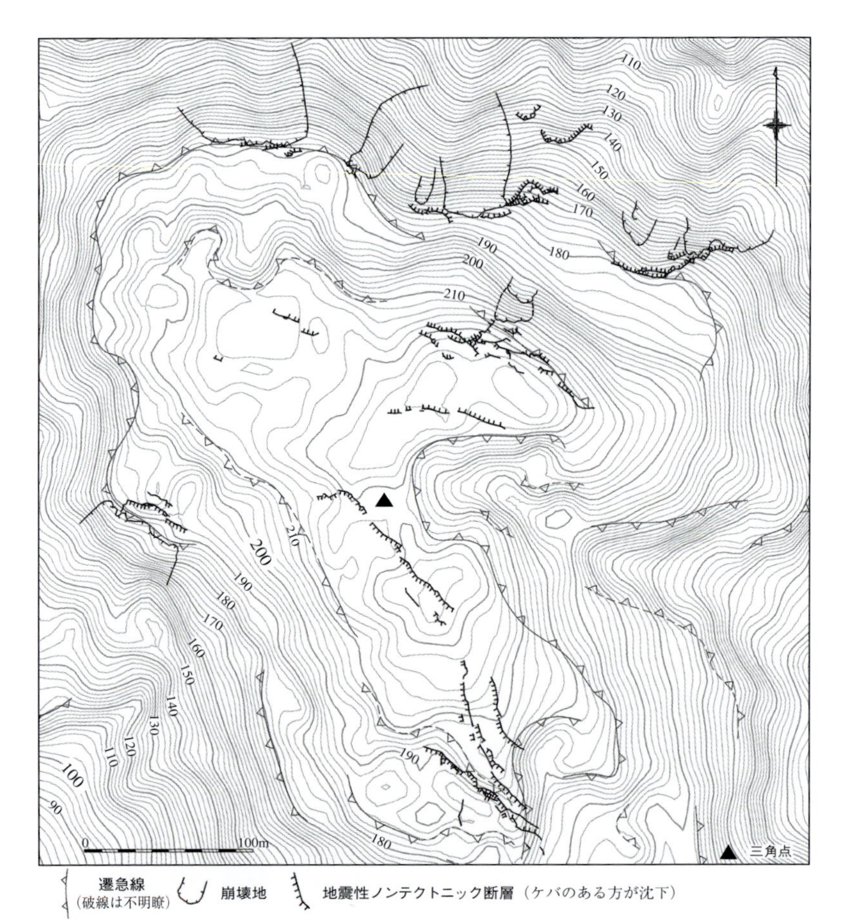

図4.32　玄海島頂部に現れたノンテクトニック断層の平面図

玄界島は平面的にはNW-SEに延びた形状で，標高180～200mの明瞭な遷急線を境として，それより上部は平坦面になっている．島は白亜紀の志賀島花崗閃緑岩とそれを覆う，能古島アルカリ玄武岩に相当する鮮新世の玄武岩よりなる（唐木田ほか，1994）．地震時にこの平坦部に多数の地震動による断層が発生した（図 4.32）．断層の分布特性が，震源の位置や揺れの方向，遷急線との関係から検討され，これらがノンテクトニック断層であることが明らかとなった．また，大木の樹根や巨石がノンテクトニック断層の局所的な方向変換を引き起こすことが明らかにされた（加藤・横山，2010）．

震源と玄界島の位置関係から，震源から伝播したS波による揺れはNE-SW方向になる．これを受けて，石碑・灯籠の卓越転倒方向もNE方向とSW方向が卓越した．地震動によるノンテクトニック断層は地震動が地形的に増幅する遷急線付近に発達する傾向があるが，S波との関係にも支配されるので，玄界島では島の北部と南部のNE-SW方向の遷急線に沿ってはノンテクトニック断層が形成されなかった．

地震時に発生したと考えられる崩壊の分布はノンテクトニック断層の分布と重なっている．あきらかに，崩壊の滑落崖はノンテクトニック断層に規制されているが，滑落崖がノンテクトニック断層を切断しているところもあり，ノンテクトニック断層の形成が崩壊に先行している．このような特徴は，兵庫県南部地震で段丘や丘陵の谷埋盛土で発生した地震動によるノンテクトニック断層と崩壊・地すべりとの関係と共通している．

断層群はほぼNW-SEに延び，ほぼ鉛直の断層面をもち，地表では開口した正断層である．緊張した樹根から推定される断層群の開口方位は断層面に直交しており，地震動によって破断・開口したことを示している．断層の大半は延長20m前後またはそれ以下であるが，長いものは延長50mに達する．地表の鉛直変位は0.1～0.3mで，最大で約1.5mであった．開口しているものがほとんどであり，これはノンテクトニック断層の特徴でもある．

図 4.33は地震動によるノンテクトニック断層の地中構造である．断層の最深深度は確認されていないが，広範囲で破壊されているのがわかる．また，大木の樹根や巨石が局部的な断層の方向変換を引き起こしている（図 4.34，4.35）．ノンテクトニック断層は大木の樹根や巨石の切断を避けているが，巨石の移動は，地震動のエネルギーが運動エネルギーにも転化していることを示している．

地震時には必ずと言ってよいほど，地震動によるノンテクトニック断層が尾根に発生している．このようなノンテクトニック断層は線状凹地形成の初期現象である．

（加藤靖郎・横山俊治）

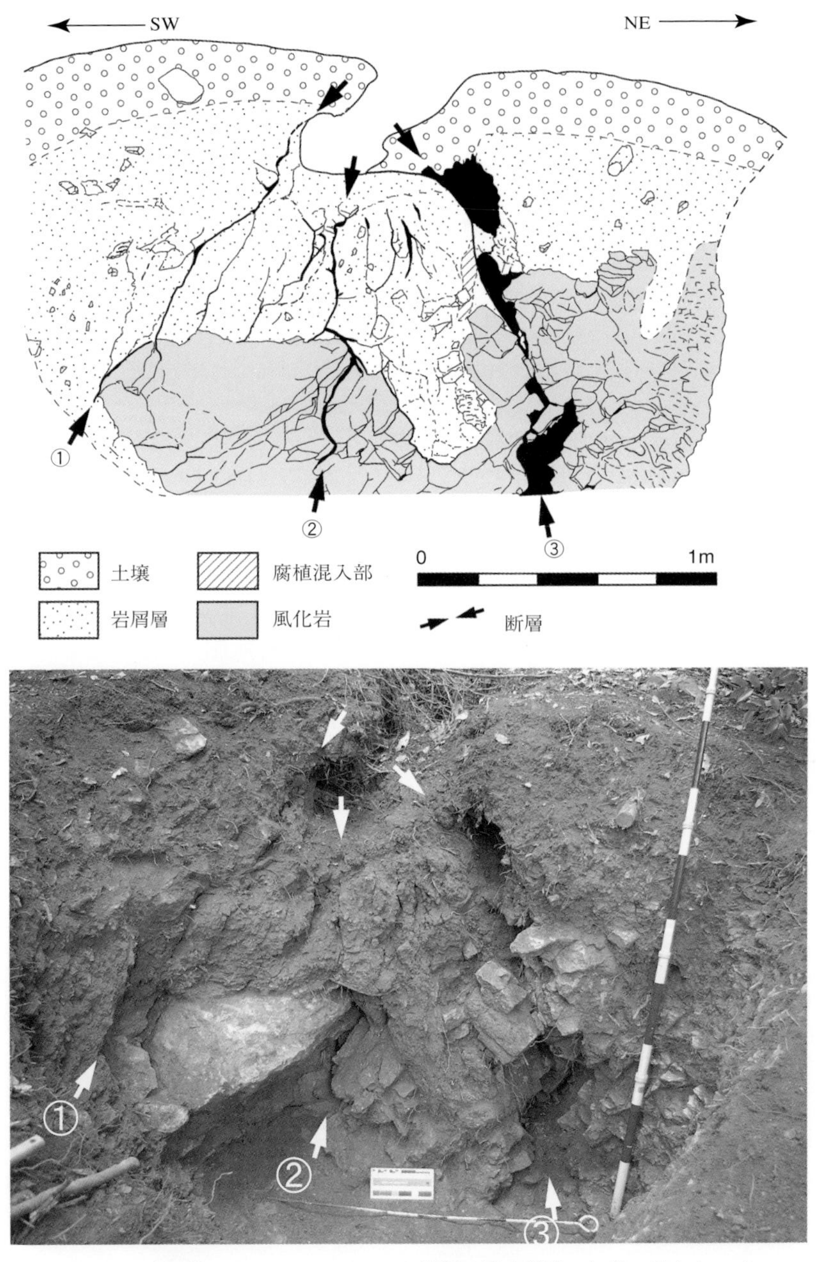

図4.33　地震動によるノンテクトニック断層の地中構造　加藤・横山（2010）
表土はぎによって明らかになった断面

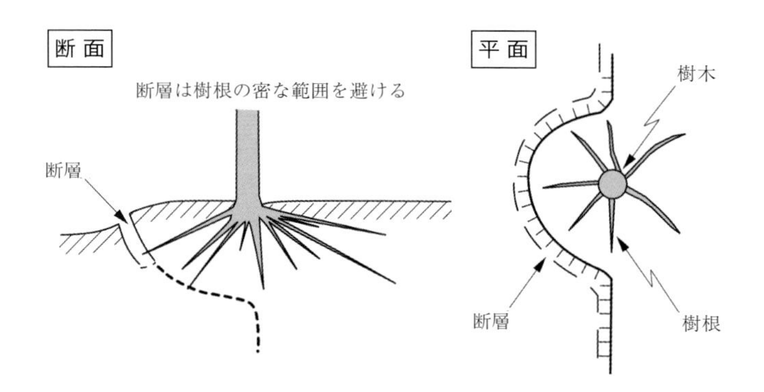

図4.34 樹木に妨げられた地震動によるノンテクトニック断層
加藤・横山（2010）

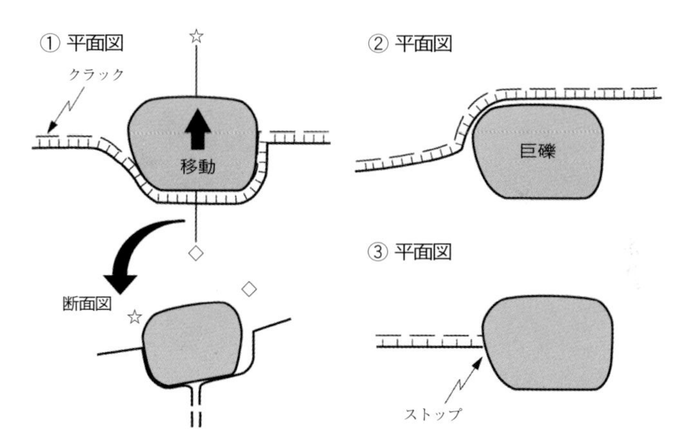

図4.35 巨石に妨げられた地震動によるノンテクトニック断層
加藤・横山（2010）

4.6　2007年能登半島地震

事例 4-13　石川県輪島市門前町中野屋の地表に現れた断層

図4.36に示した亀裂は，2007年能登半島地震によって門前町中野屋の路面からその西側の水田面にかけて現れたものである．この割れ目はNE-SW走向で右横ずれ変位を伴うことなどから，当初は「地震断層」とされた（石渡ほか，2007）．その後，断層とされた亀裂を横断するトレンチ調査が実施され，私たちも関係者のご配慮によりトレンチを観察させて頂いた．そこにはこの亀裂から南東方向に緩く傾斜する明瞭な断層が確認された（図4.38，4.39）．

図4.36　中野屋のアスファルト舗道に生じた右横ずれ変位を伴う亀裂（北側から撮影）

路面の応急修復がなされたのでわかりにくいが，側溝まで変位が見られる．

図4.37　変位地点を南西から見る

左の矢印位置が「断層」．横ずれ変位とともに，右（南）側の谷にはわずかに正断層変位または圧密沈下がある．おそらく地震時だけのものではない．

図4.38　トレンチ山側

道路面の割れ目は谷側の盛土の下（赤線）に連続し，さらに辛うじてトレンチ壁面の地すべり面続いているように見える．

グリッドは1m．

しかし，下盤は泥岩層だが上盤は明らかな崩土であり，この断層は地すべり面と考えるのが妥当と判断された（川辺ほか，2007）．地表で確認された変位はわずか数cmであり，地表変状はその周辺に限定されたものであった（図4.37，4.41）．図4.40は聞き取りや周辺域の地形調査の結果であり，問題の亀裂は古い地すべり斜面の側部に相当することが明らかになった．ただし，この地震によって古い地すべり全体が再活動したわけではなく，古い地すべり面に沿ってその一部が局所的に変位したものと考えられた（野崎，2007；永田ほか，2007；竹内ほか，2007）．さらに，川辺ほか（2007）は，この地震では

図4.39
トレンチで観察された緩傾斜の断層（地すべり面）
北東側から撮影．グリッドは1m．

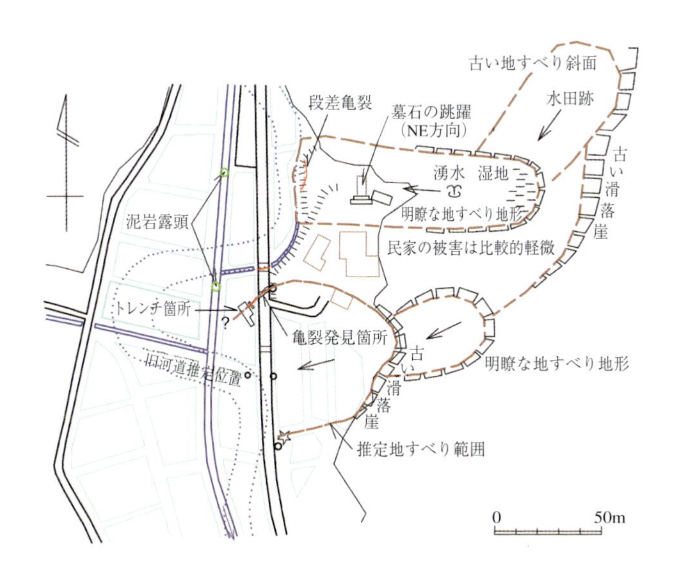

図4.40 中野屋付近の現地踏査結果と地すべり地形

この地すべり性の断層さえも変位しておらず，表層の耕作土が地すべり崩土の局所的な液状化に伴って変位したものと結論づけている．また，合成開口レーダーの干渉画像からもこの亀裂が地すべり性の変位であるらしいことが示された（宇根ほか，2007）．

（野崎 保・永田秀尚）

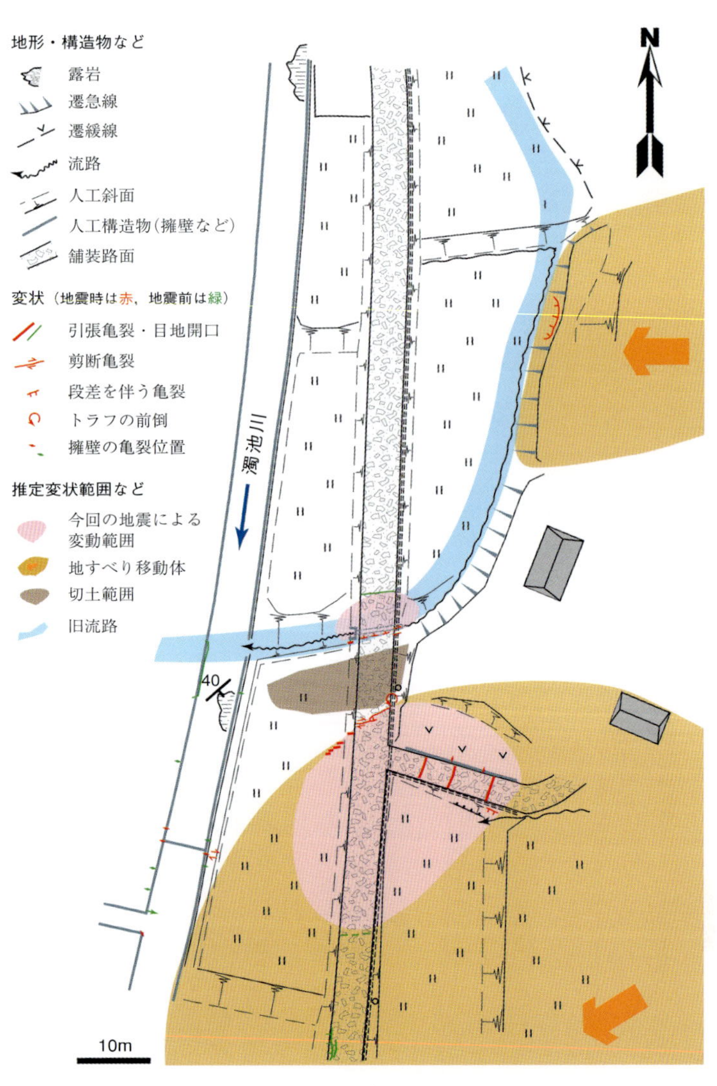

図4.41　中野屋の右横ずれ変位周辺の詳細図

事例 4-14 石川県輪島市門前町の切土法面に現れた断層

図 4.42，4.43 は輪島市門前町鹿磯の海岸に沿う道路の切土法面である．ここでは海食崖の頂部付近にある岩屑化した強風化岩が地震動によって分離し，表層崩壊を起こしているが，それだけではなく，層理面に沿って生じた断層の上盤側が10cm 程度せり出している．その変位方向は層理面の最大傾斜方向（写真では左）とは異なり，海岸（西）を向いている（野崎，2008）．これらの断層は，突出した尾根部と，より深い基盤との地震動の大きさの差を解消するように生じたものと考えられる．またこのような断層の形成は，それに沿う弱面の形成や上盤のゆるみの拡大を引き起こし．地すべりの初生への契機となることも容易に想像される．

（永田秀尚・野崎 保）

図4.42　層理面に沿うせり出し
赤線および黄線沿い．とくに赤線に沿っては地下水の浸潤が見られ，これより上で岩盤ゆるみが大きいことを示す．

図4.43
層理面に沿ってせり出した風化岩盤（図4.42の近接）．

4.7　2008年岩手・宮城内陸地震

事例 4-15　宮城県栗原市荒砥沢（あらとざわ）地すべり末端の断層

2008年6月14日に発生した岩手・宮城内陸地震（M7.2）では防災科学技術研究所の強震観測網KiK net観測点一関西（IWTH25）において3成分合成で4,022galという非常に大きな加速度が記録された．さらに上下動成分が非常に大きく，上向きの振幅が下向きの振幅の2.2倍以上という非対称性を示すという特徴があり，これは「トランポリン効果」として説明されている（Aoi et al., 2008）．この地震ではNE-SW方向に連なる地表地震断層が断続的に現れた（たとえば鈴木ほか，2008；吉見ほか，2008）ほか，山地域を中心に大規模なものを含む斜面変動が多発した．「地表地震断層」とされたもののうち，栗原市御沢から荒砥沢にかけて，2つの崩壊を結ぶように生じた断層は，ノンテクトニックなものである可能性を含めて検討が必要である（☞2.7 (2)）．以下では，これ以外のノンテクトニック断層として荒砥沢地すべり末端の断層について述べる．

栗駒山南東，二迫川の源流部に位置する荒砥沢では，この地震によって，最近では最大規模（$6.7 \times 10^7 m^3$）の地すべりが発生した．この地すべりの発生機構に関しては議論があるが（たとえば山科ほか，2009；横山・脇田，2010），まとまった移動体が最大300mにわたって下方に移動し，末端で既存斜面に衝突し，比高50mの高さまで乗り上げているのが特徴である．移動体内部や周辺ではさまざまなノンテクトニック構造が観察されるが，ここでは，移動体末端におけるスラストを紹介する．地すべり発生後，対策工のための切土や，地震後にときどき発生した豪雨によるガリー侵食により，末端部の構造が観察できるようになった．

図4.44は荒砥沢ダム貯水池の北岸に近い箇所で観察される移動体末端のスラストである．下盤側の凝灰岩（斜交層理を伴う再堆積火砕流堆積物）に，移動体を構成する頁岩（本来凝灰岩の下位にあるもの）が乗り上げている．境界には樹根を含む旧表土が残存する．表土と頁岩層との間には1cm程度の薄い粘土層が挟まれる．上盤側にある頁岩は脆性的に折れ曲がったり破砕を受けたりして複雑な構造を示しているが，上盤側のみならず，本来ほとんど水平な下盤側も多少傾いていることから，変形はもう少し先まで及んでいるものと考えられる．

図4.45は図4.44よりやや上流側の工事用道路法面である．移動体末端のスラストは複雑な面を示しているが，その背面にバックスラストの発達が見られる．主スラストとバックスラストとの間の変形は著しい．

（永田秀尚）

図4.44　移動体末端の乗りあげ部

赤線が断層．厚さ30cm程度までの，樹根を含む表土が挟まれている．表土と移動体の頁岩層との間には1cm程度の薄い粘土層が見られるのみで，ほとんど密着している．

図4.45　荒砥沢右岸末端乗り上げ部　千葉則行撮影

荒砥沢貯水池左岸の工事用道路法面．移動体末端のスラスト（紫）と逆傾斜のバックスラスト（赤）が見られる．青丸付近が図4.44の位置．

4.8　先史時代の地震

遺跡の考古学的発掘調査の際に，砂脈や噴砂など地震による液状化の痕跡とそれに伴う亀裂や断層が発掘される例は多く，遺跡の地震痕跡から地震の履歴を探ろうとする分野は「地震考古学」（寒川，1992）と呼ばれている．この分野では多くの過去の地震の復元が行われているが，とくに四国から近畿，中部地方の遺跡の液状化痕跡をもとに南海トラフの巨大地震履歴や伏見地震などの内陸地震の履歴が明らかになっている（寒川，2013）．ここでは文字に記された歴史が浅い北海道の事例を紹介する．

北海道，石狩低地東縁断層帯（図4.46）の南部周辺では，多数の遺跡発掘調査が行われ，液状化痕跡のほか，地震によると見られる正断層や開口亀裂の存在が報告されている．また，これとは別に，この地域では断層帯に沿って地表付近に多くの断層が分布することが知られており，そのいくつかは活断層として記載されていた（卯田ほか，1979；山岸，1986）．

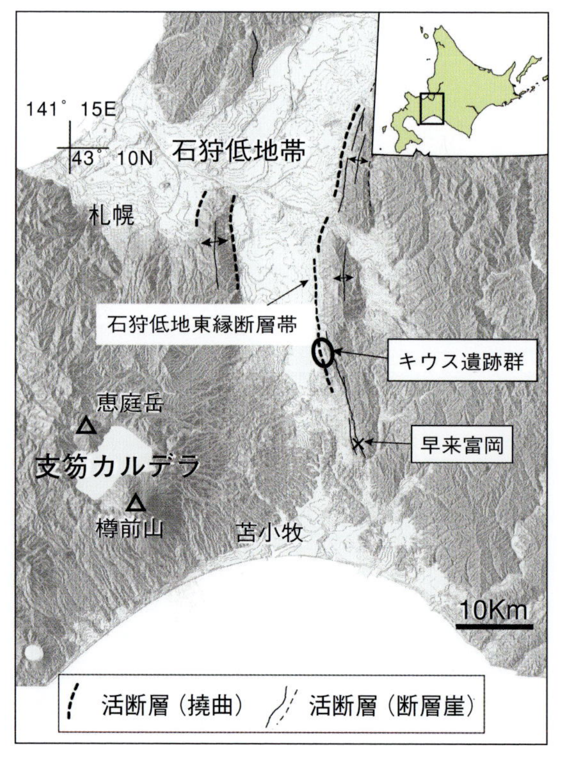

図4.46　北海道石狩低地東縁断層帯の位置
原図はフリーソフト「カシミール30」で作成

石狩低地東縁断層帯は西に衝上する主断層（ブラインドスラスト）と，その活動に伴う副次的バックスラストである馬追断層・泉郷断層などからなる活断層帯である．その分布域の南部は支笏カルデラを中心とする火山の東側に位置し，台地や丘陵そして断層崖などの変動地形はこれらのテフラ・ローム・腐植に厚く覆われている．バックスラストを対象としたトレンチ・ピット・ボーリング調査のデータ（北海道，2001）から，国の地震調査委員会は最新活動期を3.3～5.2ka あるいはそれ以後，活動間隔は3,300～6,300年とした（地震調査研究推進本部地震調査委員会，2003）．なお，その後，地震調査委員会は産業技術総合研究所による主断層に対する群列ボーリング・ジオスライサー調査の結果（産業技術総合研究所，2007）を受けて，最新活動期を西暦1739～1885年とし，平均活動間隔を1,000～2,000年と修正している（地震調査研究推進本部地震調査委員会，2010）．

この地域の表層に分布する正断層群を改めて検討すると，次のような特徴を持っており，活断層の活動に関連した強震動によるノンテクトニック断層と考えられる（北海道，2001；田近ほか，2004，2007）．①活断層（バックスラストの地表トレース）の周辺に多い．②断層の走向は断層崖や断層上盤隆起域の延びの方向などに一致するもの，尾根に直交するものなど形成場の地形に規制されているものが多い．③正断層は表層のテフラやローム・腐植土中に発達するが，下位に消滅する例がある．④しばしば変位の累積性が認められる．⑤地すべり（側方移動）に伴うものもある．これらの正断層群や遺跡の開口亀裂の発生年代は，活断層調査の結果得られた断層の活動年代に対応するように見える（図4.47）．今後精度の良い年代の決定が課題である．

以下に，千歳市キウス遺跡群の2例（**事例4-16，4-17**）と安平町早来富岡の例（**事例4-18**）を示す．

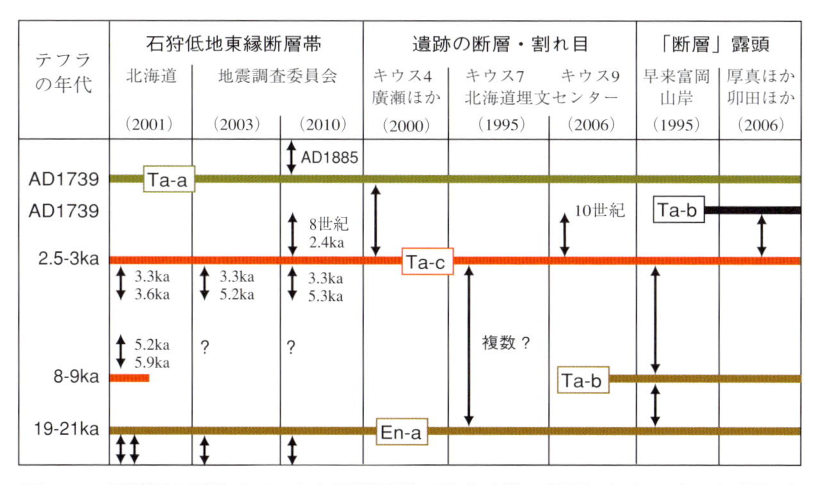

図4.47 活断層の活動イベントと正断層群の形成時期 廣瀬ほか（2000）に加筆訂正
テフラの年代は町田・新井（2003）による．

事例 4-16　千歳市キウス7遺跡の階段状正断層

階段状の正断層が確認されたキウス7遺跡は千歳市中央の泉郷断層の西2.5km，緩やかに傾動した段丘面上，すなわちバックスラストの上盤に位置する（図4.48）．この遺跡は道東自動車道キウスPAの建設にあたって緊急発掘された縄文・続縄文時代の遺跡であり，縄文後期中葉の竪穴住居跡が確認されている（北海道埋蔵文化財センター，1995）．ここでは上位から，表土，樽前a降下軽石（Ta-a：西暦1739年），腐植Ⅰ（黒色土），樽前c降下軽石（Ta-c：2.5～3ka），腐植Ⅱ，ローム，恵庭a降下軽石（En-a：19～21ka）および火山灰を挟む砂質堆積物が堆積している．旧石器遺物を確認するためにEn-aを除去したところ，明瞭な断層崖が現れた．この状況は西田ほか（1996）によって記載され，私たちも見学の際に断層のスケッチをさせていただいた．

断層は，キウス川と無名の沢の間の出尾根状の台地に位置し，出尾根を斜めに切るようにNE-SW方向に約30m以上連続する．Ta-cには変位が見られず，En-aの基底が階段状に正断層変位をしている（図4.49）．En-a基底の垂直変位の総量は85cmであり下限については不明である．階段状変位はシンセティック断層によって形成されているが，微小なアンチセティック断層も見られる．1回の活動で形成された可能性もあるが，Ta-c直

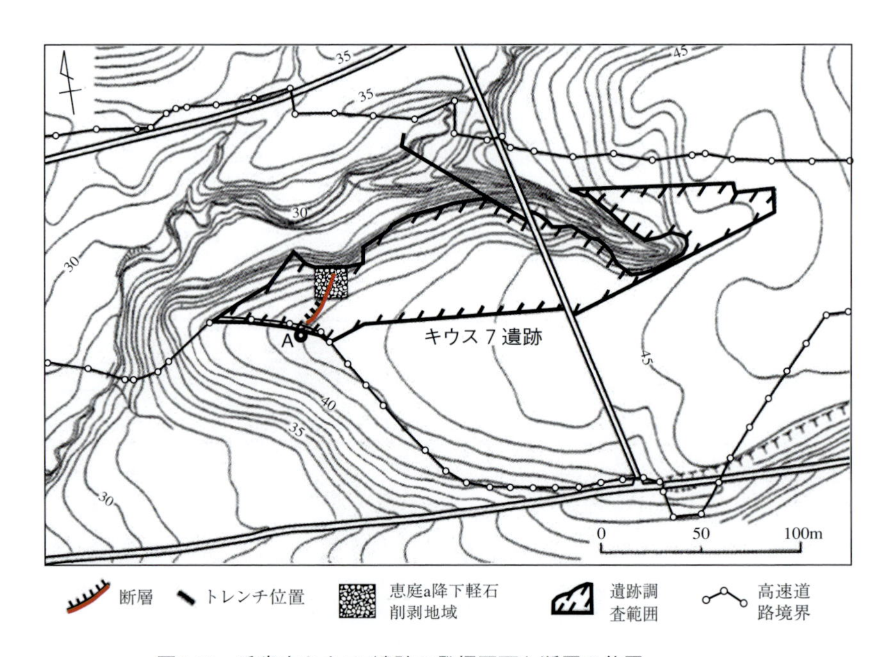

図4.48　千歳市キウス7遺跡の発掘区画と断層の位置
西田ほか（1996）に断層位置を強調．
産総研著作物使用承認第60635130-A-20141105-001号

下にある腐植Ⅱの層厚は断層を挟んで下盤側で15cm，上盤側で50cmであり，その差，すなわち腐植Ⅱ基底の変位量は35cmで，En–a基底よりもあきらかに小さい．したがって，En–a降下以降，Ta–c堆積以前までに，複数の活動の可能性がある．この活動は，石狩低地東縁断層帯におけるバックスラストのトレンチ調査から得られた最新活動期（3.2～5.3ka）とその前の活動に対応するものかもしれない．

（田近 淳）

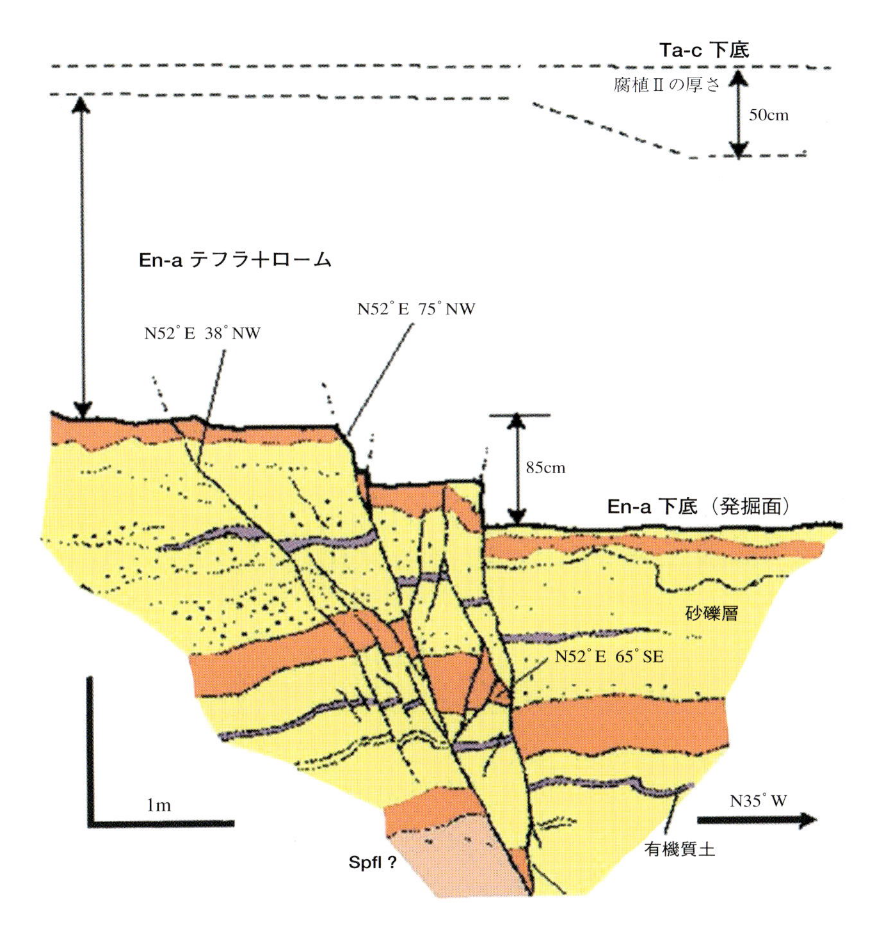

図4.49　千歳市キウス7遺跡の階段状断層のスケッチ
En-a以上の地層を除去した状態．延長部における断層の両側の腐植Ⅱの厚さを加筆．

事例 4-17　千歳市キウス9遺跡の地すべり性断層

キウス9遺跡はキウス7遺跡の西約5km，傾動した段丘が低地に移る付近の段丘側に位置する．道東道と道央圏連絡道路との交差地点の南側，道央圏道路建設に伴う発掘調査の結果その存在が明らかになった（北海道埋蔵文化財センター，2006）．層序はキウス7遺跡とほぼ同様で，上位から，表土，Ta-a，腐植Ⅰ，Ta-c，腐植Ⅱ，ローム，En-a，およびより古い火山灰が堆積している．腐植Ⅰには白頭山苫小牧テフラB-Tm（10世紀）が挟まれることが確認されている．

断層および開口亀裂（地割れ）は，低地側に傾くごく緩い斜面の中腹から下の部分に分布する（図4.50）．断層は主にNNE-SSW方向に延びるA，B2列の断層群とA列の北端からWNW方向に延びるC列および，B列の南端からSE方向に斜面を下るD列からなる．このほかにも斜面の頂部や中腹にも短い開口亀裂や断層が確認されている．断層は

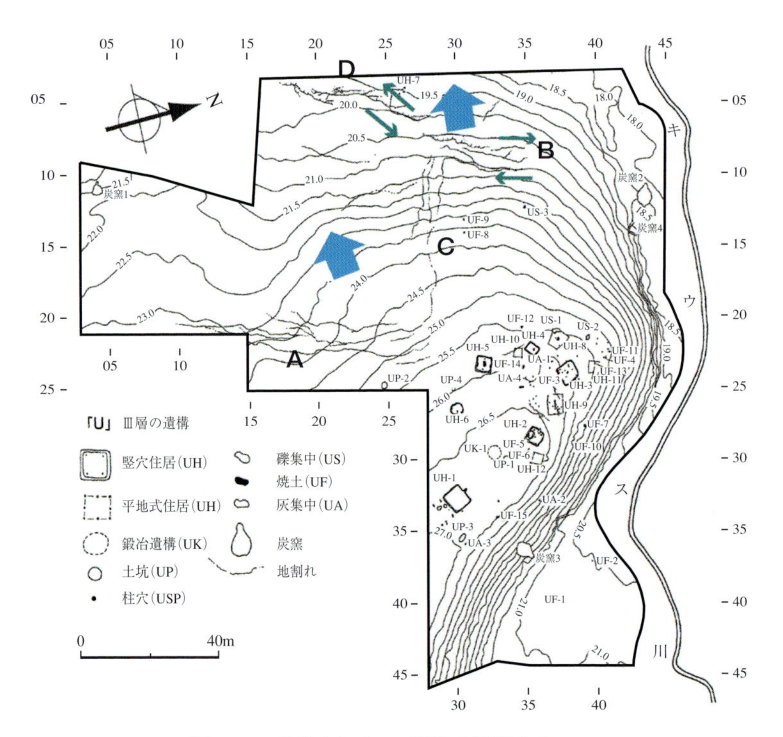

図4.50　千歳市キウス9遺跡の遺構分布
北海道埋蔵文化財センター（2006）に加筆
青色の大きな矢印は推定移動方向，小矢印は割れ目の両側の相対移動方向を示す．Ⅲ層は腐植Ⅰで擦文～近世アイヌ時代の遺物を含む．

Ta-a以外の各テフラをほぼ同じ量だけ変位させており，形成年代はTa-c堆積以降，Ta-a堆積以前（北海道埋蔵文化財センター，2006によればB-Tm堆積以前）のおそらく１回の活動で形成したものと考えられる．

A列とC列に挟まれた緩い斜面は，下方に凸の形態を示し，この斜面が地すべりのように南西方向に移動したことを示唆する．A列はこの移動する斜面の頭部～左側部に相当し，延長50m，幅2～3mのグラーベンとそれに付随した断層からなる（図4.51）．代表的な断面では山側の断層は80°西傾斜の正断層で垂直変位は25～30cmで，比較的連続性が良い．対応する低地側の断層は78～90°東傾斜の正断層で，垂直変位量20～25cmである．グラーベンの底には低地側の正断層に収斂するように見える西傾斜の（逆）断層があり，Ta-cを数cm変位させている．これはB列でも見られる横ずれに伴う構造かもしれない．A列に続くC列は右側部に相当し，浅いグラーベンのように見えるが，明確ではない．

(a)

(b)

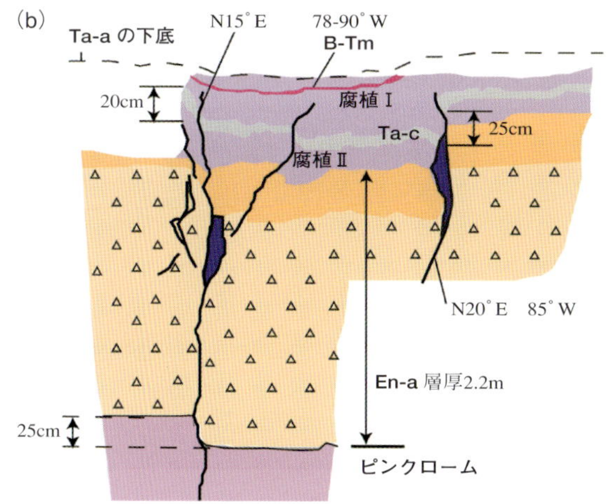

図4.51 千歳市キウス9遺跡の地すべり性ノンテクトニック断層
頭部（左側部）のグラーベン（A列）(a)とその地質スケッチ(b)

(a)

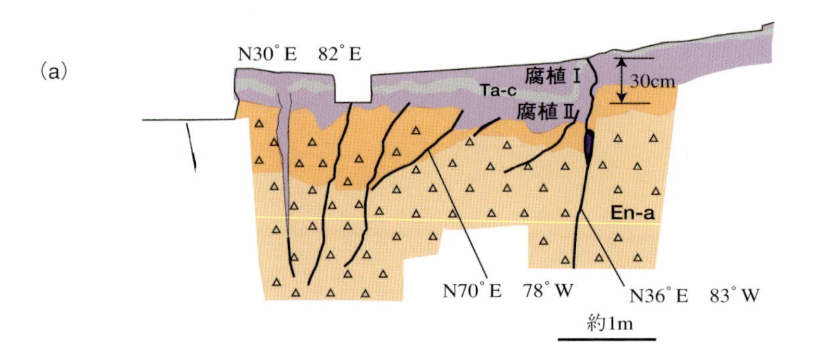

(b)

図4.52 千歳市キウス9遺跡の地すべり性断層

B列の地質断面スケッチ（a）と写真（b）．向かって右側が頭部の正断層，左側は右横ずれ断層（杉型）の雁行亀裂となっている．

B列とD列を結んだ線より下方の斜面も，西または南西方向に移動したものとみられる．頭部にあたるB列は，延長20mほどで，山側の連続性の良い正断層と谷側の左横ずれ成分を持つ断層とがグラーベン状にセットになっている（図4.52）．山側の断層は，垂直ないし西傾斜80°の正断層であり，断層面の湾曲部には，開口して黒色土が入り込んでいる．垂直変位量は30cmである．低地側の断層はEn-aの上面では，平面的にみると，右横ずれを示す杉型の雁行割れ目の形態を示す．断面で見るとグラーベンの底から，割れ目に向かって収束するように傾く断層が少なくとも2枚認められる．上盤がずれ上がった逆断層のように見え．横ずれに伴う正のフラワー構造と考えられる．グラーベンの北側は急斜面となっており断層は見られない．南側では杉型の雁行割れ目はなくなり，D列では左横ずれを示すミ型の雁行断層が発達する（図4.53）．北側の右横ずれと南側の左ずれの部分の間の斜面が下方に移動したものとみられる．

これらのすべり面がどのようなものかは明らかになっていないが，En-aの下位にはロームや砂層が発達しており，それらがすべり層になっている可能性がある．なお，この遺跡の北西に位置するキウス4遺跡でも，同じ時期の地すべり（側方伸長）による開口亀裂が報告されている（廣瀬ほか，2000）．

なお，この斜面では，住居跡などがある高台や中腹に地すべりとは直接無関係とみられる割れ目も発達しており，地震動による地表近くの剪断歪の増加により形成されたものと考えられる．地すべりを構成する断層は，これらの一部を切るように見えることから，割れ目の形成に引き続いて斜面の移動が発生したと推定される．

（田近 淳）

図4.53　千歳市キウス9遺跡の地すべり性断層

C列の「地割れ」（矢印）はミ型の配列をしており，左側の地盤が手前下方に動いたことを示す．

事例 4-18　断層崖（馬追断層）の直上に見られる正断層群 ー安平(あびら)町早来(はやきた)富岡

石狩低地東縁断層帯バックスラストの上盤側には，厚いテフラを切る正断層がしばしば認められる（北海道，2001）．そのうちの1つが馬追断層の上盤にあたる安平町早来富岡の露頭である（図4.54）．ここでは，下位より支笏火砕流堆積物（Spfl）とその二次堆積物，En-aとローム，樽前d降下軽石（Ta-d）とローム，および腐植層（Ta-c,-b,-aを挟む）が観察され，それらを切ってN30～45°W 45～90°SおよびN29～70°W 39～76°Nの傾斜方向を異にする2系統の正断層群が発達する．この露頭では傾斜方向が反対の高角正断層を走向に近い角度で斜めに切土したために，見かけ上，高角度の逆断層と正断層の両方が発達するように見える．この付近での馬追断層の走向，すなわち断層上盤がつくる尾根状の地形の延びの方向は概ねNNW-SSEであり，正断層群の走向と調和的である．

この断層群でもうひとつ注目されるのは，変位の累積性が認められること，すなわち再活動した可能性が大きいことである（図4.55）．En-a基底の垂直変位量はTa-d基底のそれよりもあきらかに大きい．Ta-c以上のテフラと腐植には変位は見られないが，Ta-cの下位の腐植には変位が認められる．これらのことは最新活動がTa-d堆積後Ta-c堆積以前であることを示すとともに，En-a堆積後Ta-d堆積以前の，おそらくローム堆積時に変位が起こったことを示す．

形成場の地形的な特徴や断層崖に隣接した場所であることなどを考慮すると，これらの正断層群の形成には重力の影響に加え地震動が直接的な引き金となった可能性が大きい．この正断層の活動時期は，隣接する活断層のトレンチ（北海道，2001）で確認されている最新活動期（3.2～5.3ka）およびそれ以前の活動期と調和的である．

（田近 淳）

図4.54　早来富岡の正断層の露頭　岡 孝雄撮影
逆断層に見えるのは斜め手前に高角に傾斜した正断層である．
現在ではほとんど表土や植生に覆われている．

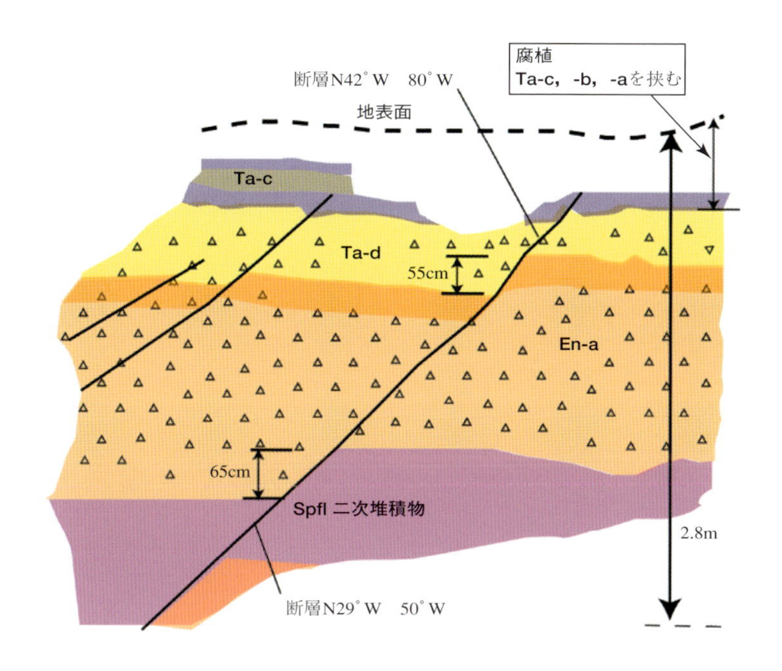

図4.55 早来富岡の正断層露頭の一部スケッチ
北海道（2001）のスケッチを簡略化.

用語解説 3　破断面に関する用語

岩石やその他の地質構成材料が破壊されて生じた破断面や，それに関する用語を解説する．

割れ目・クラック・亀裂(crack, rapture)・**裂罅**(れっか)(fissure)：脆性材料が破壊されて生じた破断面．どれもほぼ同じ意味で使われるが，裂罅は比較的開口規模の大きなもの，隙間そのものに使用される傾向がある．「開口亀裂（割れ目・クラック）」は肉眼的に確認できるスケールで使用されることが多い．後生的な鉱物などの充填によって実際には開口していなくてもクラックといわれることがあり，その場合「潜在亀裂」とか「癒着亀裂(healed crack)」と称される．本書では破断面に沿う変位にかかわらず，同じ意味で用いる．つまり断層も節理も含む総称としてこれらの語を扱う．地表面に限って使用される「地割れ」も同じである．

亀裂は剪断か引張によってしか形成されない．地すべりの末端に記載されることがある「圧縮亀裂」は便宜的な用語で，地すべりの移動方向に平行な最大圧縮主応力 σ_1 に直交する最小圧縮主応力 σ_3 が負となって形成される，地表面付近に限られた引張亀裂である．

肉眼的に割れ目の認められない岩石（インタクトロック intact rock）とさまざまな規模や性状を持つ割れ目が組み合わさった空間が「岩盤 rock mass」であり，多くの場合にわれわれが扱う対象である．

断層(fault)：面に沿う変位が見られる破断面．破壊力学の観点からは，モード II（面内剪断），あるいはモード III（面外剪断）の機構によって形成されるもので，いずれにしろ材料に作用する剪断応力が材料の持つ剪断強度を上回った場合に破壊が生じる．地質学的には変位（dislocation）そのものが重要であり，その量が数 mm であろうと 1,000km を超えようと断層といえる．

非固結堆積物のように極めて強度の小さい材料ではほとんど変位だけが生じる場合もあるが，一般に，変位に伴ってある幅で破壊や変形が生じ，「断層破砕帯(fracture zone)」「剪断帯（shear zone)」と呼ばれる．断層破砕帯の規模（厚さや延長）や破砕帯を構成する物質（断層岩）は，断層の活動深度，変位速度，繰り返し特性，両側の構成物質の特性など，さまざまな条件で変化する．

断層破砕帯は力学的にも強度が小さいことが多く，また細粒化した物質が流体の流れを変化させることでも工学的な問題を生じることがしばしばある．工学的に用いられる「断層」は，実は断層破砕帯のような劣化帯（damage zone）のことである場合が多く，本来断層ではない変質帯や風化帯なども紛れ込んでいることが往々にしてある．数 10cm 幅以下の劣化帯を指す「シーム」という語も同様である．

節理(joint)：面に沿う変位がないか微小である破断面．面に沿う微小な変位を持つものを「剪断節理（shear joint)」として認める立場とそうでない立場がある．後者の立場ではモード I の引張破断でしか節理は形成されない．材料の引張強度は剪断強度より小さいので，引張応力が発生しやすい地球表層では節理面も多く形成される．たとえば地質体の曲げに伴うものであったり，火成岩の冷却による収縮，削剥による応力解放などで節理面が形成される．

第 5 章

事例：火山活動による断層

本章では火山活動によって生じたノンテクトニック断層についての事例をまとめた．第2章で述べたように，火山活動に関連して生じる断層には，細かくみるといろいろな成因のものがある．そのなかで，5.1では霧島火山をとりあげてリニアメントや断層地形を見る．次に5.2では，桜島火山の活動による新島（燃島）の隆起とそれに伴って形成された断層をとりあげる．ここではさまざまな探査手法も駆使しての検討がなされた．5.3では2000年の有珠火山の活動によって生じたさまざまなノンテクトニック断層をとりあげる．

第5章 扉写真

北海道有珠山2000年噴火で約70m隆起した西山西山麓火口周辺の正断層群（西山断層群）．隆起部に形成した階段状グラーベンの底から北側を望む．旧国道230号が手前に向かって階段状に落ちている．2002年5月撮影．

（田近 淳）

5.1　宮崎県霧島火山の火山活動に関連した断層地形とリニアメント群

事例 5-01　えびの高原周辺地域

霧島火山のほぼ中央に位置するえびの高原周辺には，NE–SW 方向の断層地形や顕著なリニアメントが認められる（図5.1）．これらの多くは国土地理院（1999）によっても認められている（図5.2）が，九州活構造研究会 編（1989）には記載されていない．空中写真を見ると，通常の断層地形として認められるもの（図5.3）の他，小火口が直線状に配列してつくられるリニアメント（図5.4の矢印a）が確認できる．また，山頂火口のほぼ中央を横切る断層地形も見られる（図5.4の矢印b-b'）．いずれもNE–SW方向にほぼ平行して認められるが，これらは，最近約3万年間に活動した新期霧島火山の活動中心（火口）の配列（NW–SE方向）とほぼ直交している．

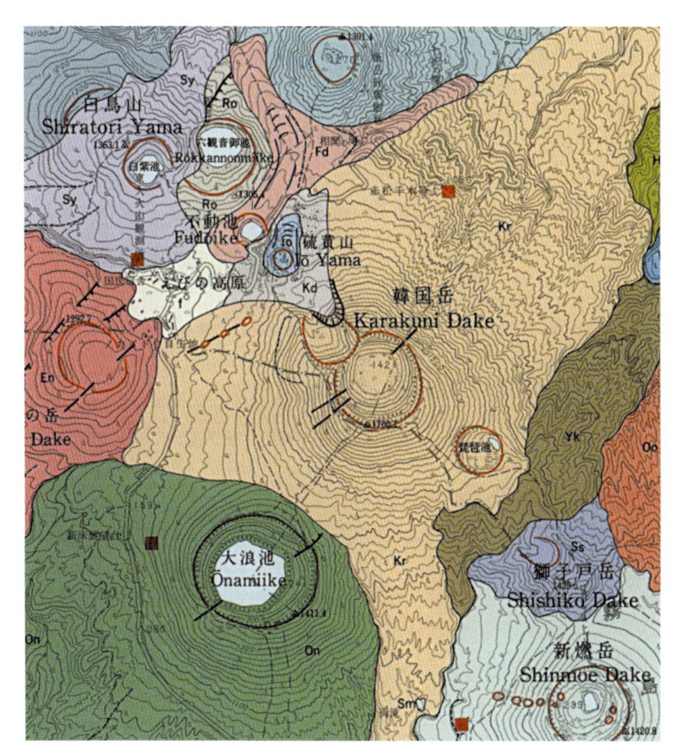

図5.1　えびの高原周辺に分布する断層地形とリニアメント
井村・小林（2001）地質調査所　5万分の1「霧島火山地質図」の一部．黒色の線がリニアメント．ケバを付したものはその側が低下する断層．

断層地形の連続性に乏しいこと，小火口が配列してリニアメントを作っている部分があることなどから判断すると，ここで見られる断層地形やリニアメントは地下から連続したものではない火山性ノンテクトニック断層と考えられるが，詳細については不明である．

（井村隆介）

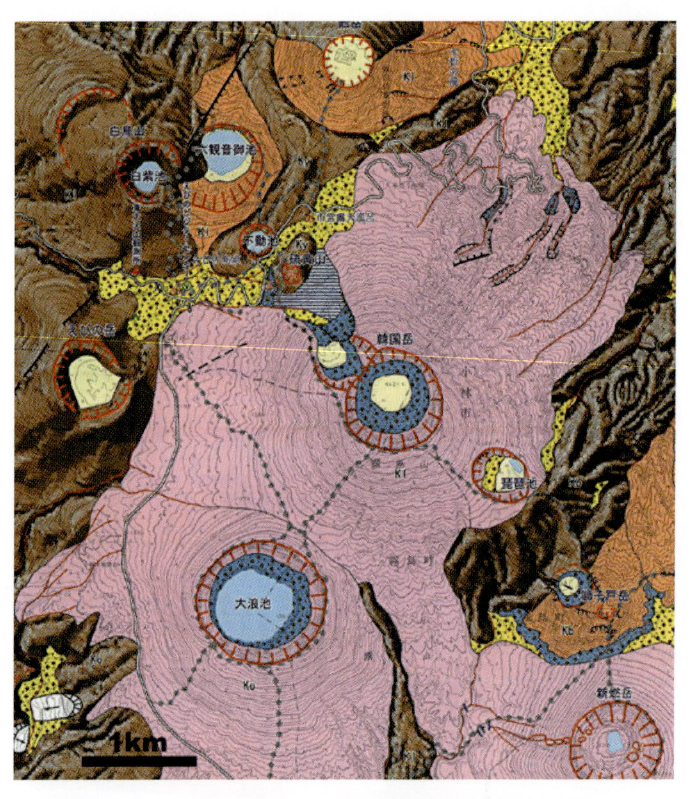

図5.2　えびの高原周辺に分布する断層地形とリニアメント

国土地理院，1999；3万分の1火山土地条件図「霧島山」の一部．えびの岳火口西側や六観音御池西側の黒色の線が断層．

図5.3　六観音御池火山体斜面に見られる断層地形
国土地理院撮影空中写真　C KU-76-10

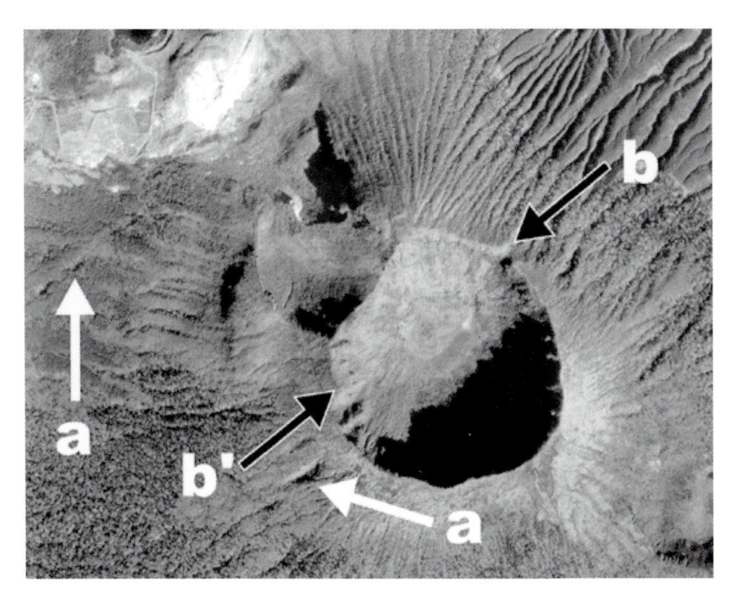

図5.4　韓国岳火山体周辺に見られる断層地形とリニアメント

事例 5-02 高千穂峰周辺地域

霧島火山の南東部に位置する高千穂峰には，E-W方向の断層地形が認められる（図5.5）．これらは九州活構造研究会 編（1989）や国土地理院（1999）でも報告されている（図5.6）．高千穂峰周辺には，東から西へ，二子石火山，高千穂峰火山，御鉢火山と，3つの火山体がほぼ東西に並んでおり，西側ほど活動時期が新しい．断層地形は，この3つの火山体のうち，二子石火山と高千穂峰火山の稜部をほぼ東西に2列認められる（図5.7）．北側のものは南落ち，南側のものは北落ちの変位センスをもち，小さな地溝を形成している（九州活構造研究会 編，1989はこれをフィッシャーと呼んでいる）．

火山体の配列と断層地形の走向および変位の方向などから判断すると，ここで見られる断層地形は地下から連続したものではなく，山体内に貫入してきた岩脈によって生じたノンテクトニックなものに起因すると解釈される．

（井村隆介）

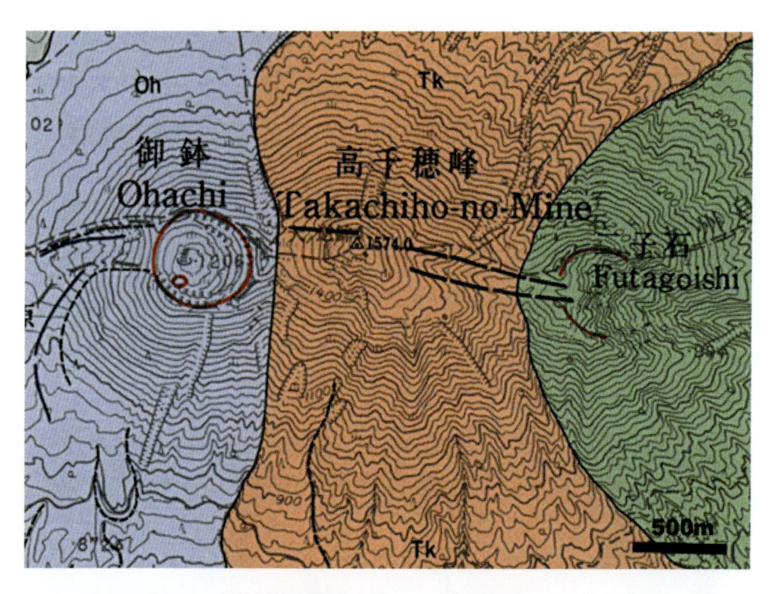

図5.5 高千穂峰周辺に見られる断層地形

井村・小林（2001） 地質調査所 5万分の1「霧島火山地質図」の一部．黒破線が断層．

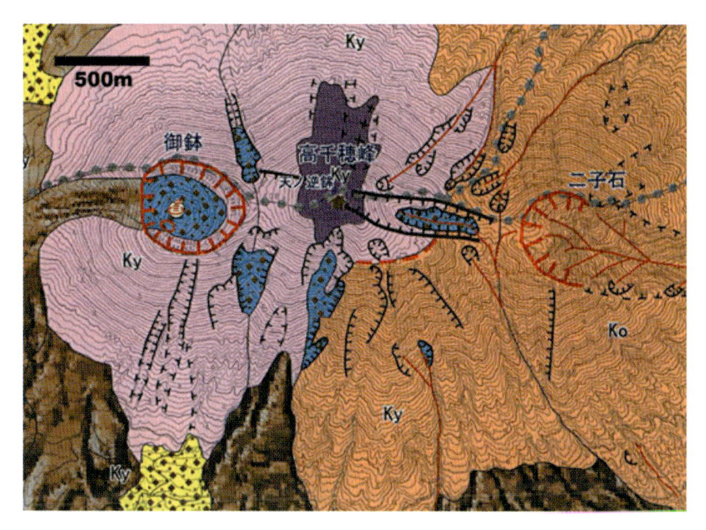

図5.6 高千穂峰周辺に見られる断層地形

国土地理院（1999）；3万分の1火山土地条件図「霧島山」の一部.
ケバ付きの黒太線が断層.

図5.7 高千穂峰周辺に見られる断層地形

国土地理院撮影空中写真 KU6512Y．Tが高千穂峰.

5.2　鹿児島湾内，新島（しんじま）（燃島）の断層群

事例 5-03　新島（燃島）の断層群

新島は鹿児島県桜島の北東に位置する面積0.11km^2，最高点標高40mの島であり，桜島の安永噴火（1779～1780年）に際して海底から隆起・生成されたことが知られており（桑代，1970），燃島とも呼ばれている．島の周囲は水深5m未満の海食台で取り囲まれ，生成当時周囲6kmであったものが，現在は1.9kmとなっている（図5.8）．

島の大部分は，新島ベースサージと呼ばれる約1万年前の火山噴出物からなるが，その他に凝灰質砂・シルトや燃島貝層といった地層で構成されている．島は南北に細長い楕円状を呈しており，東西方向の断層によっていくつかのブロックに分けられる（図5.9）．新島全体としては中央部が東西方向に陥没したような構造をしているが，ブロック化した地塊を細かく見ると，小さなホルスト－グラーベン構造をなしていることがわかる（図5.10）．また，ブロック化した地塊の地形面やそれをつくる地層の傾斜から，多くのブロックが傾動していることが明らかである．各ブロックの傾動方向から，この島の中央部が東西方向の軸を持って隆起するような変動をうけたことがわかる．これらは1779年の桜島大噴火時の隆起に関連して形成されたと推定されてきた（西村ほか，1977）．

私たちは，この断層群の形成要因と過程を解明すべく，航空レーザスキャナによる精確な地形を把握し．燃島貝層を基準として断層形態を記載するとともに，反射法による探査などによって地下構造の推定を行ってきた．その結果，東西に延びた岩脈状貫入岩体が地下から上昇し，それに伴って断層群が形成された可能性が明らかとなった（吉永ほか，2009，図5.11，5.12）．火山活動に伴う貫入岩体の急激な上昇が断層を形成し，同時に燃島を大きく隆起させたことになる．

図5.8　新島（燃島）の斜め空中写真　原口 強撮影　背景は桜島．

新島内には，空中写真でも明瞭なこれらの断層とは異なる小規模な断層が多数存在する．小断層面はほぼE-W方向で，新島を胴切りにするより規模の大きな断層群と同様の方向性を持つ．

図5.13では新島ベースサージ中のラミナが上方に開いた断層によって切られ，中央部が陥没するように落ち込んでいるのがわかる．変位は10数cmである．この断層は下部で1つの断層となり，マッシブな堆積物の部分で消滅する．

図5.14では新島ベースサージ中のラミナを切る断層とその左側に見られる雁行配列した割れ目が顕著であるが，これらの構造は連続せず，マッシブな堆積物の部分で消滅する．

図5.15では新島ベースサージ中のラミナがいくつかの小断層によって切られ，その一部が陥没するように落ち込んでいるのがわかる．変位は10数cmである．この断層も連続性が悪く，マッシブな堆積物の部分で消滅する．

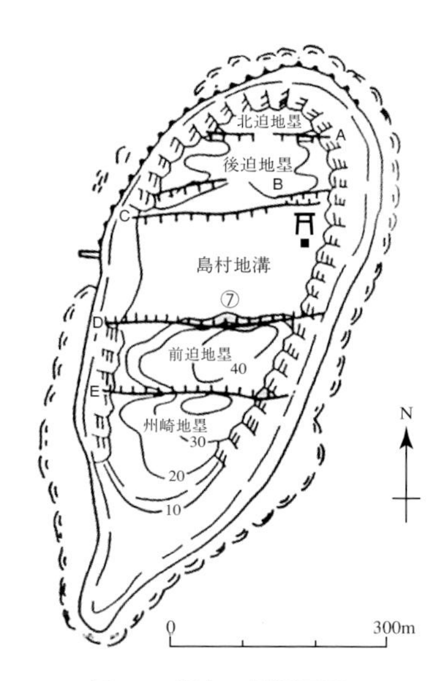

図5.9 新島の活断層系
活断層研究会 編，1980

以上のことから，これらの小断層群は，新島を胴切りにする，より規模の大きな断層群を作った同じ変動に伴うノンテクトニック断層であるといえる．

（吉永佑一・原口 強）

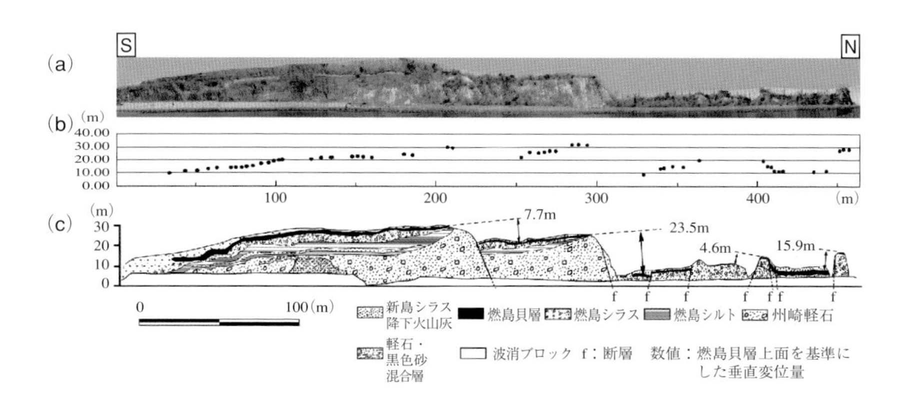

図5.10 東側から見た新島の断面 吉永ほか（2009）
（a）写真，（b）燃島貝層上面の高度分布，（c）東岸側断面スケッチと断層の垂直変位量

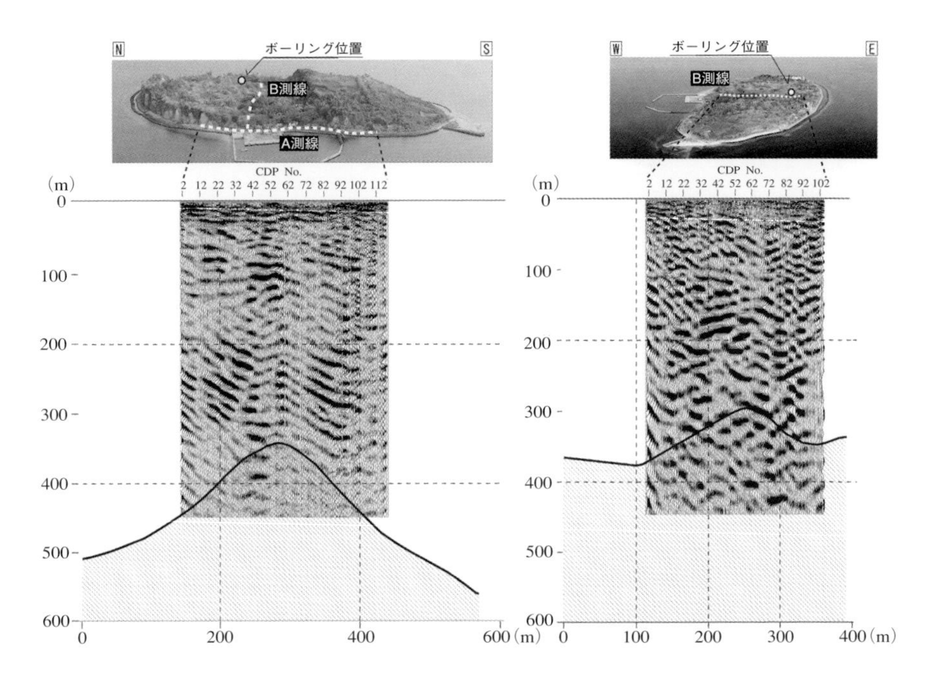

図5.11　西海岸（左），島内東西方向（右）の反射法地震探査および重力探査結果解析結果
（吉永ほか，2009）

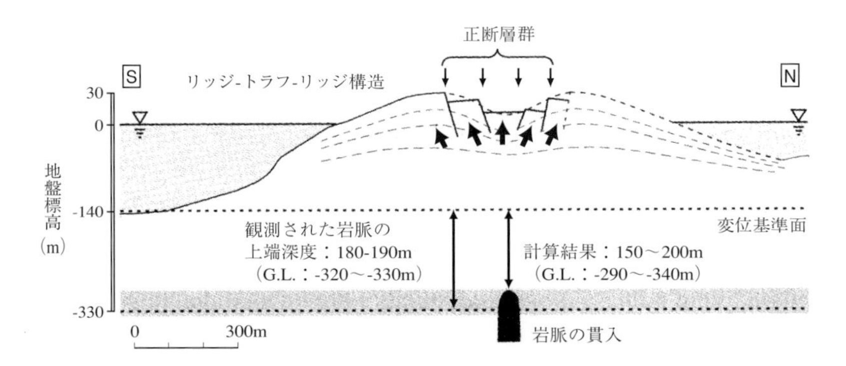

図5.12　新島および燃島断層系の形成プロセス概念図　吉永ほか（2009）

図5.13　新島北岸の小断層

図5.14　新島北岸の小断層と雁行割れ目

図5.15　新島北岸の小断層

5.3　2000年北海道有珠山の火山活動によって生じた火山性断層群

2000年の北海道有珠山の火山活動は，噴火に先だって全山の隆起が開始し，3月31日に北西山麓で噴火が開始すると，隆起域は北西山麓に移り，やがて有珠山西山山麓の泉地区において地表を約70 m隆起させた．このような火山体の隆起は，マグマだまりから，噴火までに至る地下のマグマの形状や移動過程を反映したものと考えられ，地表にさまざまな変形をもたらした（廣瀬ほか，2002；図5.16）．

噴火に先立って，最初に地表の断層が確認されたのは，有珠外輪山の北屏風山断層である（**事例5-04**）．さらに北麓の洞爺湖温泉付近の地域は湖側に押し出されるような地盤の変動を示し，噴火前には洞爺湖温泉町西部に位置するほぼN-Sに延びる左横ずれ断層群（洞爺湖温泉町西部断層：**事例5-05**）と，温泉町の東，壮瞥温泉地区に位置する概ねNNE-SSWに延びる右横ずれ断層群（壮瞥(そうべつ)温泉断層：**事例5-06**）の活動が確認された．両断層群は，1910年（Omori，1911）および前回の1977～1978年（Katsui et al.，1985）の噴火活動の際にほぼ同じ位置で活動している．一方，南西山麓の虻田町入江地域では，噴火湾側に押し出されるような地盤の変動が起こった．このため，西側の三豊の丘陵には右横ずれ成分を持つ正断層群が，また泉1の沢付近には左横ずれを示す亀裂が発生した（**事例5-07**）．

最も顕著な変形は，噴火の開始後，最終的に隆起中心部となった西山西山麓および西山～金比羅山にかけての正断層群の形成である（図5.17）．この断層群は噴火直前に形成開始が確認されたもので，隆起域の中軸にNW-SE系の西山断層群とNE-SW系の西山－金毘羅山断層群が形成された（**事例5-08**）．一方山麓部では，側方圧縮現象が発生した．側方圧縮現象というのは，地盤が水平方向の力を受けて短縮する現象であり，道路側溝のU字トラフの雨水升への貫入や，道路の縁石や路面ブロックの座屈（縁石ブリッジ），アスファルトの座屈褶曲（圧縮リッジ）などから認識される．山麓部の側方圧縮現象も，噴火直前には有珠山の東側山麓の伊達市側でも見られたが，噴火開始後には虻田町入江付近や洞爺湖温泉町付近など有珠山の西側に集中するようになった．

これらの山麓変形域の外縁は比較的明瞭で，これを廣瀬・田近（2000）は変形フロントと呼んだ．変形フロントの南西側は，上述の山体が噴火湾側に押し出す領域の末端に当たり，西山火口群から2～3km離れた山麓の虻田町入江付近のJR室蘭本線西側から旧国道230号入江跨線橋，虻田高校下に続く（**事例5-07**）．北側山麓では洞爺湖温泉地域が洞爺湖側に押し出されたため，洞爺湖温泉中学校東側付近に形成された．変形フロントより内側（火山側）は側方圧縮現象がみられるが，とくに末端の幅200m前後の領域は微小な隆起域となっていることが推定されている（廣瀬・田近，2002）．これらの断層やその他の変形における特徴のひとつは，マグマの活動とともに微小な変形が継続して（クリープ変形によって）できた構造であることである．

以下では2000年有珠山火山性断層についてその特徴を記載する．

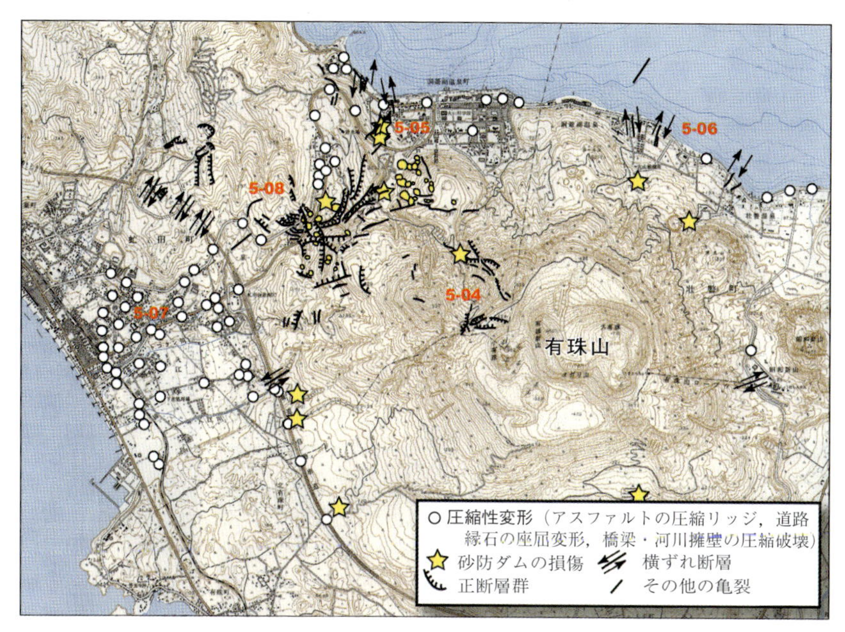

図5.16 有珠山2000年噴火に伴う断層と地表変形の分布図 廣瀬ほか（2002）に加筆
基図は国土地理院2万5千分の1地形図「虻田」．赤字は事例番号．

図5.17 西山西麓の階段状グラーベン
高まり（リッジ）から地溝の谷底（トラフ）を挟んで向かい側の階段状正断層の高まり（リッジ）を見る（☞事例5-08）．

事例 5-04 北屏風山断層および有珠外輪山北西側の断層群

北屏風山断層は，有珠外輪山の北屏風山ドームから北西側の山腹にかけてNW–SE（S隆起：A断層延長約1km）およびWNW–ESE（N隆起：B断層延長約0.7km）のおそらく共役の2方向に交差した正断層である（図5.18）．山腹の上部で，A断層は左横ずれ，B断層はわずかに右横ずれの成分を持つ．変位量はA断層が小有珠川の谷を横断付近で最大約2mの上下変位を示す．2000年噴火開始の前日3月30日に最初に発見された断層であり（図5.19），1977～1982年の活動時にも変位したことが報告されている（山岸ほか，1982）．

一方，有珠外輪山北西側の断層群（西山峠断層群）は，外輪山から山頂カルデラ原にかけて形成したもので，E–W～WNW–ESE方向の1対の正断層からなるグラーベン（長さ250m，落差最大0.8m）とこれから派生した断層からなる．断層は外輪山の稜線付近では逆向き小崖となっており，二重山稜の様相を示す．北屏風山断層は山体西部を中心とする噴火直前の全山隆起ステージから活動した断層であり，1977～1982年の活動時とほぼ同じ位置で活動した．したがって今回のマグマの貫入に直接関連した断層というよりは，山体全体の隆起に関連して過去の断層が再活動したものと判断される．火山性断層では，活断層の要件の一つとしてしばしば挙げられる繰り返し活動性や変位の累積性が認められる．

有珠外輪山北西側の西山峠断層群も，全山隆起ステージに活動した断層であるが，過去の噴火活動の際に動いたという記録は残っていない．また，地形的にも再活動性を疑わせるような地形は確認することができないが，北屏風山断層の例をみると将来の噴火活動では同じ位置での再活動の可能性があると考えられる．

これらの断層を一般に知られている活断層の特徴と比較すると，変位量の大きさに比べ，延長が極端に小さい，また，変位量が場所によって変化が大きい．とくに谷底で変位量が大きい傾向がある．また，同じことであるが，異常に大きな変位速度も火山性断層としての特徴かもしれない．数100mオーダーの延長の短い断層が集中することなども一般的な活断層には見られない特徴かもしれない．なお，一見，北屏風山断層によって北屏風山の山頂部は沈下しているように見え，さらに西山峠断層群では二重山稜状の地形が形成されている．火山といえども重力の影響は大きく受けているので，重力性ノンテクトニック断層との区別は難しいと思われる．ただし，特に西山峠断層群で細部をみると，山体のもとの地形と不調和に断層が形成されているようである．このあたりが識別のカギかもしれない．

（田近 淳）

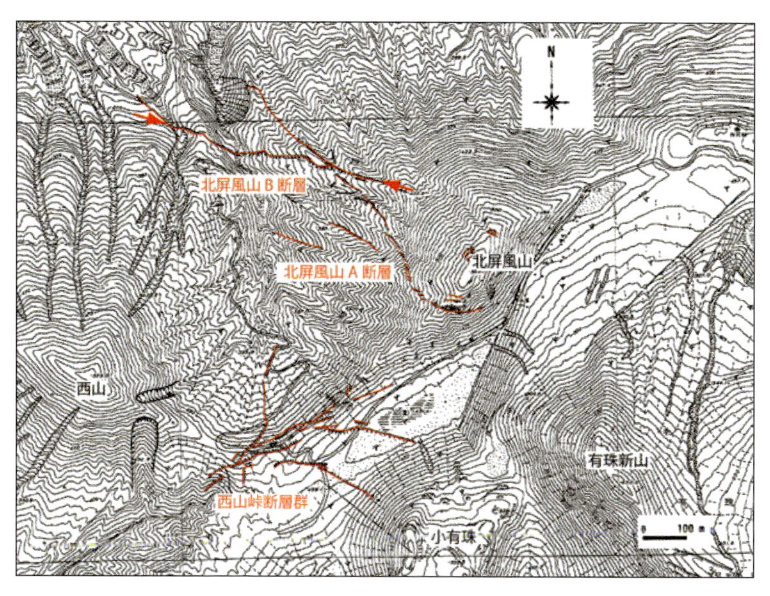

図5.18 有珠山外輪山北西斜面の地表断層 廣瀬ほか（2002）に加筆
矢印は図5.19の断層位置．基図は国土地理院発行火山基本図（1/5,000）「有珠山」．

図5.19 有珠山外輪山北西斜面の北屏風山断層（B断層） ㈱シン技術コンサル撮影
林道ヘアピンカーブの左上で積雪を切っているのが見える．

事例 5-05　洞爺湖温泉町西部断層

洞爺湖温泉町西部断層は有珠山北西山麓の洞爺湖温泉町西部に位置する地表断層である．洞爺湖岸から南へ延び，2000年K-b火口まで，ステップを繰り返しながら，全体として約700mに達する左横ずれ断層である（図5.21）．湖岸の旧洞爺協会病院前付近のセグメント（図のW4）ではNNW方向のミ型雁行亀裂である（横ずれ変位は数10cm）が，西にステップした立泉寺付近のセグメント（W2）では治山ダム（床固工）を折り曲げ，最大4m横ずれ変位させた．両セグメントの間はバルジとなっており，横ずれ変位はほとんど見られず，南東側が隆起した．この地点で断層を横切るトレンチを掘削した結果，逆断層群（正のフラワー構造の一部）が確認された（田近ほか，2003：図5.20）．

洞爺湖温泉町西部断層は，明治以降1910年，1944～1945年（三松，1993），1977～1982年のそれぞれ噴火期に活動の記録が残っている．この活動が1663年の寛文噴火から開始したとすると，断層による山麓線の横ずれ量から，洞爺湖温泉側は，約300年間で約80m北に移動したと推定される．トレンチ断面でも少なくとも明治噴火以降の噴火ステージに対応する活動イベントが判別された．壁面に現れた断層は，みかけ下位の断層からみかけ上位の断層へと，活動時期にマイグレーション（遷移）が認められ，新しい時期のスラストが古い時期のスラストの上盤側に押しかぶさる形態をとる．そのトレースは，ジグザグで連続性を欠き，短い区間で変位量やずれ方位が変化することが特徴である．

（田近 淳）

図5.20　洞爺湖温泉町立泉寺トレンチ北法面　田近ほか（2003）
矢印が逆断層．グリッドは1m（一部50cm）．

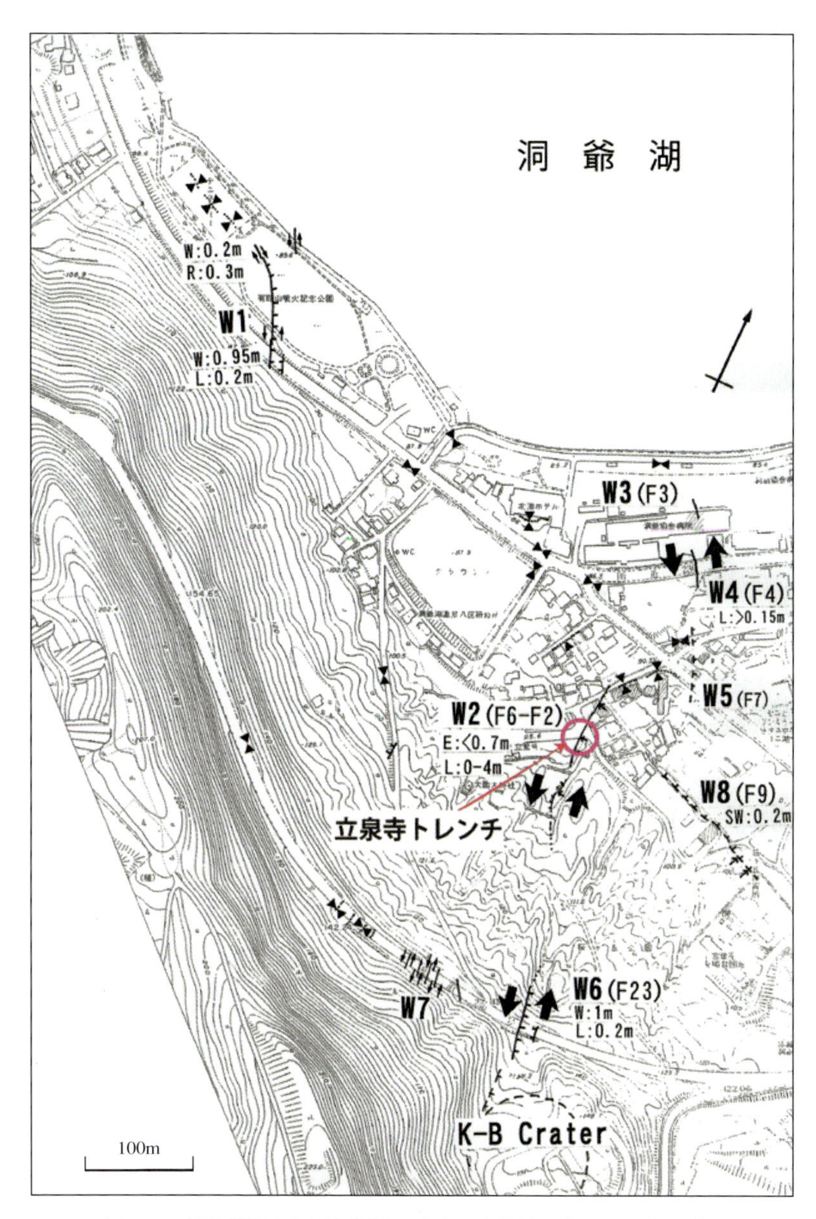

図5.20　洞爺湖温泉町西部断層の分布・変位量　廣瀬ほか（2002）

W3，W4，W5，W2，およびW6が洞爺湖温泉町西部断層の各セグメント．E，W，SWは隆起側とその垂直変位量を表し，L，Rはそれぞれ左，右横ずれ水平変位量を示す．○印は立泉寺トレンチの位置．
基図は国土地理院火山基本図（1/5,000）「有珠山」

事例 5-06　壮瞥温泉断層

有珠山北西山麓の洞爺湖温泉町の東側に位置する地表断層で，洞爺湖温泉町西部断層に対を成す東側の右横ずれ断層群の1つである（図5.22の地点④）．噴火前の2000年3月30日夜から31日10時までに発生した．洞爺湖岸からSSW方向へ延び，延長75mの区間で変形が認められ，右横ずれ西落ちの杉型雁行割れ目として認識された（図5.23）．4月2日までの累積変位量は右横ずれ水平10.8cm，開口幅最大25cm，落差最大6.5cmであり，4月1日以降変位量が減衰した．廣瀬 亘（談話）によれば，総合観測班の調査時（3月31日10時頃）に火山性地震（震度Ⅱ程度）が発生し，この際に割れ目が小刻みに震え，数mm開口した．

この断層は前述のように1910年，1977～1982年の過去の噴火期にも活動した記録が残っており，明瞭な再活動断層である．断層は湖岸から旧三恵病院付近に延び，1910年の火口の一つである源太穴付近に延びる．1910年の噴火では源太穴付近から四十三山（よそみ），金比羅山にかけて多くの火口が形成されるとともに，グラーベンが形成された．グラーベンとその両側から北に延びる横ずれ断層によって取り囲まれた湖岸の洞爺湖温泉町地域は，マグマの上昇に伴って有珠山が隆起するたびに湖方向へ押し出されるように移動するものと考えられる．なお，洞爺湖温泉町東部の右横ずれ断層はほかに四十三川，壮瞥温泉川付近から旧有珠火山観測所付近に連続するものがある（図5.22地点①，②，⑨，⑩）．個々の断層の変位量は小さく，連続性も不明確である．洞爺湖温泉町東部は，幅はあるがほぼ1つの断層によって変位している西部と同様ではなく，広い範囲で複数の断層で少しずつずれることにより全体として歪を開放しているものとみられる．

壮瞥温泉断層で実施されたトレンチ調査結果（大津ほか，2006）によれば．壁面には表層付近に水平成分の卓越する多くの小断層がみられる．しかし，変形の主体は過褶曲構造で，断層の多くは下位に連続しない．特徴的なことは一連の噴火シーケンス（噴火期）の間に変位の累積性がみられることであり，断層活動が噴火中に継続していたことを示す．大津ほか（2006）は，このクリープ的な動きが火山性断層の特徴ではないかとしている．

壮瞥温泉断層は上述のように地震時に移動していることが目視されている．この地震は，マグマ上昇に伴う火山性地震であり，震源が上昇マグマ周辺であるとすると，起震性の断層ではなく副次的な火山性断層と解釈される，将来の噴火活動に先立つ地震の際に，より精度の高い地震観測と震源決定が可能となれば地表の火山性断層との関係が明らかになるかもしれない．

（田近 淳）

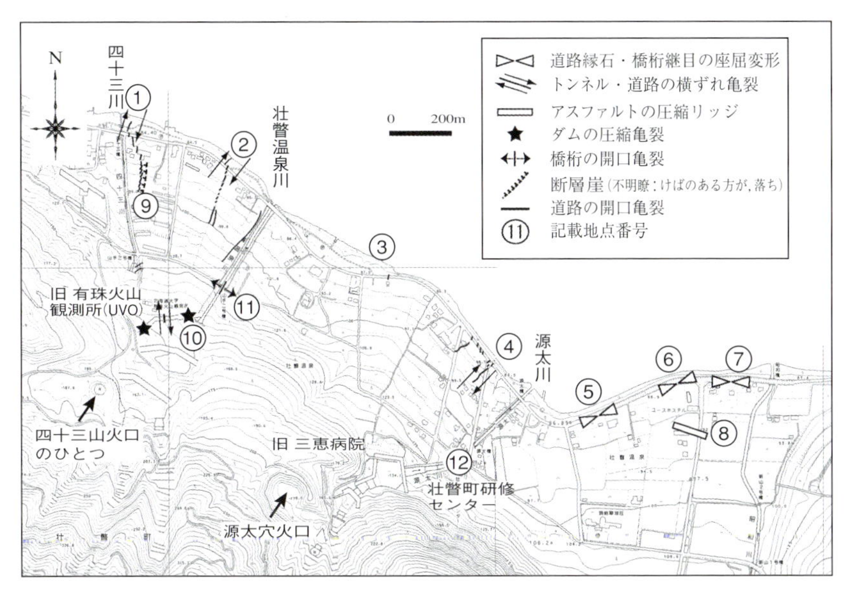

図5.22 有珠山北東山麓の地表変動位置図（廣瀬ほか，2002）

図5.23 道道沿いの壮瞥温泉断層の変形 岡崎紀俊撮影

事例 5-07 南西山麓の変形フロント

2000年有珠火山噴火に先立って有珠山山麓の全周に，側方圧縮変形現象が発生した．さらに噴火が開始すると同時に圧縮変形の発生領域は有珠山のとくに南西山麓に集中した．前述のように変形発生領域とその外側に広がる変形のほとんど見えない領域とは明瞭なコントラストがあり，廣瀬・田近（2000）はこの境界を変形フロントと呼んだ（図5.24）．変形フロントは，火口域の隆起によって山麓表層部が圧縮領域になるためにその先端で形成されるもので，いわば地すべりの先端部にあたる．フロントの地質断面は確認されていないが．フロント付近は小規模な撓曲崖の様相を示す．フロントの内側は微小な隆起域となり，虻田高校下や虻田町浄水場付近では小規模なグラーベンが発生した（図5.25(a)）．フロントは旧国道230号入江跨線橋の下を通り，JR室蘭本線沿いを斜めに横切っている（図5.25(b)）．跨線橋の火口側の橋台は火口域方向に傾き，変形がここまで及ぶことを示す．

（廣瀬 亘・田近 淳）

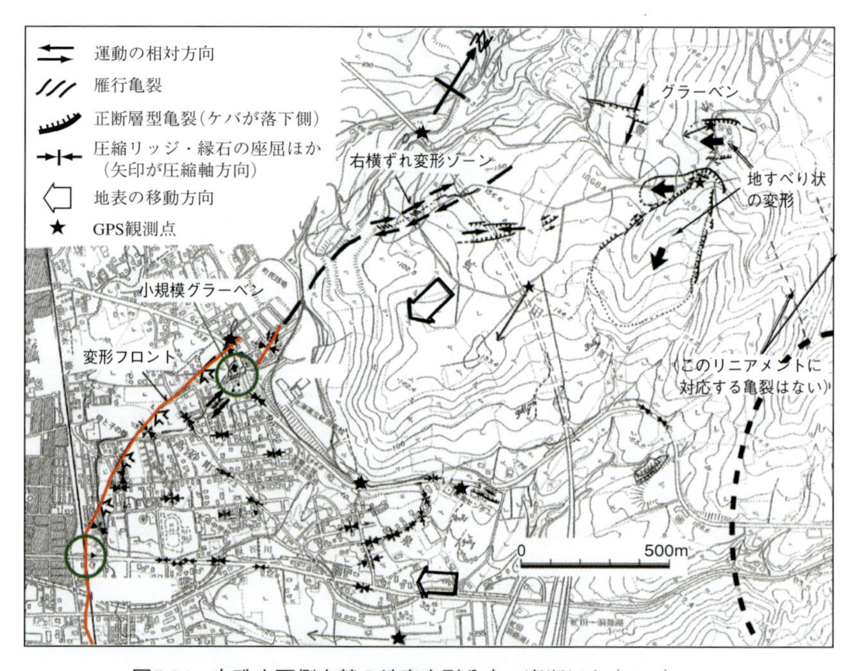

図5.24 有珠山西側山麓の地表変形分布 廣瀬ほか（2002）
基図は国土地理院火山基本図（1/5,000）「有珠山」．
緑の丸は右上が図5.25（a），左下が図5.25（b）の位置．

(a)

(b)

図5.25 有珠西側山麓の変形フロント

(a) 上盤側隆起部に形成した小クラーベン．写真左側が西山火口側．虻田高校下．
(b) 旧国道230号入江跨線橋付近の地表変形．2000年4月12日 寺島克之撮影．
向かって右側が西山西麓火口方向．鉄道橋梁（白い柵）は動いていないが，その手前では線路が太平洋側（左側）に押し出される．

事例 5-08 西山西麓火口周辺の正断層群

2000年の噴火により，有珠山西山ドームの西麓に，西山西麓火口群が形成された．この周辺はマグマの上昇によって，最大約70m隆起し，NW-SE系の西山断層群とNE-SW系の西山−金比羅山断層群が形成した（図5.26）．西山断層群は延長約800m，幅約150〜400mの砂時計状の平面形状を示して分布する，階段状に中央部が落ち込むグラーベンである（☞本章扉写真）．断層変位は最大15m程度，標高の高い山腹斜面になるとグラーベンの幅が広がり，谷底では狭くなる傾向がある（図5.27）．一方，西山−金比羅山断層群は延長700〜800m，西山火口側で幅200m程度，金比羅山側の尾根方向に約400mに開く扇状の平面形を示す．これも階段状に落ち込むグラーベン構造を示す．断層群の位置は隆起の頂部に対応している（図5.28）．このような隆起頂部の階段状グラーベンは，リッジ−トラフ−リッジ（ridge-trough-ridge）型構造と呼ばれ，貫入マグマの先

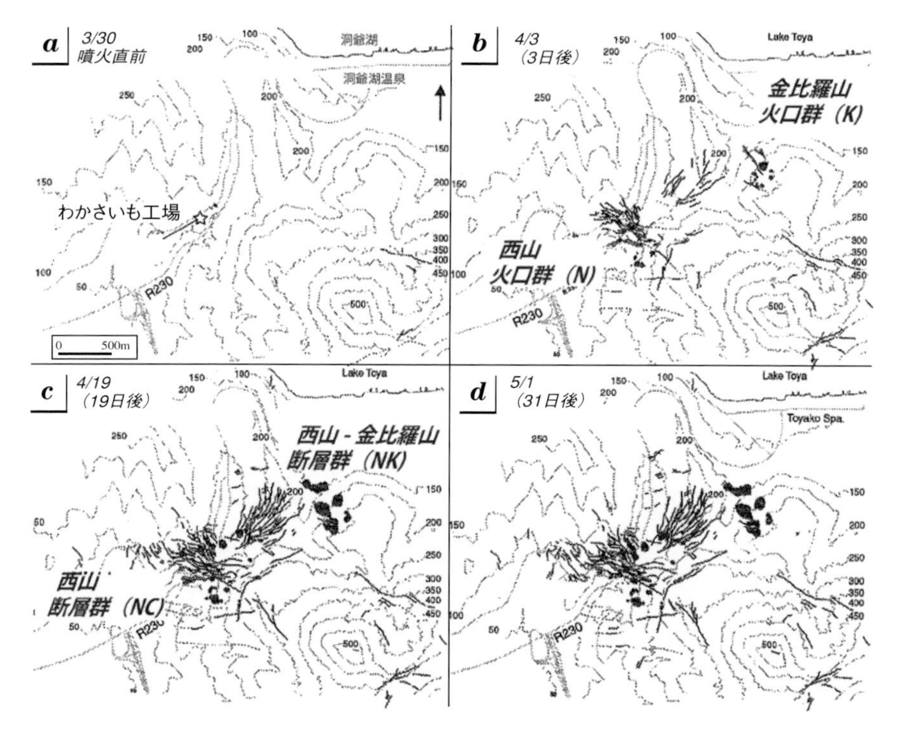

図5.26　有珠火山2000年の活動による断層と火口の形成推移　三浦・新井田（2002）
陸上自衛隊撮影写真より，北海道室蘭土木現業所・総合観測班地質グループが作成した判読図に加筆修正．

端部直上にしばしば形成される構造であり（Pollard et al., 1983），NW-SE方向のほぼ垂直な岩脈の貫入とNE-SW系の派生岩脈の貫入によって形成したと考えられている（三浦・新井田，2002）．原地形の高度が小さくなるにしたがってリッジ幅が狭くなることは，正断層群が下方に収束していることを示しており，力源（貫入岩体頂部）が浅いことを示すと考えられる．広域的な応力場に支配されたテクトニックな断層ではこのような現象は生じないと予想される．

（廣瀬 亘・田近 淳）

図5.27　西山西麓火口周辺の火口と断裂　2000年4月13日撮影
谷底を通る国道のグラーベンの幅は狭いが，建物のある高台では幅が広い．

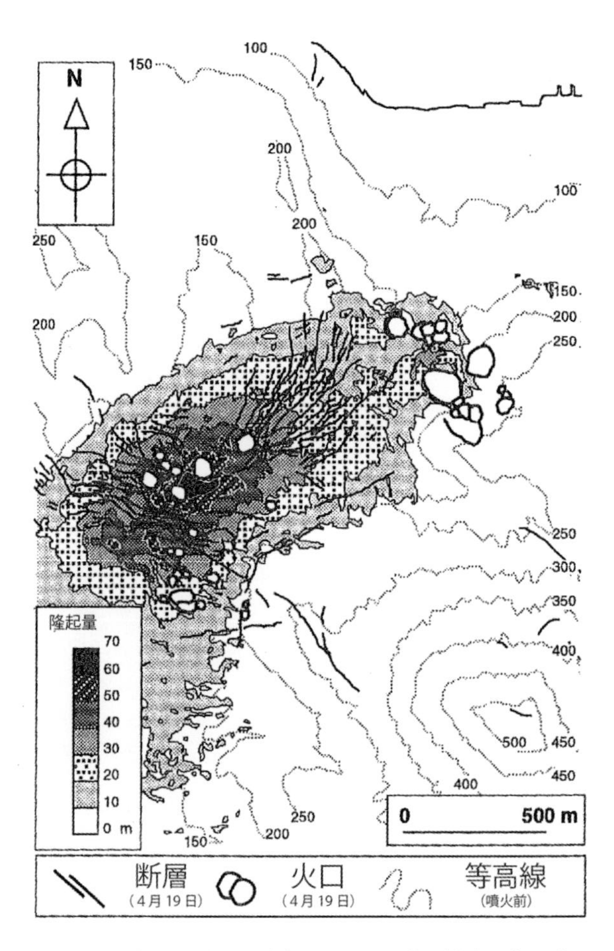

図5.28　火口・断層と潜在ドーム　三浦・新井田(2002)
隆起量は建設省土木研究所の資料による.

第6章

事例：
その他の要因による断層

本章では第3章から第5章までの重力，地震動，火山活動に伴うノンテクトニック断層以外のものをとりあげる．6.1は岩石・岩盤の膨張に伴う可能性がある断層である．6.2は地震動に伴って生じた断層であるが，地震動による地盤沈下という観点からここにとりあげたものである．

第6章 扉写真

2011年長野県北部地震に伴う岩盤崩壊で栄村中条川上流をせき止めた地すべりダム．2013年の豪雨で主としてパイピングによって破堤した．ダムの「天端」には陥没による凹地が見られ，同心円状の亀裂が生じている．少なくとも地表付近ではほとんど鉛直傾斜である．それぞれの亀裂は開口し，また最大30cm程度内側が低下して段差となっている．このようなものもノンテクトニック断層として捉える必要がある．

（永田秀尚）

6.1 岩石・岩盤の膨張によるノンテクトニック断層

事例 6-01 新潟県高田平野西縁地域における切土法面の膨張に伴う断層

上信越自動車道は北陸自動車道とのジャンクションから難波山山系東麓の丘陵部を南に向かっている．この道路の建設時に，上越ジャンクションから南へ10km余りの位置で大規模な開削が行われた．その際に山側切土法面には大規模で著しく擾乱した破砕帯が現れ，数ヶ月後には破砕帯内の既往の割れ目に沿って，法面上に数cm～10cmの複数の段差が生じた（図6.1）．周辺の地層は上部中新統の春日山層であり，泥岩片を主体とする破砕帯内の材質も同じ春日山層起源である．また，本層の分布域は地すべり地帯として知られている．こうした背景と地層が緩く高田平野側に傾斜して流れ盤を成しているということもあり，当初は地すべりの再活動が疑われた．

そこで，開削時には切土法面に対して縦断方向の詳細なスケッチを含む地質観察やボーリング調査とともに，孔内および地表部の変位計測が行われた．図6.2，6.3は結果の一部を示したものである．破砕帯上盤の砂岩泥岩互層が大きく変形し，稜線部では地層が逆転し横臥褶曲が形成されている．変形の著しい箇所は開削区間の南部であり，4つのスケッチ断面図に示すようにその変位量（地層の傾斜角が指標）は北に向かって急速に低下していることがわかる（4断面間の総距離は70m）．平面図には1998年の開削後約

図6.1
開掘時に発生した山側低下の断層
STA.576+00付近，1998年9月撮影

3ヶ月間の地盤面の鉛直変位量分布のみを示したが，変位量の大きい箇所は水平変位・鉛直変位ともにやはり南部のSTA.576周辺に集中している．すなわち，この間の平野側への水平変位量は最大125mm余りであり，その後約1年間で最大総変位量400mm余りに達した．また，法面頂部の沈下量も3ヶ月で最大100mm余りに及んだ．しかし，水平変位量や法面頂部の鉛直沈下量は北に向かって急に低下するものの，鉛直隆起量の大きい箇所（3ヶ月で25mm以上，最大50mm以上隆起）は，観測された限りでも法面の下部でSTA.575＋60付近から北へSTA.577＋60付近まで200m以上に及んで広がっており，開削前の尾根沿い，すなわち土被り量の大きかった箇所に一致している（図6.2平面図：開削部は10m毎の等高線で元の地形が表示されている）．さらに，ボーリング孔に埋設された孔内傾斜計やパイプ歪計の計測結果では，複数の深度で継続的な歪の累積が確認されている．

周辺一帯は褶曲構造が複雑で近接箇所に大規模な貫入岩体もあり，破砕帯の成因は必ずしも明らかではないが，ほくほく線鍋立山トンネルの掘削施工時に膨圧によって悩まされた現象（井上ほか，1978）と同種のものと考えられる．すなわち，その成因は泥火山

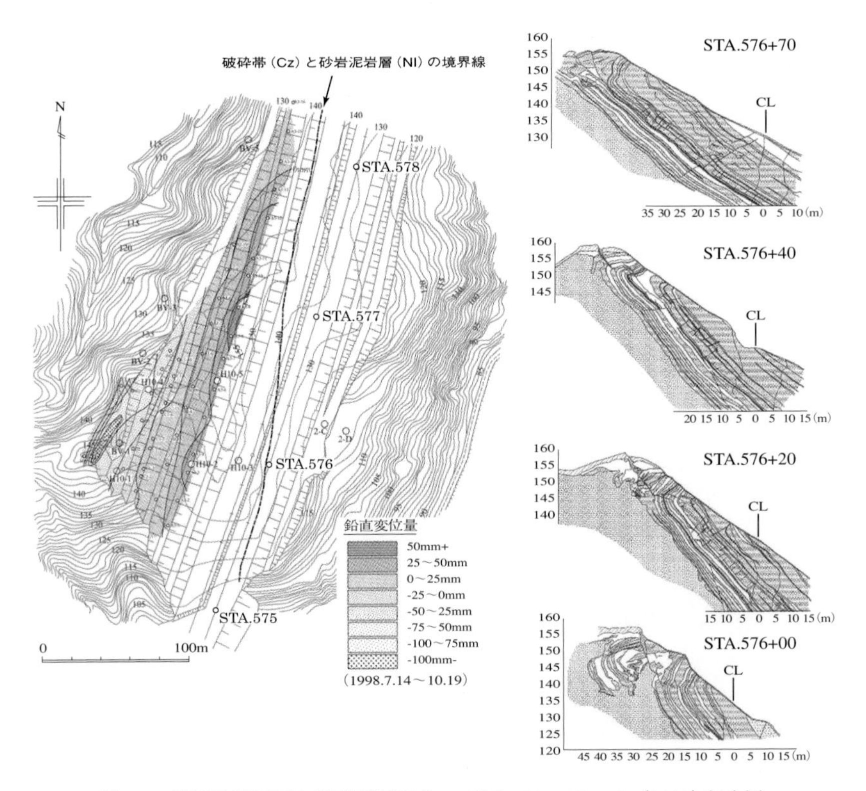

図6.2　開削時平面図と地質横断スケッチ図　Nozaki et al.（2000）を改編

に関係しており，多量の膨潤性粘土やガスを含むため，地上では地すべり災害の大きな要因のひとつとなっている（新谷・田中，2005）．実際に，少量であるが本地点でも施工中にガスの発生が確認されている．また，破砕帯に含まれる粘土鉱物の分析結果からは多量のスメクタイトが含まれていることも確認されている（Nozaki et al., 2000）．こうしたことから，この横臥褶曲は過去の地形開析過程における応力解放に伴って，主にスメクタイトが吸水膨張したことに起因するものと考えられる．

開削後この法面はコンクリート工で被覆されたが，その後も変位が継続し法面上の構造物が著しく破壊された．このために，2002年にはそれまでの法面勾配1：1.5を1：2.5に変更して再度切り直され，被覆工は植生工に変更された．切り直し後の地盤変位計測は行われていないが，南部では以前にも増して明瞭で最大20cm近い段差（断層）が発生した（図6.4，6.5）．ただし，段差の発生位置は破砕帯内であること以外，詳細な地質状況や初回の発生位置と同一かどうかなどは確認されていない．断層の多くは平野側（法尻側）が隆起し山側が低下していたが（図6.4），相対的に平野側が低下するものも見られた（図6.5）．一般に，地すべり頭部における正断層型の割れ目は，ほとんど例外なく開口しているが，本事例の場合は密着しており，必ずしも伸張場における変位ではないことがわかる．実際に切土法面は，その後も局所的な変状はあったものの，範囲の特定できるようなマスとしての移動は認められなかった．したがって，このような断層は，大規模な開削による応力解放とそれに誘発された粘土鉱物を含む地層内の差別的な膨張によるものであることは明らかである．再動性という観点からすれば「活断層」と誤認される可能性もあるが，起震性のないノンテクトニック断層の一形態といえる現象である．

（野崎 保）

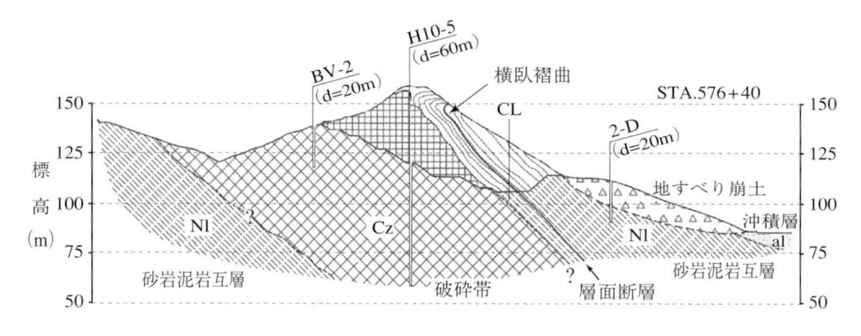

図6.2　STA.576+40付近の推定地質横断面図　Nozaki et al.（2000）を改編

図6.4
切直し後に発生した山側低下の断層
STA.576+00付近，2002年10月撮影

図6.5　切直し後に発生した平野側低下の断層
STA.575+60付近，2002年10月撮影

事例 6-02 青森県東通村の岩盤膨張による断層

青森県東通村・小田野沢から白糠にかけての太平洋沿岸域は標高約40m以下の段丘地形が発達している．当該地域は原子力発電所の敷地になっていて，昭和50年代以降の地質調査により，段丘構成層とその基盤岩の地質・地質構造が明らかにされている．

それによると，表層は厚さ数mの海成砂層と陸成堆積物からなり，その形態，高度，火山灰層との関係などから，MIS5e* 以降の複数の段丘が認識されている．段丘堆積物の基盤は新第三系中新統で，火山砕屑岩類（泊層）およびその上位の堆積岩（蒲野沢(がまのさわ)層）で構成される．鍵層（溶岩層・凝灰岩）の分布から両層とも概ね水平であるが，新第三紀の伸張テクトニクスで形成されたNNE-SSW走向，落差数100m規模の正断層（F-3，F-9など）が半地溝状～地溝状構造をなして発達し，泊層と蒲野沢層の分布域を規制している（図6.6）．そのほか連続性に乏しく，規模の小さい断層も存在するが，こ

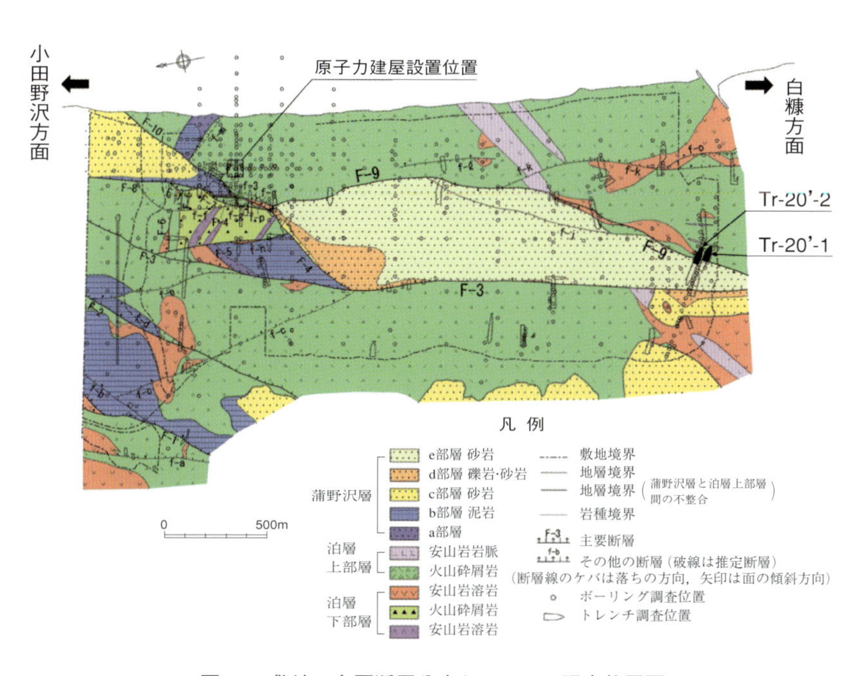

図6.6 敷地の主要断層分布とトレンチ調査位置図

* MIS：海洋酸素同位体ステージ．海底コアのδ^{18}Oの変動値から定められた気候変動のステージ．奇数が温暖期，偶数が寒冷期に対応する．MIS5eは約12.5万年前．

れらの地質断層を覆う段丘面上に断層変位地形は認めらない．

一方，新第三系中には，被覆する第四系にも影響を与え，一見すると活断層と見られるものが観察される．しかし，これらの第四系の変状は下方へも側方へも続かない，姿勢・変位量が安定しない，繰り返し性がなく変位地形も伴わないなどの特徴があり，その成因としては主に岩盤の体積膨張に伴うノンテクトニックな事象が考えられる．以下に，トレンチ壁面観察で得られた事例のうち2つを紹介する．

敷地の南端部のTr-20'-1トレンチ（図6.7）の南面にて，風化した泊層（凝灰角礫岩）の表層部に，NNW走向・W傾斜，SW側上がりの逆断層（s-19断層）が認められる（図6.8，6.9）．同断層は，基盤上面及びM1面段丘堆積物（砂層）に落差1m近い変位を与えているが，上盤側の上昇域は概ね10m程度の範囲が非対称に上昇するだけで，それ以外は基盤上面に高度差は認められない．また，断層面の延長についても，傾斜方向へは次第に低角度になって6～7m先の小段で消滅し，走向方向へ10数m北の同トレンチ北面では同センスの断層は認められず，上方に凸の撓みが認められるだけである（図6.10）．

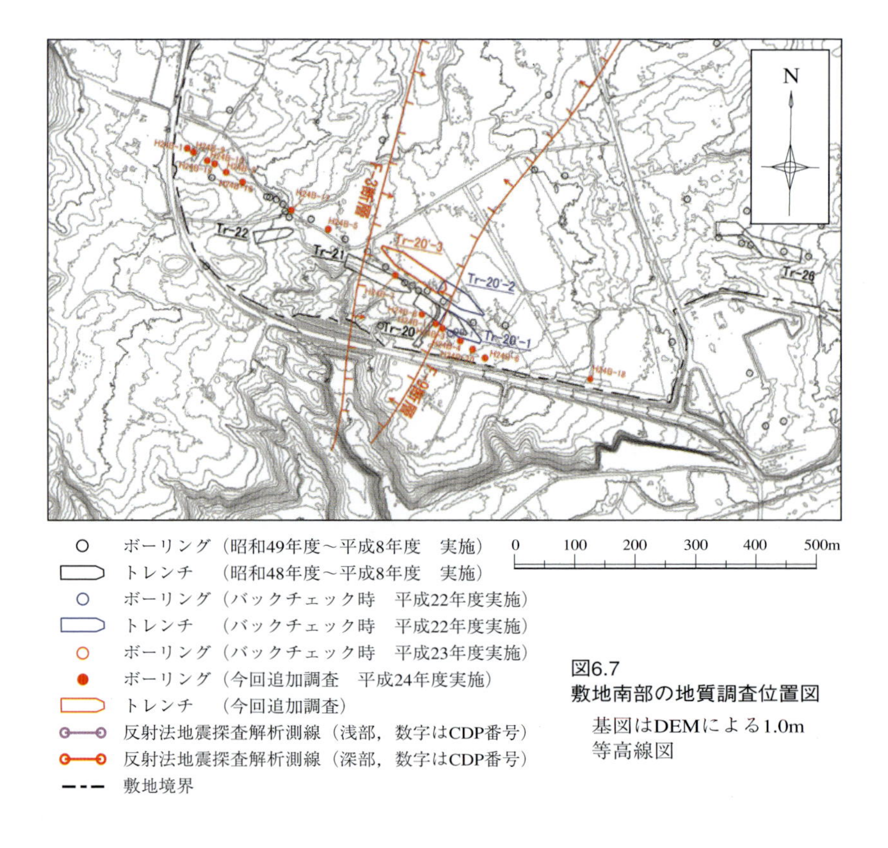

図6.7
敷地南部の地質調査位置図
基図はDEMによる1.0m等高線図

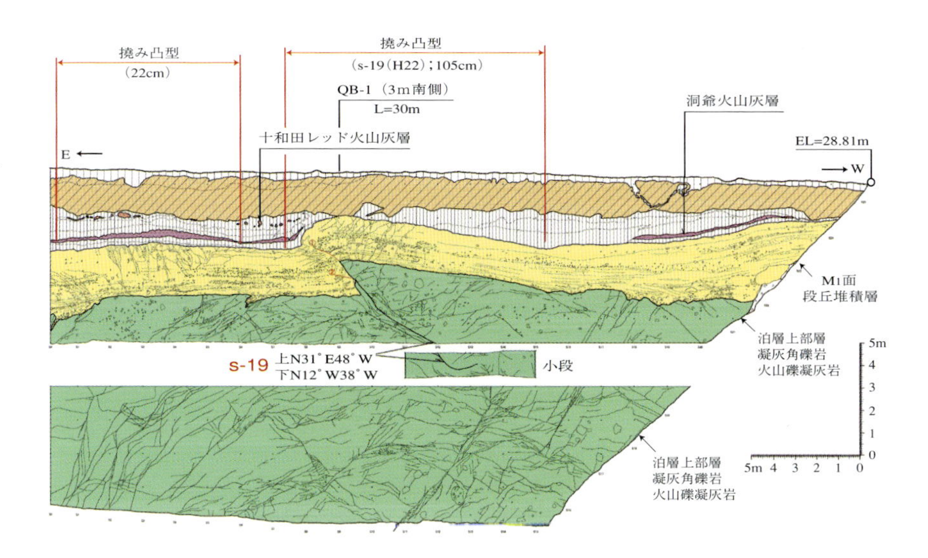

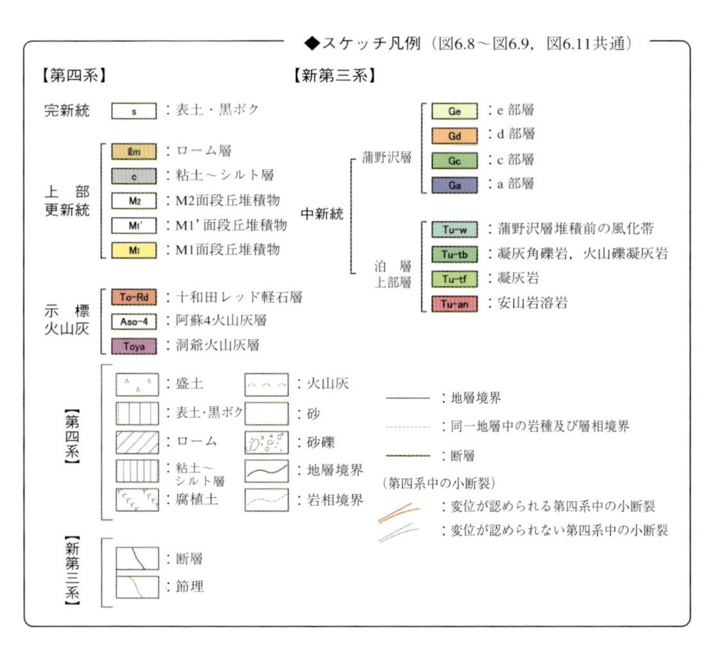

図6.8 Tr-20'-1 トレンチ南面スケッチ

図6.9　Tr-20'-1 トレンチ南面斜面

図6.10　Tr-20'-1 トレンチ全景写真（平成24年11月9日撮影）
東側より望む.

さらにトレンチ法面を広く観察すると，波長10m程度の基盤上面の撓みが複数分布している（図6.11）．この付近の岩盤は全体が強く茶褐色に風化・変色しており，とくに上に凸の撓みが生じている付近では，シーティングが起源と思われる低～中角度の節理系が多く発達し，節理ないし断層面には黒色析出物が付着し，同面上に鏡肌が認められる

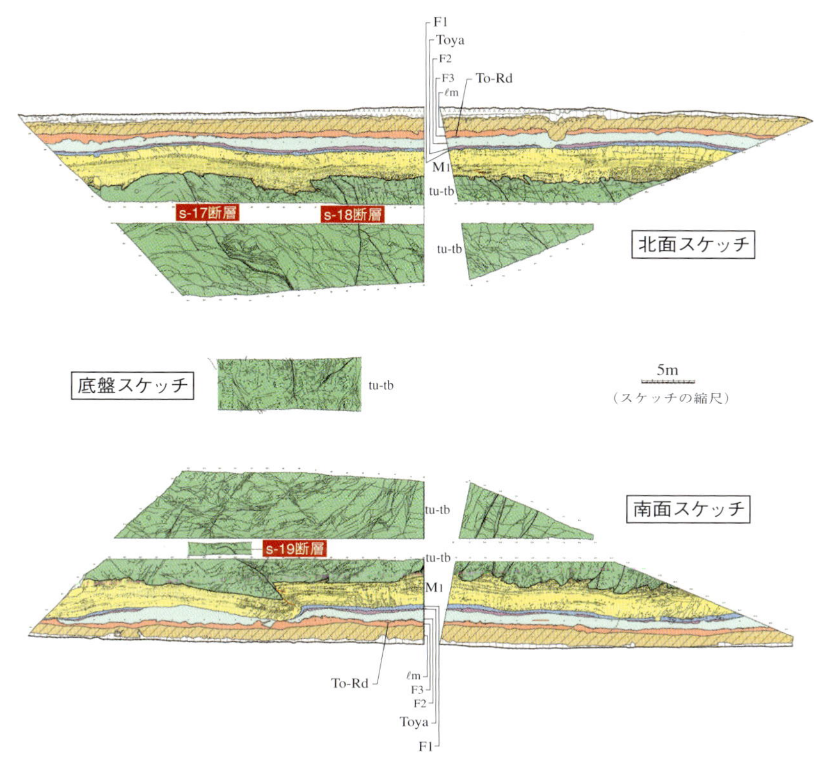

図6.11　Tr-20'-1 トレンチ全体配置図

場合が多い．これらは岩盤が体積変化を起こして節理面でこすれあった結果であることを強く示唆する．

風化による岩石の体積変化はさまざまな岩種で知られており（千木良・中田，2013），本地域でも，一般に不動元素とされるチタンに着目して「風化による体積膨張」の測定を行なった結果，新鮮部と比較して強風化部では20％程度膨張しているとの結果が得られている．（鳥越ほか，2013）

また，他のトレンチ調査やレーダー探査の結果からも，風化している岩盤表層部において上記と同程度で岩盤が上方に凸に撓む事象は多数存在することが確認されているが，それらの分布方向に，特段の規則性は認められない．

以上のことから，本事例の変状の形成はテクトニックなものではなく，風化岩盤表層の体積変化（膨張）が主な原因であり，剪断面は，岩盤上面の凸の撓みに伴い，既存の断裂系が変位したものと解釈される．

Tr-20'-2 トレンチにおいては，主要な断層 F-9 の破砕部とその周囲の劣化部が凸状に上昇し，被覆する段丘堆積物も調和的に撓んでおり，さらに盛り上がった基盤上に安山岩の巨円礫が定置している（図 6.12）．破砕部の厚さは，トレンチ底部と比べて岩盤上面付近ほど厚くなっていること，同破砕部は周囲よりスメクタイト含有量が比較的多いことから，上方ほど岩盤が体積膨張していることが示唆される．F-9断層自体はテクトニックに形成された地質断層であるが，上述の変状の範囲は，破砕部とその周辺が「盤膨れ」変形する地表付近に限られる．また，粘土状破砕部東端の小規模な西上がり逆断層面の境界は細かくうねりシャープでない．特定の層が体積膨張したために剪断面を伴って基盤岩に差動的な動きが生じることは，米国コロラド州における"heaving bedrock"（Noe et al., 2007）の事例でも知られている．メカニズムの詳細は異なるかもしれないが，岩盤の体積膨張に伴う地表付近の変形プロセスには類似性があると考えられる．

風化現象自体，環境変化などの地球化学的要因，シーティングや球状核形成などの物理的要因，生物的要因が絡む現象である．風化に伴う岩石の体積膨張は従来から知られてはいても研究例が少なく，詳細なメカニズムは必ずしも明らかにされていない．また，膨張量に関する定量化，変状発生のタイミングなど，なお解明すべき課題は残されており，認められる全ての第四系の変状が岩石・岩盤の体積膨張で説明可能かどうかについては，議論が分かれるところもある．

今後，幅広く議論を重ね，より合理的な考察をすることが事象のさらなる解明につながるものと考える．

（橋本修一・三和 公）

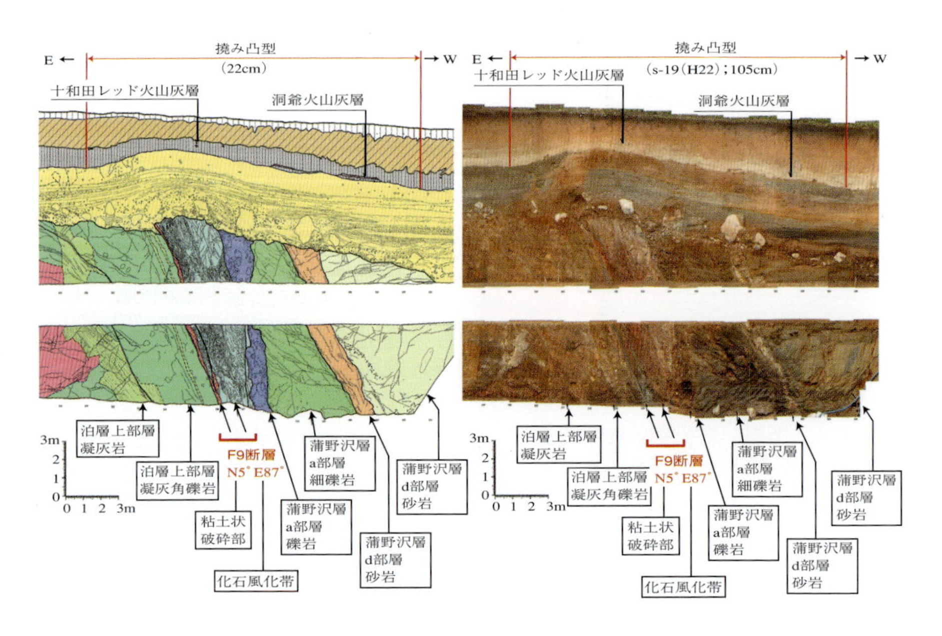

図6.12　Tr-20’-2 トレンチF9断層詳細スケッチ

6.2 地震時の沈下と人工構造物の変形による断層

事例 6-03 石川県輪島市門前町道下（とうげ）における能登半島地震時の沈下・人工構造物の変形を伴う断層

図 6.13，6.14 は2007年能登半島地震時に門前町道下東部の河床護岸などを変位させた割れ目であり，その北東方延長上の国道には数cmの右横ずれ変位を伴うNE-SW方向の割れ目も生じた．こうした状況から，当初は地震断層と考えられた（中村ほか，2007）．図 6.15 は詳細な割れ目などの分布図である．変状は上記のものだけではなく，護摩堂川を横断する橋梁両側では盛土との間に20cm程度の段差が生じており，南西隅には液状化による噴砂の跡も確認されている．さらに，路面に現れた割れ目は右横ずれだけではなく左横ずれのものもあり，護摩堂川の床板の変位もその上流の引張割れ目と対をなすものであることが確認された．このような状況から，割れ目発生箇所一帯の沖積層地盤が地震動によって沈下したことがわかる．これに，盛土部のすべり，橋梁基礎の浮き上がりなど人工構造物自体，あるいは人工構造物と地盤との間の変形が重なり，図示したような変形が生じたものと解釈された（永田ほか，2007）．地震前後の航空レーザー測量結果の比較（宇根ほか，2007；野原ほか，2007）からも地盤の沈下が裏付けられている．

（永田秀尚）

図6.13　道下東方護摩堂川の河床護岸に現れた断層
写真中央が「地震断層」とされた床板の変状．

図6.14
当初「地震断層」とされた変位
10cmを超える床板の重なりが見られる。

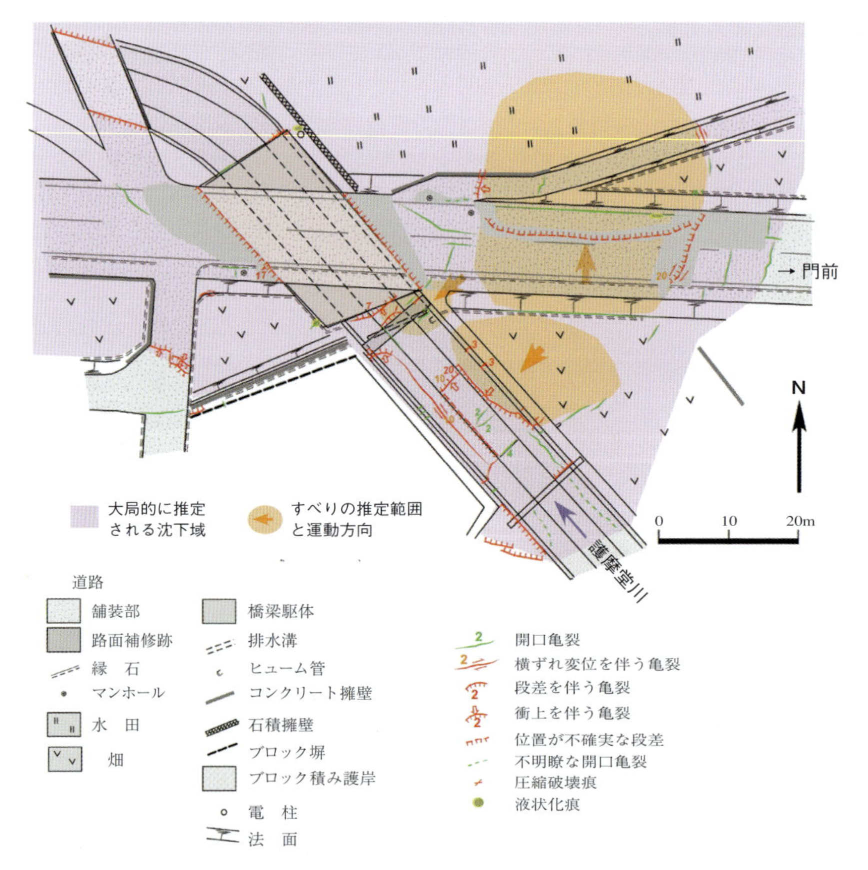

図6.15　道下東部における割れ目などの発生状況と解釈
国道の南約10mの河床断層が図6.13，図6.14.

第 7 章

課題と展望

構造運動以外の要因で形成されたノンテクトニック断層について，考えられる要因や場所について検討し，いくつかの要因に対応する事例を示してきた．これらの事例はわれわれのまわりに多くのノンテクトニック断層が存在することを示している．いずれも日本国内の事例であるが，海外でも同様の断層が無数に存在するとみていいであろう．

第2章で述べたように，考えうるノンテクトニック断層の形成要因は多岐にわたるとともに，複合していることも少なくない．このため，地表に現れた断層の形成過程と機構に関しては常にさまざまな可能性，組み合わせをさぐってゆく必要がある．とくに，周辺や地下の地質構造との関係を検討することは重要である．掲載した事例をみても，ノンテクトニック断層とテクトニック断層とを識別することはそれほど容易ではないし，機械的にできるものではない．個々の事例においてなぜノンテクトニック断層と判断したか，あるいはどのような主要因で発生したかについては，それぞれの地形・地質的位置や過去の発達史などもかかわっているので，露頭写真などのみでは理解が困難なものもあるかもしれない．

以下では本書のまとめとして，ノンテクトニック断層の識別とそれにかかわる課題，およびさらに研究を発展させるための将来への展望について考察する．活断層や地表地震断層，起震断層といった概念も含めてノンテクトニック断層に関して検討すべき事項は多い．端的にいえば，「これはノンテクトニック断層であってテクトニックな活断層ではない」というような切り分けだけで済むものではないことということである．さらに，社会的な要請も含めた応用地質学的な課題もある．

第7章 扉写真

和泉層群の砂岩泥岩互層で発生したテクトニック断層からノンテクトニック断層への転化，法尻で押さえられているこの露頭では，層理面に沿ったすべりによって地層が座屈してくるが，山側傾斜のテクトニック断層（赤，緑の三角で示したもの）の存在はそのすべりを妨げ，結果として掘削の1年後に断層に沿って上盤側がせり出してきた．

（横山俊治）

7.1 ノンテクトニック断層とテクトニック断層の識別に関する課題

典型的なものの場合，テクトニックかノンテクトニックかの識別は比較的容易である．たとえば阿寺断層の断層崖を見て，これをノンテクトニック断層であると判断する人はいないであろう．一方，各地に存在する地すべりの滑落崖やすべり面をテクトニックな断層だと主張する人もいないであろう．さらに，火山活動による隆起に伴って地表に現れた断層が第四紀の溶岩を変位させていてもテクトニックな活断層とされることはない．これらはいずれも形成時まで遡って形成過程がおおよそ確認できるためである．

しかしながら，現実に目にする多くの断層では形成過程を確認できることはまれであり，状況証拠から推定せざるを得ず，それゆえ識別は一般には容易ではない．地すべりやそれに伴う変形（3.1），あるいは軟質な堆積物の圧密過程や風化に伴う体積変化などの現象にかかわって形成された断層（3.4，6.1）には識別の難しいものがしばしばある．また，地震時に形成されたとしても，それを直接確認していなければ，判断を誤ることも少なくない．現実に，兵庫県南部地震のケース（4.1）のように，地震直後の現地調査において地表地震断層と判断されたものが，その後の詳細調査でノンテクトニック断層であることが明らかになったものもある．活断層に限定されないテクトニック断層まで含めれば，識別の困難さはさらに増す．

このようなノンテクトニック断層とテクトニック断層との識別の困難さは何に起因しているのだろうか．重力性のものを主としたノンテクトニック断層の深度範囲の問題，活動履歴の問題の2つを考えてみる．

(1) テクトニック断層の範囲

ノンテクトニック断層の形成には重力が大きく関与するから，地形起伏が大きくかかわり，形成深度は地下約1,000mより浅いと推定される（☞1.2）．一方．構造運動によるテクトニックな断層でもその形成には重力の関与しているものがある．伸張テクトニクスあるいは重力性ナップでは重力に影響された断層が上記よりさらに深い深度でも生じることが明らかとなっている．たとえば，ヒマラヤにおける南チベットデタッチメントシステム（STDS）は浅くても10km近い深さに達する正断層であるし（在田，2002），北アメリカのベースンアンドレインジ地域では地表からほぼ2kmの深さに，リストリックな正断層の延長としてほぼ水平な断層が考えられている（Twiss and Moores, 2007）．海外の例ばかりではなく，日本海拡大とそれに引き続く東北日本のリフトシステムも10kmくらいまでの深度のデタッチメントが推定されている（佐藤・池田，1999）．

また，第3章の事例でも触れたように，新潟県の地すべり多発地帯で推定された関田山地の活断層（☞2.1(2)）は重力性断層や地すべりの集合帯であろうと考えられるし，山梨県甲府盆地西縁の市ノ瀬台地・南縁の曽根台地は盆地に向かう重力変形と活断層との複合・混合によって形成されたものかもしれない（丸山，2014）．北海道知床半島の稜線付近に断続的に見られる凹地列（☞第1章扉写真）は，火山活動が関連するもう少し深い深度での変形の結果であるように思われる．九州の雲仙−島原地溝はテクトニックな伸張構造であり，活断層も多く認定されていて，その多くが正断層である（活断層研究会 編，1991）が，その東方延長である別府湾内の断層群については，一部は海底地すべり，また一部は地下のマグマ貫入によるノンテクトニック断層の可能性が指摘されている（原口，2014）．

これらの例に示すように，形成深度からみるとどの深度より浅い断層がノンテクトニックであり，どの深度より深ければテクトニックであるといった境界設定は困難であるし，設定できるものでもない．重力が関与した変形と破断という点では両者は連続的であり，テクトニックな断層とノンテクトニックな断層は地表近くほど形成の場を共存していることになる．

(2)「断層全史」

識別に際して考えるべき課題の1つは断層の活動履歴である．テクトニック–ノンテクトニック反転構造の例は第3章（3.5）に示した．**事例3-20**で示した護摩壇山断層は活断層ではないが，局所的にせよ，テクトニック断層として形成された後，数千万年を経てノンテクトニックに再活動したものとみなすことができる．日本列島は大小の断層で「傷だらけ」であるから，このような再活動あるいはテクトニック–ノンテクトニックな反転はいたるところで起こっているといってよいであろう．ノンテクトニック断層においても活動が反復する例は**事例4-18**などに示した．さらに，より複雑な発達史を有すると思われるテクトニック–ノンテクトニック複合構造もある（**事例3-22**）．

断層の活動履歴に関する研究は，断層の活動時階の研究や古応力場の復元による解析など，活断層ではないテクトニック断層でも進められてきたが，それはまたトレンチ調査を中心とした活断層研究の大きな成果でもある．第四紀層を変位させていないからそれは活断層ではない，とは論理的にいえないが，変位以外の物質科学からのアプローチによって活動年代や活動性を認定する試みもなされている（たとえば鴈澤ほか，2013；大谷ほか，2014）．

複数の活動履歴を有する場合，ノンテクトニック断層とテクトニック断層の識別はより困難となる．テクトニックであるか（活断層か否かを含め）ノンテクトニックであるかの議論を進めてゆくと，個々の断層に関する「活動全史」というべきものを解明していかざるを得ない．テクトニックかノンテクトニックかに関わらず，いろいろな断層がいつどのようにして形成され，その後どのように変遷して現在に至っているのか．その際断層や周辺の物質や構造はどう変化したのか，といった疑問を解明する必要がある．その中には当然，断層が地表近くに位置するようになってから重力の影響や風化をどう受けたかという問題も含まれている．**事例6-02**はそのような意味で重要である．こういった問題に答えられなければ，たとえば，テクトニックに形成された断層が風化した結果と，風化した岩石がノンテクトニックに変形した結果はどこが違うのか？といった直面する課題に対応することはできない．

7.2 起震断層にかかわる課題

ノンテクトニックかテクトニックかの識別が問題となるのは，その断層が第四紀に繰り返し活動し，構造運動という点でその断層が活断層かどうかの判断が求められる場合であろう．形態的に類似していても，将来活動するかどうかという点で両者は全く異なるが，わが国には多数の活断層が存在することから，ピンポイントでそれがどこに位置するかについては社会的にも関心が高い．

活断層は，本来地質図に描ける程度の広がりを持った，将来活動する可能性のある断層を指し，そのための判定方法が議論されてきた．しかし，地震を発生させるかという点ではむしろ起震断層かどうかを問うべきであろう．ノンテクトニック断層は断層であるがゆえに地盤変形を生じることはあるが，直接的に被害を生じうるような地震を将来生じる可能性は小さく，そのような意味で非起震断層でもある（Lettis et al.,1998）．さらに，第2章で述べたように，大きな地震を繰り返し発生させてきたテクトニックな断層系でも，バックスラストなどのように受動的に活動する部分は非起震断層の可能性がある．したがって，調査によって活断層の可能性のある断層が見いだされても起震断層か非起震断層かについては慎重に検討する必要がある．

そのほかの非起震断層としては，たとえば，火山テクトニクスの一環として扱われている火山性活断層や大規模な構造線沿いのテクトニック盆地内部に付随して発達する断層などがある．これらの断層は火山活動あるいは地震活動にかかわる主要な起震断層に付随して活動するであろうから，火山活動や地震発生に関する活動の再来周期推定などには有効である．しかしこれのみによって将来の地震発生に言及することは困難であろう．

地震時に地表に現れる地表地震断層に関しても，第2章で述べたように，定義は歴史的に変遷してきた．地震時の地下の震源断層の変位を直接伝える地表地震断層はあきらかにテクトニックな断層であるが，地表近くの軟質な堆積物中の部分が将来地震を発生させる起震性の断層とは断定できず，多くは非起震断層とみた方がいいであろう．また，起震断層周辺で表層堆積物に地震動が加わって生じた段差などは，地表地震断層の一部と捉えられることがあるものの，厳密にはノンテクトニック断層で非起震断層である．したがって，「地表地震断層」といえども，観察されたものを慎重に取り扱う必要がある．非起震断層，あるいはノンテクトニック断層であっても，変位そのものを問題にしなければならない場合があるためである．

起震断層と非起震断層とは「被害を発生させうるか」という人間（工学）側の視点で区別されている．したがって，どこまでがテクトニック断層で，どこからがノンテクトニック断層なのか，という区別が単純にできないのと同様に，どこまでが起震断層で，どこから非起震断層なのか，という区別も単純にはできない．そして，両者は同一の問題ではない．この点は今後の課題のひとつである．

7.3　ノンテクトニック断層研究の取り組みと展望

ノンテクトニック断層の識別方法の確立と要因ごとの断層形成に基づいた解明には事例の積み重ねが不可欠であるため，本研究グループはこうした断層の出現にいたる要因と過程の解明を目指して，2000年度には日本地質学会学術大会でのノンテクトニック構造セッションの設置を提案した．またわれわれは，2003～2005年度には外部資金の支援を得て『ノンテクトニック断層と活断層の識別方法確立に向けた基礎研究』（横田ほか，2003，2004，2005）として収集した資料を報告書にまとめ，その一部は学会などでも公表してきた．2004年度には日本応用地質学会のトピックセッションでもノンテクトニック断層がとりあげられた．

日本地質学会学術大会の「ノンテクトニック構造」セッションは2000年にはじまり，10年間継続した．開始から2007年までは毎年10件前後の発表があったが，以降講演数が減少し，2010年には応用地質一般のセッションと統合した．日本応用地質学会など他の学会での発表を含め，この時期には「○○地域で見いだされたノンテクトニックな断層」のような事例報告が多く，いわば「発見の時代」と位置づけることができる．世の中にノンテクトニック構造というものが存在するということの理解は，この時代に多少なりとも進んだといえる．一方，このセッションでの研究発表数が減少したのは，識別の問題や成因に関する問題など，さまざまな課題に応える研究が十分進展しなかったためともいえる．しかしながら，対象として重なる海底地すべりや付加体形成研究，断層岩の研究といった分野でのこの間の進展は著しいし，応用地質学的に重要な地すべりの初生に関する研究やすべり面に関する研究も進みつつある．活断層調査においても，20世紀中にしばしばみられたノンテクトニック断層などとの誤認といった事態は著しく減少し，その認識レベルは向上している．

今後は，引き続きさまざまな要因で形成されたノンテクトニック断層事例の収集につとめながら，ノンテクトニック断層とテクトニック断層の識別問題を考えてゆく必要がある．同時に，以下のような問題についても検討・考察を加えてゆくことがのぞまれる．

① 成因による断層性状の比較：いろいろな成因で生じる断層の性状に相違点があるのかどうか．たとえば変位速度－変位量－破砕帯幅－延長の諸量の関係はどのようなものとなるのか．

② 他の破壊現象との比較：断層の形成は破壊現象である．地質事象として同様なものに混在岩，火砕岩の形成や隕石の衝突による破砕などが挙げられる．破壊生成物の粒度分布はフラクタルになっていることが知られているが（たとえば水谷，1989；永田，2002），ノンテクトニック断層による破砕物にもそれは成り立つのか．

③ 断層やその周辺の，7.1 ⑵ で述べたような変化過程：とくに地表付近における，風化や重力作用を強く受ける場での変化．

われわれが両者の識別に迷うのは，このような問いに対する答えが用意されていないことによるといえよう．

さらに，はじめに述べたように，ノンテクトニック断層は応用地質学のテーマでもある．

ノンテクトニック断層の識別が単純ではなく困難であることは次第に明らかになってきたが，それでは逆にどのような判断をもって活断層を認定するのか.「ノンテクトニック断層であって活断層ではないので，安全である」と言えるのかどうか．工学的な判断は，理学的な知見に加えてさまざまな条件を考慮して行わなければならない．すでに報告されてきた断層の記載についての見直しが必要な場合もあろう．これまで交流のあまりなかった地質構造や断層の研究者・地震関係者と地すべりなどの技術者・研究者などが一堂に会して議論する機会が増えることがのぞましい.

ノンテクトニック構造の理解には構造地質学のみならず，堆積学や火山学，地形学，物質科学といった広範な基礎科学が生かされる必要があり，さらに多くの場合応用地質学，地質工学にまたがる知識や理念の理解も求められる．本書はノンテクトニック断層研究第1世代の置き土産ともいえる事例集にとどまっているが，今後はさらに諸分野を統合した成果があげられることを期待する.

あとがき

「ノンテクトニック断層の事例写真集を作りましょう」，2005年に経済産業省に提出した報告書が終わってからの横田さんのご提案に，「やりましょう」と気楽に答えたのが，思えば苦労のはじまりでした．報告書に出した写真や文章を編集すれば，人さまにお見せできるものにはなるだろうとの楽観的な考えは，本格的に始めてみるとすぐに吹っ飛んでしまいました．具体的な執筆に入ると，ノンテクトニック断層について漠然と考えてきたことを明確にする必要が生じ，それぞれの経験を背景にした微妙な考え方の違いなども明らかになってきて，最後は一字一句にわたる議論になることもありました．加えて，次々と発生する地震による「地表地震断層」や，豪雨，火山災害による大規模な崩壊にともなって，ノンテクトニック断層の事例が増えてゆき，さらに2011年の東北太平洋沖地震によって引きおこされた原発事故によって活断層の見直しも求められることになりました．私たちは応用地質学を研究するものとして，多少なりともこれらの災害などの調査に従事する立場ですから，新しい現場に次々に対応するという状態となり，遅れに輪をかけてしまいました．

そのようなわけでほぼ10年を要してしまいましたが，とにもかくにも20年近いわれわれのこれまでの成果の一部をまとめることがようやくでき，みなさまにお披露目するところまで漕ぎつけました．何でこんなものまでと思われるところもあるかもしれませんが，「はじめの一歩」として，私たちがどのような視点で断層を見ているかについてはここにお示しできたと思います．いろいろな不手際も残り，わかりにくいところがあるかもしれませんが，ご容赦のうえ，忌憚のないご意見をお寄せいただければ幸いです．

執筆にあたっては，当初の研究メンバーであった原口強さん（大阪市立大），井村隆介さん（鹿児島大）にも原稿を担当いただきました．本書には執筆されませんでしたが，大平寛人さん（島根大）も研究メンバーとして，流体包有物を用いた断層物質の熱履歴研究を担当されました．そのほか，個別の事例については，別に掲げる方がたにも原稿原図を作成していただきました．写真については執筆者以外に下記に示した方がた（敬称略）にご提供いただいたものがあります．厚くお礼もうしあげます．なお，最終的な文責は編者にあることを付記しておきます．また，本書は，掲載できなかった事例を含め，研究メンバー全体として，あるいは個人個人として，多くの現場や学会・研究会などで重ねてきたいろいろな方がたとの議論の賜でもあります．いちいちのお名前をあげることができませんが，この場を借りて深く感謝いたします．深川昌弘さんを代表とする近未来社のみなさんには，本書の作成にあたって大変なご苦労をおかけしました．感謝に堪えません．

いつのまにか還暦を迎えたわれわれメンバーですが，さらにもう少し，あちこちの現場をまわりたいものだと思います．そこでみなさまとお会いし，議論できることを楽しみにしております．

2015年1月　雪下出麦

編者を代表して：永田秀尚

ノンテクトニック断層－識別方法と事例－
［執筆者一覧］

編著者

横田修一郎　島根大学名誉教授
永田秀尚　有限会社風水土
横山俊治　高知大学名誉教授
田近 淳　北海道立総合研究機構地質研究所，（現）株式会社ドーコン
野崎 保　野崎技術士事務所

執筆者（編著者のほか）

原口 強　大阪市立大学大学院理学研究科
橋本修一　東北電力株式会社
廣瀬 亘　北海道立総合研究機構地質研究所
井村隆介　鹿児島大学大学院理工学研究科（理学系）
加藤靖郎　川崎地質株式会社
菊山浩喜　株式会社エーティック
三和 公　東北電力株式会社
西山賢一　徳島大学大学院ソシオ・アーツ・アンド・サイエンス研究部
山根 誠　応用地質株式会社
吉永佑一　株式会社防災地質研究所

写真提供（執筆者のほか）

千葉則行　東北工業大学工学部
石丸 聡　北海道立総合研究機構地質研究所
伊藤陽司　北見工業大学工学部
越谷 賢　サンコーコンサルタント株式会社
岡 孝雄　北海道立総合研究機構地質研究所，
（現）アースサイエンス株式会社
岡崎紀俊　北海道立総合研究機構地質研究所
株式会社シン技術コンサル
寺島克之　（元）北海道立地質研究所

文 献

〔A〕

雨宮和夫・田近 淳，1999，北海道三大地震による斜面変動－地震による変動斜面の特徴．地すべり，35，26-33．

安藤 武・岡 重文，1967，大谷石の地質と採掘に関連する破壊状況．地調月報，18，1-37．

Aoi, S., Kunugi, T. and Fujiwara, H., 2008, Trampoline effect in extreme ground motion. *Science*, 322, 727-730.

青木 久・佐々木智也・小口千明・松倉公憲，2005，大谷石採掘場跡地における岩盤崩落：宇都宮市大谷町坂本地区における1989年陥没の安定解析．地形，26，423-437．

青矢睦月・横山俊治，2009, 日比原地域の地質．地域地質調査報告（5万分の1地質図幅），産総研地質調査総合センター，75p．

在田一則，2002，ヒマラヤのテクトニクス・山脈隆起・気候変動－概論－．月刊地球，24，227-233．

浅野志穂・落合博貴・黒川 潮・岡田康彦，2006，山地における地震動の地形効果と斜面崩壊への影響．日本地すべり学会誌，42，457-466．

粟田泰夫・楮原京子・杉山雄一・吉岡敏和・吾妻 崇・安藤亮輔・丸山 正，2011，2011年4月11日福島県浜通りの地震に伴う湯ノ岳・藤原断層の地表変位ベクトル（速報）．産総研活断層・地震研究センター．
http://unit.aist.go.jp/actfault-eq/Tohoku/report/yunotake_v3_120914.pdf.

〔B〕

防災科学技術研究所，2001, 鳥取県西部地震の震源分布と発震機構解,及びモーメントテンソル解．地震予知連絡会会報，no.65，579-585．

防災科学技術研究所，ウェブページ, 地すべり地形分布図データベース．
http://lsweb1.ess.bosai.go.jp/gis-data/index.html

〔C〕

千葉県東方沖地震斜面崩壊調査グループ，1990，千葉県東方沖地震による松尾・成東・東金周辺地域の斜面崩壊：地震による洪積台地の斜面崩壊．地質学論集，no.35，47-61．

地学団体研究会 編，1996，新版地学事典．平凡社，1443p．

千木良雅弘，1988，泥岩の化学的風化－新潟県更新統灰爪層の例．地質雑，94，419-431．

千木良雅弘，2002, 群発する崩壊－花崗岩と火砕流－．近未来社，228p．

千木良雅弘，2010，初生地すべりの解剖学．日本応用地質学会 平成22年度特別講演およびシンポジウム予稿集，1-8．

千木良雅弘，2013, 深層崩壊：どこが崩れるのか．近未来社，231p．

Chigira, M., Hariyama, T. and Yamasaki, S., 2013, Development of deep-seated gravitational slope deformation on a shale dip-slope: Observations from high-quality drill cores. *Tectonophysics*, 605, 104-113.

千木良雅弘・中田英二，2013, 様々な岩石の風化に伴う体積膨張とその地質学的意

義．日本地質学会第120年学術大会講演要旨，147.
千木良雅弘・田中和広，1997, 北海道南部の泥火山の構造的特徴と活動履歴．地質雑，103, 781-791.

Chigira, M., Wu, X.Y., Inokuchi, T. and Wang, G., 2010, Landslides induced by the 2008 Wenchuan earthquake, Sichuan, China. *Geomorphology*, 118, 225-238.

Cloos, E., 1968, Experimental analysis of Gulf Coast fracture patterns. *Amer. Assoc. Petrol. Geol. Bull.*, 52, 420-444.

Cloos, H., 1928, Über antithetische Bewegungen. *Geol. Rundsch.*, 19, 246-251.

Cruden, D.M. and Varnes, D. J.,1996, Landslide types and processes *In* Turmer, A. K. and Schuster, R. L., eds., *Landslides : Investigation and mitigation.* Special Reports 247, Transportation Research Board, National Research Council, National Academy Press, Washington, D. C., 36-75.

〔D〕

大丸裕武・村上 亘・多田泰之・岡本 隆・三森利昭・江坂文寿，2011，2008年岩手・宮城内陸地震による一迫川上流域の崩壊発生環境．日本地すべり学会誌，48, 147-160.

Davis, L.L. and West, L.R., 1973, Observed effects of topography on ground motion. *Bull. Seism. Soc. Amer.*, 63, 283-298.

土木研究所・ハイテック㈱・㈱高知地質調査・㈱地圏総合コンサルタント・応用地質㈱・㈱建設技術研究所，2013，すべり層のサンプリングと認定方法に関する研究．土木研究所共同研究報告書，no. 449，126p.

土木研究所土砂管理研究グループ地すべりチーム，2012，樹脂固定法によるすべり面標本の作成マニュアル（案）．土木研究所資料，no. 4227，20p.

〔F〕

Folk, R. L. and Patton, E.B., 1982, Buttressed expansion of granite and development of grus in central Texas. *Z. Geomorphol. N. F.*, 26, 17-32.

Fossen, H., 2010, *Structural Geology*. Cambridge University Press, 463p.

藤井昭二・五島道治・神嶋利夫・清水正之・金子一夫 編，1992, 10万分の1富山県地質図および同説明書．富山県，202p.

藤本 廣，1975, シラス層の陥没災害について．第12回自然災害科学総合シンポジウム講演論文集，143-144.

Fujita, M., 2009, Control factors of lamination sheeting in granite. Doctoral thesis of Kochi Univ., 151p.

古谷尊彦，1980，地すべりと地形．武居有恒 監，地すべり・崩壊・土石流 ―予測と対策，鹿島出版会，192-230.

古谷尊彦，1996，ランドスライド：地すべり災害の諸相．古今書院，213p.

古谷尊彦・渡辺慈明，1994，東頸城丘陵関田山地の線状凹地・小崖地形・地すべり地形について．第33回地すべり学会研究発表講演集，5-8.

布施昌弘・横山俊治，2004，四国島の線状凹地の分布とその特徴．第43回日本地すべり学会研究発表会講演集．561-564.

伏島祐一郎，1997，野島断層周辺斜面に生じた小規模な断層地形．活断層研究，no.16，73-86.

伏島祐一郎・吉岡敏和・水野清秀・宍倉正展・井村隆介・小松原 琢・佐々木俊法，

2001，2000 年鳥取県西部地震の地震断層調査．活断層・古地震研究報告，no.1, 1-26.

〔G〕

鴈澤好博・高橋智佳史・三浦知督・清水 聡，2013，光ルミネッセンスと熱ルミネッセンスを利用した活断層破砕帯の年代測定法．地質雑，119，714-726.

〔H〕

Hackett, W. R., Jackson, S. M. and Smith, R. P.,1996, Paleoseismology of volcanic environments. *In* McCalpin, J. P. ed., *Paleoseismology*, 147-181.

原口 強，2014，別府湾の海底活断層はすべて活断層か？～海底地すべり地形と断層状変位，マグマ貫入に伴う正断層群～．京都大学防災研究所一般研究集会 26K-5, 活断層とノンテクトニック断層 起震断層の正しい認識と評価基準を探る 講演要旨集，41-44.

原口 強・岡村 眞・露口耕治，1995，1995 年兵庫県南部地震に伴う野島地震断層調査．応用地質，36，51-60.

羽坂俊一・西村裕一・宝田晋治・高橋裕平・中川 充・斎藤英二・渡辺和明・風早康平・川辺禎久・山元孝広・廣瀬 亘・吉本充宏，2001，有珠山2000年噴火の山体変動－北東山麓割れ目群の変位およびセオドライトによる北麓，西麓の観測結果．地質調査研究報告，52, 115-166.

長谷義隆・岩内明子，1992，第 3 章（2）新第三系～更新統，玖珠盆地．日本の地質「九州地方」編集委員会編，日本の地質 9「九州地方」，140-143.

橋本修一・三和 公・猪原芳樹・松下芳浩，2001，断層破砕部の膨張による第四系の変形.日本地質学会第 108 年学術大会講演要旨, 17.

橋本修一・山口和英・高野豊治・葛木健大，2004，2003 年 7 月 26 日宮城県北部地震時の挙動．日本応用地質学会平成 16 年度研究発表会講演論文集，193-196.

服部 仁，1998a, 淡路島北部における兵庫県南部地震による地変と地震被害．I．地変現象の概要．地質ニュース，no. 524, 40-51.

服部 仁，1998b, 淡路島北部における兵庫県南部地震による地変と地震被害．Ⅱ. 野島断層と野島東地震断層の区別．地質ニュース，no.528, 52-64.

服部 仁，1999, 淡路島北部における兵庫県南部地震による地変と地震被害．Ⅲ. 野島東地震断層・小倉地震断層分岐点付近の地変．地質ニュース，no.533, 43-55.

服部 仁・吉田久昭・高木貞行，2005, 検証：平成 7 年兵庫県南部地震による野島断層の変位量－北淡町野島蟇浦の場合．地質ニュース，no. 610, 17-21.

早川由紀夫・小山真人，1992，東伊豆単成火山地域の噴火史 1 ：0 ～ 32ka．火山，37，167-181.

平野昌繁，2003，変分原理の地理学的応用．古今書院，117p.

平野昌繁・藤田 崇，1995，1995 年阪神大震災に伴う地盤災害－とくに断層に沿う変位地形について．地球科学，49，77-81.

平野昌繁・石井孝行，1989，土砂移動現象における土塊横断形状の地形学的意義．京都大学防災研究所年報，32，B-1，197-209.

廣瀬 亘・大津 直・岡 孝雄，2000，北海道馬追丘陵西翼，千歳市キウス 4 遺跡の地割れについて，千歳市キウス 4 遺跡（5）．北海道埋蔵文化財センター調査報告書，no.144，305-314.

廣瀬 亘・田近 淳，2000，2000 年有珠火山の噴火とその被害．応用地質，41，150-154.

廣瀬 亘・田近 淳, 2002, 有珠山 2000 年噴火における西麓の地表変形, 火山, 47, 571-586.

廣瀬 亘・田近 淳・遠藤祐司・野呂田晋・八幡正弘・垣原康之・石丸 聡・宝田晋治・川辺禎久・風早康平・吉本充宏，2002，有珠山2000年噴火の経過－特に降灰調査，噴煙遠望観測，地表変形，火口分布および亀裂について．北海道立地質研究所報告，no.73，1-50.

北海道，1998，平成9年度地震関係基礎調査交付金，北海道活断層図No.1「増毛山地東縁断層帯」解説書．北海道立地下資源調査所，60p.

北海道，2001，石狩低地東縁断層帯活断層図とその解説．北海道活断層図，(3)，北海道立地質研究所，157p.

北海道，2005，平成16年度地震関係基礎調査交付金「十勝平野断層帯，富良野断層帯および標津断層帯に関する調査」成果報告書．81p.

北海道埋蔵文化財センター，1995，平成6年度 調査年報．no.7，59p.

北海道埋蔵文化財センター，2006，平成17年度 調査年報．no.18，70p.

北海道立地質研究所，2000，2000年有珠山火山噴火観測速報，53p.

掘田政則，1986，堆積岩の圧密を考慮した地層変形の一考察．昭和60年度日本応用地質学会研究発表会講演論文集，67-70.

Hutchinson, J.N., 1991, Periglacial and slope processes. *In* Forster, A., Culshaw. M. G., Cripps, J. C. Little, J. A. and Moon, C. F. eds., *Quaternary Engineering Geology*, Geol. Soc. Eng. Geol., Special Publication, no.7, Geological Society, 283-331.

〔I〕

池田 碩，花崗岩地形の世界．古今書院，206p.

今増俊明，1993，シラス台地に見られる凹地（シラスドリーネ）について．鹿児島県立博物館研究報告，no.12，32-38.

井村隆介・岩松 暉・隈元幸司，1998，1997年3-5月に発生した鹿児島県北西部の地震被害と地質．1997年鹿児島県北西部地震の総合的調査研究報告書，鹿児島大学自然災害研究会，59-69.

井村隆介・小林哲夫，2001，5万分の1霧島火山地質図．地質調査所．

井村隆介・隈元幸司・岩松 暉，1997，1997年3-5月に発生した鹿児島県北西部の地震被害．鹿児島県地学会誌，no.76，29-35.

井上 基・山田琢哉・田中 元・北川隆司，2001，岡山県の三畳紀層に発達する野田地すべりのすべり面の起源について．応用地質，42，88-100.

井上利隆・川原敏明・宮林秀次，1978，強大な地圧に挑む(1)．トンネルと地下，9，231-238.

石渡 明・平松良浩・小泉一人・河野芳輝，2007，平成19年能登半島地震の地表断層と墓石倒壊率分布について．日本地球惑星科学連合大会予稿集，Z255-P027.

石山達也・佐藤比呂志・杉戸信彦・越後智雄・伊藤谷生・加藤直子・今泉俊文，2011，2011年4月11日の福島県浜通りの地震に伴う地表地震断層とそのテクトニックな背景．日本地球惑星科学連合大会予稿集，MIS036-P105.

伊藤悟郎・三和 公・土田恭平，2013，東通原子力発電所の第四系変状の発生要因に係る数値解析による考察．平成25年度日本応用地質学会研究発表論文集，117-118.

岩内明子・長谷義隆，1987，中・北部九州後期新生代の植生と古環境(その3)，玖珠盆地南部（下部～中部更新統）．地質雑，93，469-489.

〔J〕

地盤工学会新潟県中越地震災害調査委員会，2007，2004年新潟県中越地震災害調査委員会報告書，528p.

地盤工学会2007年新潟県中越沖地震災害調査委員会 編，2009，2007年新潟県中越沖地震災害調査委員会報告書，510p.

地震調査研究推進本部地震調査委員会，2003，石狩低地東縁断層帯の長期評価について．http://jishin.go.jp/main/chousa/03nov_ishikari/index.htm

地震調査研究推進本部地震調査委員会，2010，石狩低地東縁断層帯の長期評価の一部改訂について．http://www.jishin.go.jp/main/chousa/10aug_ishikari/index.htm

地すべり学会，1995，兵庫県南部地震等に伴う地すべり・斜面崩壊 研究報告書．兵庫県南部地震等に伴う地すべり・斜面崩壊研究委員会，255p.

地すべり学会北海道支部 編，1997，地震による斜面災害．北海道大学図書刊行会，285p.

〔K〕

釜井俊孝，2001，VIII. 1 地すべり・斜面災害．飯山地域の地質．地域地質研究報告（5万分の1地質図幅），地質調査所，123-128.

鎌田耕太郎，1980，南部北上山地唐桑半島周辺の三畳系稲井層群（その2）：大沢層にみられる層間異常について．地質雑，86，713-726.

金田平太郎・河野太陽，2013，山体重力変形の発生に活断層が与える影響　―航空レーザー測量データに基づく美濃山地西部全域の山体重力変形地形マッピング―．日本地球惑星連合大会予稿集，HDS27-09.

鹿野和彦・竹内圭史・松浦浩久，1991，今市地域の地質．地域地質研究報告（5万分の1地質図幅），地質調査所，79p.

唐木田芳文・冨田宰臣・下山正一・千々和一豊，1994，福岡地域の地質．地域地質研究報告（5万分の1地質図幅），地質調査所，188p.

Kato, H. and Yokoyama, S., 2014, Rediscovery of Hakuchi thrust associated with the Median Tectonic Line active fault system in Awa-Ikeda town, eastern Shikoku, Southnest Japan. *Earth Sci.*（Chikyu Kagaku）, 68, 165-172.

加藤弘徳・横山俊治・光本恵美，2009，高知県大引割地域に発達する山上凹地と地質構造の関係．第48回日本地すべり学会研究発表会講演集，101-102.

加藤 誠・藤原嘉樹・箕浦名知男・鎌田耕太郎，1983，地盤災害．昭和57年浦河沖地震災害記録，北海道（総務部防災消防課），91-99.

加藤孝幸・米島真由子・岡崎健治・伊東佳彦，2011，蛇紋岩の風化作用による膨張現象－変状の引き金としての相転移．日本応用地質学会平成23年度研究発表会講演論文集，3-4.

加藤靖郎・横山俊治，1992，神戸層群地域金会地すべり地末端にみられる構造．日本地質学会第99年学術大会講演要旨，528.

加藤靖郎・横山俊治，2010, 2005年福岡県西方沖地震による玄海島頂部のノンテクトニック断層．日本地すべり学会誌，47, 42-50.

活断層研究会 編，1980, 日本の活断層－分布図と資料．東京大学出版会，363p.

活断層研究会 編，1991, 新編 日本の活断層－分布図と資料. 東京大学出版会，437p.

Katsui, Y. and Komuro, H.， 1984， Formation of fractures in Komagatake volcano, Hokkaido． *Jour. Fac. Sci., Hokkaido Univ.*， *Ser.* IV， 21, 183-195.

Katsui, Y., Komuro, H. and Uda, T., 1985, Development of faults and Usu-shinzan Cryptdome in 1977-1982 at Usu Volcano, north Japan. *Jour. Fac. Sci. Hokkaido Univ., Ser.* Ⅳ, 18, 385-408.

川辺孝幸・冨岡伸芳・坂倉範彦・石渡 明・平松良浩・奥寺浩樹・小泉一人，2007，能登半島地震で動いた輪島市門前町中野屋地区の断層の発掘調査結果，－第3報－．http://kei.kj.yamagata-u.ac.jp/kawabe/www/nakanoya3/

河戸克志・小野田 敏・長谷川修一・野々村敦子，2014，航空レーザ計測と空中電磁探査によるトップリング崩壊斜面の評価．日本応用地質学会平成26年度特別講演およびシンポジウム予稿集．26-33.

川村喜一郎，2010，総論：海底地盤変動学のススメ．月刊地球号外，no.61，5-12.

木村克己，2000，四万十帯の付加体地質－奈良県南部を例にして－．京都大学防災研研究集会12S-3，5-11.

気象庁，2005, 3月20日10時53分に発生した福岡県西方沖地震について．平成17年3月地震・火山月報（防災編），30-43.

菊山浩喜・横山俊治・中垣幸恵・柏木賢治，1996，墓石・灯籠の転倒調査から推定される1995年兵庫県南部地震の地震動，土と基礎，44, no. 2, 42-44.

紀州四万十団体研究グループ，1991，和歌山県中東部の日高川層群湯川類層・美山累層－紀伊半島四万十累帯の研究（その12）－．地球科学，45，19-38. .

Klaus, K.E.N., James, P.M,Jr, and Julia, A.J. ed., 2005, *Glossary of Geology, 5th edition.* American Geological Institute, Virginia, 779p.

小荒井 衛・岡谷隆基・小林知勝・飛田幹男・脇坂安彦・佐々木靖人・阿南修司，2011, 平成23年4月11日福島県浜通りの地震による被害状況と地形・地質との関連．日本地質学会第118年学術大会講演要旨（セクションB), 145.

小林国夫，1955, 日本アルプスの自然．築地書館，258p.

小林哲夫，1984，1983年10月三宅島噴火の溶岩とスコリア丘の地形．火山，29，S221-229.

小林哲夫，1986，桜島火山の形成史と火砕流．文科省科学研究費補助金「火山噴火に伴う乾燥粉体流（火砕流等）の特質と災害」報告書，137-163.

小林祐哉・小野和行・清水貞良・野崎 保，2003，地すべり末端部の構造－長野県北部御山里地すべりの例－．日本地質学会第110年学術大会講演要旨，270.

小嶋 智・丹羽良太・栢本耕一郎・金田平太郎・永田秀尚・池田晃子・中村俊夫・大谷具幸，2013，山体重力変形地形の形成過程：岐阜福井県境の冠山北西および三重県熊野市ツエノ峰を例として．日本地球惑星連合大会予稿集，HDS27-08.

国土地理院，1999，1/30,000火山土地条件図「霧島山」，国土地理院.

国土地理院ウェブページ，都市圏活断層図について．http://www.gsi.go.jp/bousaichiri/active_fault.html

光本恵美・本間こぎと・横山賢治・横山俊治，2014，異常樹木と簡易レーザー測距儀を用いた山上クラック帯の運動像解析－高知県いの町代次の例－．日本応用地質学会中国四国支部平成26年度研究発表会発表論文集，41-46.

越谷 賢・田邊謹也・中村静也・岡 孝雄・川上源太郎・永田秀尚・木崎健治，2005，降下テフラからなる地すべり移動体の内部構造とその形成機構．日本地質学会第112年学術大会講演要旨，142.

桑代 勲，1961, 郷土知覧をめぐる地形学的諸問題の展望．鹿児島県知覧町図書館協会，15-38.

桑代 勲，1970, 始良カルデラの研究（3）新島の誕生・地形と地質・海岸侵食．知覧文化，no. 7，1-22.

九州活構造研究会 編，1989，九州の活構造．東京大学出版会，553p.

〔L〕

Lettis, W.R., Kelson,K.I., Hanson,K.L. and Angel, M.A., 1998, Is a fault a fault by any other name ? differentiating tectonic from nontectonic faults. *Proc. 8th Int. IAEG Cong.*, 609-627.

Lin, A., Chen, A., Ouchi, T., Liau, C., Lin, P. and Lee, T., 2001, Frictional melting due to coseismic landsliding during the 1999 Chi-Chi（Taiwan）ML 7.3 earthquake. *Geophys. Res. Lett*, 28, 4011-4014.

林 愛明・井宮 裕・宇田進一・飯沼 清・三沢隆治・吉田智治・楕松保貴・和田卓也・川合功一，1995，兵庫県南部地震により淡路島に生じた野島地震断層の調査．地学雑誌，104，113-126.

〔M〕

町田 洋・新井房夫，2003, 新編 火山灰アトラス－日本列島とその周辺．東京大学出版会，336p.

丸山大悟・小嶋 智・大谷具幸，2006，ボーリングコアとボアホールテレビ画像を利用した岐阜県東濃地方，土岐花崗岩の割れ目解析．応用地質，47，13-22.

丸山 正, 2014, テクトニックな変動と重力移動の複合：地震断層・活断層調査事例．京都大学防災研究所一般研究集会 26K-5，活断層とノンテクトニック断層起震断層の正しい認識と評価基準を探る　講演要旨集，38.

丸山 正・伏島祐一郎・吉岡敏和・粟田泰夫，2005，平成16年（2004年）新潟県中越地震に伴い地表に現れた地震断層の性状．地質ニュース，no. 607，9-12.

丸山 正・遠田晋次・吉見雅行・小俣雅志，2009，2008年岩手・宮城内陸地震に伴う地震断層沿いの詳細地形－地震断層・変動地形調査における航空レーザ計測の有効性－．活断層研究，no. 30, 1-12.

Masch, E. and Preuss, E., 1977, Das volkommen ded Hyalomylonites von Lantang, Himalaya（Nepal）. *N. Jb. Miner. Abh.*, 129, 292-311.

Mastin, L. G. and Pollard, D. D., 1988, Surface deformation and shallow dike intrusion processes at Inyo Craters, Long Valley, California. *Jour. Geophys. Res.*, 93, 13221-13235.

松多信尚・廣内大助・杉戸信彦・竹下欣宏，2011，3月12日長野県・新潟県県境付近の地震に伴う地変と被災の状況．シンポジウム「2011年東北地方太平洋沖地震に伴う内陸活断層の挙動と地震活動・地殻変動」及び日本活断層学会2011年度秋季学術大会講演予稿集，11-14.

松田高明・竹村厚司，1998，1995年兵庫県南部地震における木造家屋の転倒方向．地質学論集，no.51，67-77.

松田時彦，1990，最大地震規模による日本列島の地震分帯図．震研彙報, 65, 289-319.

松田時彦・貝塚爽平・岡田篤正，1986，西安（中国陝西省）にあらわれたクリープ性地割れを見る．活断層研究，no.2, 3-10.

松岡憲知，1985, 赤石山脈主稜線部における線状凹地の分布と岩石物性．地理評，58，411-427.

松浦一樹・大友淳一・永田高弘・小林 淳，2000，台湾921集集地震に伴う地表地震断層について．地質ニュース，no.545，7-22.

三松正夫，1993，昭和新山生成日記－復刻増補版．壮瞥町，209p.

三梨 昂・垣見俊弘，1964，いわゆる異常堆積について．地質ニュース，no.117, 8-14.

三浦大助・新井田清信，2002，有珠火山2000年噴火における岩脈貫入過程と潜在ドームの形成メカニズム．火山，47，119-130.

三和 公・橋本修一・鳥越祐司・坂東雄一，2013, 東通原子力発電所の第四系変状の発生要因に係る地質考察．日本応用地質学会平成25年度研究発表論文集，115-116.

宮縁育夫・星住英夫・渡辺一徳，2004，阿蘇火山における更新世末期，AT火山灰以降のテフラ層序．火山，49，51-64.

宮地亮典・木村克己・国松 直・竿本英貴・吉田邦一・小松原 琢・吉見雅行，2005，2004年10月23日新潟県中越地震における液状化現象（速報）．地質ニュース，no.607，29-33.

宮田雄一郎・古木宏和，2001，せん断方位のくり返し反転による未固結堆積物の破壊構造．日本地質学会第108年学術大会講演要旨，203.

宮田雄一郎・三宅邦彦・田中和広，2009，中新統田辺層群にみられる泥ダイアピル類の貫入構造．地質雑，115，470-482.

宮田雄一郎・山口昇一・矢崎清貫,1988，計根別地域の地質．地域地質研究報告（5万分の1地質図幅）．地質調査所.

水谷 仁，1989，岩石の破壊による粒子のサイズ分布．地学雑誌，98，696-702.

目代邦康，2003，堆積岩山地と花崗岩山地における山体の重力変形による地形的特徴・地質構造の比較研究．地学雑誌，112，416-418.

諸戸北郎, 1925, 地震ト山地ノ崩壊トニ就イテ．震災予防調査会報告, no.100（乙）, 79.

Mukoyama, S., 2011, Estimation of ground deformation caused by the earthquake (M7.2) in Japan, 2008, from the geomorphic image analysis of high resolution LiDAR DEMs. *Jour. Mt. Sci.*, 8, 239-245.

向山 栄・江川真史，2009, 2時期の細密DEMから作成した地形画像解析により推定した平成20年（2008年）岩手・宮城内陸地震における荒砥沢ダム周辺の地表変動．日本応用地質学会平成21年度研究発表会講演論文集，3-4.

村井 勇・松田時彦・中村一明，1978，1978年伊豆大島近海地震に伴う稲取付近の地震断層．震研彙報，53，995-1024.

〔N〕

長岡信治・西山賢一・井上 弦，2010，過去200万年における宮崎平野の地層形成と陸化プロセス－テクトニクスと海面変化に関連して－．地学雑誌，119，632-667.

永田秀尚，1990，地質図に表現される地質単元の境界の種類と関係．日本地質学会第97年学術大会講演要旨，550.

永田秀尚，2002，岩盤崩壊堆積物のサイズ分布．日本地質学会第109年学術大会講演要旨，137.

永田秀尚・木村克己・横山俊治・井口 隆・加藤弘徳，2013，テクトニック-ノンテクトニック反転構造：2011年紀伊半島豪雨による高速岩盤すべりを例として．日本地質学会第120年学術大会講演要旨，153.

永田秀尚・野崎 保，2004，伊豆単成火山群噴出物を変位させるノンテクトニック断層．日本地球惑星合同大会予稿集，Y057.

永田秀尚・野崎 保・柏木健司，2007，人工地質体の変形から地表地震断層を認定する際の課題－能登半島地震における例－．日本地質学会第114年学術大会講演要旨, 146.

永田秀尚・阪口 透・小嶋 智，2006，GISを用いた不安定斜面分布の地形地質要因

解析．応用地質, 46, 320-330.
永田秀尚・横田修一郎・原口 強・横山俊治・野崎 保・田近 淳・大平寛人・井村隆介，2004，ノンテクトニック構造形成の地形的位置．日本地質学会第111年学術大会講演要旨，106.
中村和善，1985，“スランプ相”の形成とテクトニクス．構造地質研究会・砕屑性堆積物研究会 編，“スランプ相”の形成とテクトニクス：未固結堆積物の変形に関する諸問題，1-12.
中村光一，1992，反転テクトニクスとその地質構造表現．構造地質，no.38，3-45.
中村 克・吉岡 正・小坂英輝・三輪敦志・鎌滝孝信，2007，2007年能登半島地震現地調査報告．日本地球惑星連合大会予稿集，Z255-P029.
中埜貴元・小荒井 衛・乙井康成・小林知勝，2013，2011年3月12日長野県・新潟県県境付近の地震に伴う災害の特徴．国土地理院時報，no.123，35-48.
Nakata T. 1976, Quaternary tectonic movements in central Tohoku district, Northeast Japan. *Sci. Rep. Tohoku Univ. 7th Ser.*（*Geogr.*）, 26, 213-239.
中田 高・今泉俊文 編，2002, 活断層詳細デジタルマップ．東京大学出版会．
中田 高・岡田篤正 編，1999，野島断層　写真と解説：兵庫県南部地震の地震断層．東京大学出版会，216p.
中田 高・蓬田 清・尾高潤一郎・坂本晃章・朝日克彦・千田 昇，1995，1995年兵庫県南部地震の地震断層．地学雑誌，104，127-142.
納谷 宏・英 弘・渡辺崇史，1997，地震による岩盤すべり初期の亀裂形成－北海道厚岸町ピリカウタ地すべりの事例．地すべり学会北海道支部 編，地震による斜面災害，69-75.
根本廣記，1930，駒ケ岳爆発噴火報告．験震時報，4，71-139.
仁平麻奈美・小川勇二郎，2002，Vein structureの形態とarrayの方向性に基づく成因の再検討．日本地質学会第109年学術大会講演要旨，136.
日本地質学会関東支部，2013，地表付近の地質学的調査における応用地質学的・土木地質学的留意点．日本地質学会関東支部緊急集会，資料集，55p.
日本地すべり学会 編，2013，地すべり面．日本地すべり学会, 180p.
日本地すべり学会地すべりに関する地形地質用語委員会 編，2004，地すべり－地形地質的認識と用語．日本地すべり学会，318p.
日本地すべり学会新潟支部, 2008, 新潟県中越沖地震と地すべり,「米山町地すべり」. 38p.
日本応用地質学会 編，1999，斜面地質学－その研究動向と今後の展望．294p.
日本応用地質学会平成20年岩手・宮城内陸地震調査団，2009，「平成20年岩手・宮城内陸地震」災害第一次現地調査報告．応用地質，50，98-108.
日本応用地質学会新潟県中越沖地震現地調査団，2007，2007年7月新潟県中越沖地震の災害緊急調査報告．応用地質，48，192-202.
楡井 久・鈴木喜計・佐藤賢司・古野邦雄，1995，地質環境における新しい単元の形成．アーバンクボタ，no. 34，2-9.
西田 茂・羽坂俊一・小林幸雄，1996，北海道馬追丘陵，キウス7遺跡で見つかった断層．地質ニュース，no.498，40-42.
西井稜子・池田 敦，2013，二次元電気探査による重力性変形地形浅層部の可視化の試み．地学雑誌，122，755-767.
西村蹊二・斉藤 祥・谷岡誠一・門脇 淳，1977，鹿児島県新島南部の海底崩壊について．地学雑誌，86，346-363.
西山賢一・松倉公憲，2001，四万十帯砂岩の風化：色彩および鉱物化学的性質の変化．地形，22, 23-42.

Noe, D.C., Higgins, J.D. and Olsen, H.W., 2007, Steeply dipping heaving bedrock, Colorado: Part 1-Heave features and physical geological framework. *Environ. Eng. Geosci.*, 13, 289-308.

野原幸嗣・野口猛雄・穴田文浩・浜田昌明・小野田 敏・沼田洋一・山野芳樹・鈴木雄介・佐藤比呂志，2007，航空レーザ計測による2007年能登半島地震の地殻変動．震研彙報，82，321-331.

野崎 保，1997，谷底の膨らみ現象（Valley Bulging）．新潟応用地質研究会誌，no.49, 21-30.

野崎 保，1998，バレーバルジングの発見．第37回地すべり学会研究発表会講演集，149-150.

野崎 保，2005，ノンテクトニックな地質構造の一事例．日本応用地質学会平成17年度研究発表会講演論文集，359-362.

野崎 保，2006，地すべり層内の2タイプの断層構造とその形成機構．日本地質学会第113年学術大会講演要旨，111.

野崎 保，2007，地表地震断層は出現したのか？　－能登半島地震災害調査から－．日本応用地質学会平成19年度研究発表会講演論文集，37-38.

野崎 保，2008，2007年新潟県中越沖地震による初生的岩盤地すべりと層面すべり．日本地すべり学会誌，45, 72-77.

野崎 保，2013，富山県内で発見された二つの活断層露頭について．日本応用地質学会平成25年度研究発表会講演論文集，93-94.

Nozaki, T. and Has, B., 2012, Relationship between geological structure and landslides triggered by the 2007 Mid-Niigata Offshore Earthquake. *Proc. Int. Symp on Earthquake-induced landslides, Kiryu, Japan*, 125-135.

Nozakl, T. and Masumura, M., 1998, Valley bulging found in Japan. *Proc. 8th Int. Cong. IAEG*, 1375-1381

Nozaki, T., Murai, M. and Yokoyama, S., 2008, Valley bulges in Japan and their mechanism. *Proc. Int. Conf, on Management of Landslide Hazard in the Asia-Pacific Region（Satellite symposium of the First World Landslide Forum, Tokyo）*, 153-164.

Nozaki, T. and Nagata, H., 2006, Linear depressions on the mountain ridge and the difference of topographical features to the adjacent active fault, Toyama Prefecture, Central Japan. *Proc. Int. Symp. on Geotechnical Hazards: Prevention, Mitigation and Engineering Response*, 297-306.

野崎 保・陰地章仁・細野真弓，2007，地すべりに伴うノンテクトニック断層の事例とその発生機構．日本地すべり学会誌，44，205-213.

Nozaki, T., Ookubo, K. and Yamamoto, T., 2000, Recumbent fold and deformed cut-slope in the landslide-prone region of Niigata Prefecture, Central Japan. *Jour. of Nepal Geol. Soc*, 22, 517-524.

野崎 保・田川義弘，2004, 人為的バレーバルジング．日本地すべり学会誌，40, 463-471.

〔O〕

小幡真弓・野崎 保，2002a，活断層それともすべり面？ 富山県黒部市嘉例沢地内に形成された断層露頭の観察結果．平成12年度北陸技術フォーラム論文集，8-11.

小幡真弓・野崎 保，2002b，活断層露頭とその周辺における第四紀現象（富山県黒

部市嘉例沢地内）．日本地質学会第109年学術大会講演要旨，183.
落合博貴・北原 曜・三森利昭・阿部和時，1995，地震による山腹斜面崩壊と地震応答解析．兵庫県南部地震に伴う地すべり・斜面崩壊研究報告書，119-132，日本地すべり学会.
尾池和夫，2001, 図解雑学 地震．ナツメ社，223p.
岡田篤正・松田時彦，1997,1927年北丹後地震の地震断層．活断層研究，no.16,95-135.
奥野 充，2002，南九州に分布する最近約3万年間のテフラの年代．第四紀研究，41，225-236.
Omori, F., 1911, The Usu-san eruption and earthquake and elevation phenomena. *Bull. Imp. Earthq. Inv. Com.*, 5, 101-107.
小野晃司・渡辺一徳 編，1985，5万分の1阿蘇火山地質図．地質調査所.
太田陽子・堀野正勝・国土地理院災害地理調査班，1995，1995年兵庫県南部地震の際に出現した野島地震断層と被害状況．地学雑誌，104，143-155.
大谷具幸・河野雅弘・小島 智，2014，前期更新世までに活動を停止した断層における破砕帯と活断層破砕帯との比較．日本地球惑星連合大会予稿集，SSS34-07.
大津 直・廣瀬 亘・田村 慎・石丸 聡・岡崎紀俊・田近 淳，2006，地形判読・GPR・トレンチ調査による有珠山麓の火山性断層．日本地質学会第113年学術大会講演要旨，112.
大八木規夫，2004a，分類／地すべり現象の定義と分類．日本地すべり学会 地すべりに関する地形地質用語委員会 編，地すべり－地形地質的認識と用語－，3-15.
大八木規夫，2004b，地すべり構造．日本地すべり学会 地すべりに関する地形地質用語委員会 編，地すべり－地形地質的認識と用語－，29-45.
大八木規夫・大石道夫，1971，鷲尾岳地すべり中央部と末端部の構造．防災科学技術研究所報告，no.27，21-33.

〔P〕

Pollard, D.D., Delaney, P.T., Duffield, W.A., Endo, E.T. and Okamura, A.T., 1983, Surface deformation in volcanic lift zones. *Tectonophysics*, 94, 541-584.

〔R〕

Radbruch-Hall, D.H., 1978, Gravitational creep of rock masses on slopes, *In* Voight, B. ed., *Rockslides and Avalanches*. Elsevier, Netherlands, 607-657.
Rutter, E. H., Maddok, R. H., Hall, S. H. and White, S. H. 1986. Comparative microstructures of natural and experimental produced clay-bearing fault gauges. *Pure and Appl. Geophys.*, 124, 3-30.

〔S〕

酒井利彰・井岡聖一郎・石島洋二・伊藤成輝，2010，北海道北部幌延町で見いだされた泥火山．地質ニュース，no.676, 63-67.
斉藤 聡，2004, 中部日本，赤石山脈西麓の御荷鉾緑色岩中に産出する泥質岩と斜面変状機構．日本地質学会第111年学術大会講演要旨，108.
寒川 旭，1992，地震考古学－遺跡が語る地震の歴史．中央公論社，251p.
寒川 旭，2013，地震考古学に関する成果の概要．第四紀研究，52，191-202.
産業技術総合研究所，2002，震災後の活断層調査結果からみた兵庫県南部地震の予測性について．地震予知連絡会会報, no. 67, 556-561.

産業技術総合研究所，2007，石狩低地東縁断層帯の活動性および活動履歴調査「基盤的調査観測対象断層帯の追加・補完調査」成果報告書，H18-8. 35p.

産業技術総合研究所, ウェブページ，活断層データベース．https://gbank.gsj.jp/activefault/index_ gmap.html

佐藤比呂志・池田安隆，1999，東北日本の主要断層モデル．月刊地球，21, 569-575.

佐藤 正，2003，地質構造解析20講．近未来社，398p.

嶋田 繁，2000，伊豆半島，天城カワゴ平火山の噴火と縄文時代後～晩期の古環境．第四紀研究，39，151-164.

島根地質百選編集委員会 編，2013，島根の大地みどころガイド　島根の地質百選，今井出版，239p.

島根県地質図編集委員会，1997, 20万分の1新編 島根県地質図．島根県．

清水文健・宮城豊彦・井口 隆・大八木規夫，2001，地すべり地形分布図「石動」．防災科学技術研究所，地すべり地形分布図第12集「金沢・七尾・輪島」．

新谷俊一・田中和広，2005，新潟県十日町松代に分布する泥火山の性質．自然災害科学，24 (1)，49-58.

杉戸信彦・石山達也・越後智雄・佐藤比呂志・加藤直子・今泉俊文，2011，2011年4月11日の福島県浜通りの地震に伴う地表地震断層とその変位量分布(速報)．日本地球惑星科学連合大会予稿集，MIS036-P106.

鈴木隆介，1968，火山体の荷重沈下．火山，13，95-108.

鈴木隆介，2004，建設技術者のための地形図読図入門 第4巻 火山・変動地形と応用読図．古今書院，943-1322.

鈴木康弘・渡辺満久，2006, 新潟県中越地震にみる変動地形学の地震解明・地震防災への貢献－地表地震断層認定の本質的意義－．*E-journal GEO*, 1, 30-41.

鈴木康弘・渡辺満久・廣内大助，2004，2004年新潟県中越地震の地表地震断層．地学雑誌，113，861-870.

鈴木康弘・渡辺満久・中田 高・小岩直人・杉戸信彦・熊原康博・廣内大助・澤祥・中村優太・丸島直史・島崎邦彦，2008，2008年岩手・宮城内陸地震に関わる活断層とその意義－一関市厳美町付近の調査速報－．活断層研究，no.29，25-34.

〔T〕

多田文男，1927，活断層の二種類．地理学評論，3, 61-63 (981-983)．

田近 淳，1995，堆積岩を起源とする地すべり堆積物の内部構造と堆積相．地下資源調査所報告，no.67，59-145.

田近 淳，1996，渡島大野断層の地表近くの形態．鴈澤好博・貞方 昇・紀藤典夫編；西南北海道の地震・火山災害．北海道教育大学函館校地学教室，23-30.

田近 淳，2004a，物質構成．日本地すべり学会 地すべりに関する地形地質用語委員会編，地すべり－地形地質的認識と用語－，53-80.

田近 淳，2004b, ノンテクトニック断層の研究（その3）－地震による斜面変動に伴う断層．平成16年度日本応用質学会研究発表会講演論文集，75-78.

田近 淳・中迎 誠・石丸 聡・原口 強・中田 賢・志村一夫，2009，2003年十勝沖地震に伴う新冠泥火山の変動の記録．道立地質研報，no.80，147-156.

田近 淳・石丸 聡，1995，1993年釧路沖地震に伴う斜面の変動．兵庫県南部地震等に伴う地すべり・斜面崩壊研究報告書, 日本地すべり学会，171-190.

田近 淳・伊藤陽司・石丸 聡・広田知保，1996，根室・釧路地方の斜面変動．北海道立地下資源調査所調査報告, no.25, 81-94.
田近 淳・小板橋重一・大津 直・廣瀬 亘・川井武志, 2007, 北海道中央部の活断層と大規模地すべり地形. 地質雑, 113, 補遺, 51-61.
田近 淳・岡村俊邦, 2010, 大規模地すべり地形の発達：積丹半島沼前地すべりの例. 日本地すべり学会誌, 47, 91-97.
田近 淳・岡村俊邦・坪山厚美・山岸宏光, 1994, 海岸斜面の地すべりの地質規制とその形態的特徴－釧路-厚岸地域の地すべり. 地下資源調査所調査研究報告, no.22, 45p.
田近 淳・大津 直, 2001, トレンチ壁面に見られるいくつかの構造. 日本地質学会第108年学術大会講演要旨, 17.
田近 淳・大津 直・廣瀬 亘, 2002, 有珠山麓の表層に見られる火山性地質構造. 日本地質学会第109年学術大会講演要旨, 136.
田近 淳・大津 直・広瀬 亘・岡 孝雄, 2004, 活動的逆断層に沿って分布する正断層群の特徴. 日本地質学会第111年学術大会講演要旨, 107.
田近 淳・八幡正弘・大津 直・内田康人・廣瀬 亘・野呂田 晋・鈴木隆弘・石丸 聡, 2003, 有珠山北西山麓の地形・地質と土地条件. 有珠山火山活動災害復興支援土地条件等調査報告, 北海道立地質研究所, 96p.
Takada, Y. and Fukushima, Y., 2013, Volcanic subsidence triggered by the 2011 Tohoku earthquake in Japan. *Nature Geoscience*, 6, 637-641.
高橋正明・森川徳敏・戸丸 仁・高橋 浩・大和田道子・竹野直人・風早康平, 2006, 遠別旭温泉・歌越別泥火山について. 地質ニュース, no.627, 48-53.
竹内 章・野崎 保・道家涼介, 2007, 能登半島地震による陸上地盤変状の緊急調査報告. 日本地球惑星連合大会予稿集, Z255-P028.
田村栄治・浄内 明・松崎伸一・長谷川修一, 2007, 結晶片岩中のスメクイト含有破砕帯の膨潤特性と隆起メカニズム. 応用地質, 48, 80-87.
田邊謹也・伊勢野暁彦・岡村忠一, 2000, 岩盤クリープの構造・動態とその成因の一例. 日本地質学会第107年学術大会講演要旨, 14.
谷井敬春・上野将司・松尾篤樹・林 良幸・土山隆康・西山英樹, 2003, 明瞭な陥没帯を有するボトルネック地すべりの対策工の一例. 日本応用地質学会平成15年度研究発表会講演論文集, 15-18.
遠田晋次, 2014, 地表地震断層と震源断層との対応関係. 京都大学防災研究所一般研究集会 26K-05, 活断層とノンテクトニック断層－起震断層の正しい認識と評価基準を探る 講演要旨集, 34-37.
東京大学地震研究所, 2013, 平成24年度立川断層帯トレンチ調査「榎(えのき)トレンチ」の調査結果について.
http://wwweprc.eri.u-tokyo.ac.jp/files. php?file=tachikawa_PR_20133_918407156.pdf
鳥越祐司・三和 公・中田英二・千木良雅弘, 2013, 風化作用による岩石の体積膨張－東通原子力発電所の例－. 日本地質学会第120回学術大会講演要旨, 303.
Tsuneishi, Y., Ito, T. and Kano, K., 1978, Surface faulting associated with the 1978 Izu-Oshima-kinkai Earthquake. *Bull. Earthq. Res. Inst.*, 53, 649-674.
Twiss and Moores, 2007, *Structural Geology (2nd ed.)*. W.H. Freeman and Company, New York, 736p.

〔U〕

上本進二, 1978, 白馬岳北方鉢岳西斜面の新期断層地形. 第四紀研究, 17, 171-175.
卯田 強・木村 学・会田信行・外崎徳二, 1979, 樽前降下軽石層を切る活断層. 地球科学，33，304-307.

鵜飼恵三，1985，粘性土斜面の三次元安定解析．土木学会論文集，no.364/Ⅲ-4，153-159.

宇根 寛・佐藤 浩・矢来博司，2007，衛星合成開口レーダー画像で抽出された平成19年（2007年）能登半島地震に伴う地形変化．国土地理院時報，no.113，41-47.

〔V〕

Varnes, D.J., 1978, Slope movement types and process. *In* Schuster, R.J. eds., *Landslides :Analysis and control*, Special Report 176, Transpotation Research Board, Naional Research Council, National Academy Press, Washington. D. C., 11-33

〔W〕

脇田浩二・宮崎一博・利光誠一・横山俊治・中川昌治，2007，伊野地域の地質．地域地質調査報告（5万分の1地質図幅）．産総研地質調査総合センター，140p.

Wakizaka, Y., 2013, Characteristics of crushed rocks observed in drilled cores in landslide bodies located in accretionary complexes. *Tectonophysics*, 605, 114-132.

脇坂安彦・上妻睦男・綿谷博之・豊口佳之，2012，地すべり移動体を特徴づける破砕岩－四万十帯の地すべりを例として－．応用地質，52，231-247.

〔Y〕

八木浩司，1996，地すべりの前兆現象としての二重山稜・多重山稜・小崖地形と変動様式．中村三郎 編著，地すべり研究の発展と未来，大明堂．1-25.

八木浩司，1981，山地にみられる小崖地形の分布とその成因．地理評，54，272-280.

Yamada, Y., Kawamura, K., Ikehara, K., Ogawa, Y., Urgeles, R., Mosher, D., Chaytor, J. and Strasser, M. ed., 2012, *Submarine mass movements and their consequences*. Springer, 769p.

山岸宏光，1986，北海道におけるいくつかの活断層露頭．活断層研究，no.2，19-18.

山岸宏光・松井公平・守屋以智雄，1982，有珠山の斜面崩壊と土石流no.4．有珠山の地形変化と侵食・土砂移動．昭和55～56年度有珠山防災地質調査報告，地下資源調査所調査研究報告，no.12，36p.

山木栄治・藤原知行，1999，積丹町沼前地すべり．日本地すべり学会北海道支部編，北海道の地すべり'99，126-129.

山根 誠・山田政典・仙石昭栄・脇坂安彦・赤松 薫，2013，すべり面粘土と断層ガウジを識別する複合面構造－秩父帯の地すべりを例として－．日本応用地質学会平成25年度研究発表会講演論文集，193-194.

山本博文，1985，根尾南部地域および伊吹山地域の美濃帯中・古生層．地質雑，91，353-369.

山本高司，1985，“Soft-sediment deformation”について．構造地質研究会・砕屑性堆積物研究会編，“スランプ相”の形成とテクトニクス：未固結堆積物の変形に関する諸問題，13-19.

山本由弦，2010，三浦・房総半島の海底地すべり堆積物の産状と区分．月刊地球号外，no.61，136-145.

山崎新太郎・千木良雅弘，2009，非造構性断層の構造と粒度組成－その造構性断層との相違－．日本地球惑星科学連合大会予稿集，Y167-P005.

山崎新太郎・千木良雅弘，2010, ノンテクトニック断層の破砕帯とその破砕プロセスについて．日本応用地質学会平成22年度研究発表会講演論文集, 7-8.
山科真一・鈴木 亘・浅野志穂・大野泰宏，2004，火砕流台地で発生した銅山川地すべりのすべり面．日本地すべり学会誌，41，317-318.
山科真一・山崎 勉・橋本 純・笠井史宏・我妻智浩・渋谷研一，2009，岩手・宮城内陸地震で発生した荒砥沢地すべり．日本地すべり学会誌，45，27-35.
山内靖喜，1977，秩父盆地の中新統内の乱堆積構造，地質雑，83，475-489.
横田修一郎，2003，山陰地方の地すべり特性とその対策．基礎工, 31 (10)，38-40.
横田修一郎，2013a,“ノンテクトニック断層”－事例を通してその概念を考える．島根県地学会誌，no.28, 9-17.
横田修一郎，2013b，島根県の斜面災害の概要．日本地すべり学会「山陰地域の斜面災害」編集委員会 編，山陰地域の斜面災害，2-18.
横田修一郎・加古満則，2001，鳥取県西部地震による山間部の地盤変状と斜面崩壊．2000年10月鳥取県西部地震による災害に関する調査研究，平成12年度科学研究費補助金（特別研究促進費）研究成果報告書（研究代表者：梅田康弘），37-141.
横田修一郎・永田秀尚・原口 強・横山俊治・野崎 保・田近 淳・大平寛人・井村隆介，2003, 2004, 2005，平成14, 15, 16年度原子力安全基盤研究（ノンテクトニック断層と活断層の識別方法確立に向けた基礎研究）に関する報告書．96p.，127p.，106p.，経済産業省．
横田修一郎・仲津忠良，1996，西宮上ヶ原地区の例にみる兵庫県南部地震による盛土すべりと旧地形に対応した地表での地割れ変位．地球科学，50, 385-390.
横田修一郎・島根大学鳥取県西部地震災害調査団，2001，鳥取県西部地震による山間部の地盤変状と斜面崩壊の調査．鳥取県西部地震災害調査報告書，35-50, 島根大学鳥取県西部地震災害調査団.
横田修一郎・塩野清治・屋舗増弘，1976, 伊賀上野の地震断層．地球科学，30, 54-56.
横山賢治・横山俊治，2004，異常現象を示す樹木をセンサーとする地すべり性開口クラックの検出と解析．日本地すべり学会誌，41，217-224
横山勝三，2003，シラス学：九州南部の巨大火砕流堆積物．古今書院，177p.
横山幸満・今泉繁良・上野勝利・水沼孝恵，1997，大谷地区空洞陥没のメカニズム．土木学会論文集，no.568/III-39，113-123.
横山俊治，1995, 和泉山地の和泉層群の斜面変動：岩盤クリープ構造解析による崩壊「場所」の予測に向けて．地質雑，101, 134-147.
横山俊治，1999，(4) 断層．日本応用地質学会 編，斜面地質学－その研究動向と今後の展望，22-24.
横山俊治，2007，山地－平地境界逆断層の断層運動と地すべり変動－近畿地方の大阪平野周辺地域の例－．日本地すべり学会誌，44，214-221.
横山俊治，2013，なぜ，西南日本外帯で降雨時あるいは地震時に深層崩壊が多発するか？　日本地すべり学会誌，50，1-6.
横山俊治・藤田 崇・菊山浩喜，1995，1995年兵庫県南部地震で発生した宝塚ゴルフ場の斜面変動．地すべり学会 編，兵庫県南部地震等に伴う地すべり・斜面崩壊，61-77.
横山俊治・井口 隆・永田秀尚・加藤弘徳・木村克己，2013，2011年台風12号で発生した奈良県赤谷深層崩壊の地質構造規制．日本地すべり学会平成25年度研究発表会講演要旨，82.
横山俊治・菊山浩喜，1997，1995年兵庫県南部地震時に発生した六甲花崗岩地域の斜面崩壊の運動様式と機構．地すべり，34 (3), 17-24.

横山俊治・菊山浩喜，1998，墓石・灯籠の転倒方向からみた1995年兵庫県南部地震の水平地震動の方位と地表変状の方向規制．地質学論集，no.51, 78-88.

横山俊治・菊山浩喜・田中英幸・海谷叔伸，1997，1995年兵庫県南部地震による盛土の地表変状の原因．構造地質，no.42，51-61.

横山俊治・水口真一・藤田勝代・嘉茂美佐子・菊山浩喜，2002，花崗岩地域における地震時落石の発生場所・落下方向・到達距離の予測．日本地すべり学会誌，39, 30-39.

横山俊治・脇田 茂，2010，地震時地すべりの長距離運動とスプレッドー荒砥沢スプレッドを例としてー．月刊地球号外，no.61，109-118.

吉永佑一・原口 強・遠田晋次・横田修一郎，2009, 火山体周辺に見られる隆起帯および火山性活断層の形成過程－鹿児島県新島を例にして．活断層研究，no.31，11-19.

吉川虎雄，1985，湿潤変動帯の地形学．東京大学出版会，132p.

吉見雅行・遠田晋次・丸山正，2008，2008年岩手・宮城内陸地震に伴う地震断層－最大右横ずれ量4-7mの荒砥沢ダム北方地震断層トレース．活断層研究，no. 29，口絵 (i)-(ii).

吉岡敏和・宮地良典・寒川 旭・下川浩一・粟田泰夫・水野清秀・奥村晃史・井村隆介・佃 栄吉・松山紀香，1996，1995年兵庫県南部地震に伴う神戸・阪神地区の被害と六甲断層系の活動．地調月報，no.47，5-22.

注）独立行政法人，社団法人など，法人格を示す名称は一部省略した．

索 引

著 者 略 歴

横田　修一郎（よこた　しゅういちろう）
1949年大阪府生まれ．大阪市立大学理学部地学科卒業．同大学院理学研究科修了．㈱ニュージェック勤務を経て1988年鹿児島大学理学部助教授．1996年島根大学総合理工学部教授．現在，島根大学名誉教授．専門は応用地質学．理学博士．

永田　秀尚（ながた　ひでひさ）
1955年富山県生まれ．北海道大学理学部地質学鉱物学科卒業．同大学院理学研究科修了．1979年から北海道開発コンサルタント㈱勤務の後，現在，㈲風水土代表取締役．主にダム・斜面に関する調査に従事．技術士（応用理学），博士（理学）．

横山　俊治（よこやま　しゅんじ）
1950年香川県生まれ．広島大学理学部地学科卒業．同大学院理学研究科修了．日本学術振興会奨励研究員．川崎地質㈱，㈱オキコーポレーションにおいて主に活断層と斜面災害に関連した業務に従事．2000年高知大学理学部教授．現在　高知大学名誉教授．専門はノンテクトニック構造地質学．理学博士，技術士（応用理学）．

田近　淳（たぢか　じゅん）
1954年秋田県生まれ．北海道大学理学部地質学鉱物学科卒業．
1979年北海道立地下資源調査所（現，北海道立総合研究機構地質研究所）勤務．地質図幅・地すべり・活断層に関する調査研究を担当．2014年同研究所地域地質部長を退職．道総研フェロー．現在，㈱ドーコン環境事業本部技術顧問．博士（理学）．

野崎　保（のざき　たもつ）
1946年島根県生まれ．島根大学文理学部理学科卒業，新潟大学自然科学研究科修了．㈱応用地質調査事務所，北日本技術コンサルタント㈱，㈱アーキジオほかに勤務．現在，野崎技術士事務所．主にダム・地すべり災害に関する調査を担当．一級土木施工管理技士，技術士（応用理学），博士（理学），APECエンジニア．

ノンテクトニック断層ー識別方法と事例ー

2015年3月29日　初版第1刷発行　編著 ノンテクトニック断層研究会 ©

検印省略

横田修一郎
永田　秀尚
横山　俊治
田近　　淳
野崎　　保

発行所／近未来社（発行者　深川昌弘）
〒465-0004　名古屋市名東区香南1-424-102
〔電話〕052(774)9639　〔FAX〕052(772)7006
〔出版案内〕http://www.d1.dion.ne.jp/~kinmirai/
〔E.mail〕book-do@kinmiraisha.com

定価はカバーに表示してあります。落丁・乱丁本はお取り替えいたします。
印刷／モリモト印刷，製本／根本製本，組版DTP／シフトワーク
ISBN978-4-906431-43-4　c1044　Printed in Japan〔不許複製〕